Photoshop CC 数码摄影后期处理完全自学手册

秋凉 著

人民邮电出版社

北 京

图书在版编目（CIP）数据

Photoshop CC数码摄影后期处理完全自学手册 / 秋
凉著. —— 北京：人民邮电出版社，2014.10（2015.9重印）
ISBN 978-7-115-36476-0

Ⅰ．①P… Ⅱ．①秋… Ⅲ．①图象处理软件—手册
Ⅳ．①TP391.41-62

中国版本图书馆CIP数据核字(2014)第166703号

内 容 提 要

本书是畅销书《Lightroom高手之道》系列作者秋凉老师奉献给广大摄影爱好者的一本Photoshop自学手册。全书以数码摄影后期处理为核心，由浅入深系统讲解了Photoshop的基础知识、相关命令和操作技巧。

全书分为3篇，共17章。上篇主要讲解了关于Photoshop及Camera Raw和Bridge的基本操作、软件的重要设置、色彩管理，以及数码后期流程等概念；中篇以动态调整为核心，结合调整图层、图层蒙版和智能滤镜，集中讲解了图层、蒙版和选区工具的基础应用，以及影调、色彩、黑白、锐化和降噪等数码照片后期处理的常规技巧和思路；下篇不但讲解了强大的混合模式，还将内容扩展到照片修复、合成，以及装饰等领域，让读者全面了解Photoshop。

视频教程一直是秋凉老师备受读者赞誉的重要原因之一，本书也不例外。随书附赠的DVD光盘中包含了秋凉老师为本书专门录制的73集高清视频教程总时长将近8小时，以及全部练习文件。

本书特别适合需要系统学习Photoshop的数码摄影初学者和爱好者阅读，也可供印前技术、照片修饰等领域的专业人员和爱好者参考。

◆ 著　　　　 秋 凉

责任编辑　杨 璐

责任印制　程彦红

◆ 人民邮电出版社出版发行　　北京市丰台区成寿寺路 11 号

邮编　100164　　电子邮件　315@ptpress.com.cn

网址　http://www.ptpress.com.cn

北京顺诚彩色印刷有限公司印刷

◆ 开本：889×1194　1/20

印张：19.6

字数：448 千字　　　　　　　　 2014 年 10 月第 1 版

印数：10 501 – 12 500 册　　　　 2015 年 9 月北京第 5 次印刷

定价：98.00 元（附光盘）

读者服务热线：**(010)81055410**　印装质量热线：**(010)81055316**
反盗版热线：**(010)81055315**
广告经营许可证：京崇工商广字第 0021 号

毫无疑问，Photoshop是一款现象级的软件。这个世界上听说过Photoshop的人远远比会用Photoshop的人多，这足以证明Photoshop的影响力。我偶尔也会想，既然Photoshop那么强大，既然Photoshop所能打造的效果如此令人咋舌，为什么大多数人只是站在下面仰视而不能真地去用它呢？部分原因恐怕在于Photoshop也是一款非常复杂的软件。只要有操作计算机的经验，打开操作系统自带的图像浏览软件很快就能摸索出使用方法；然而，第一次打开Photoshop时，你可能都不知道如何通过它的窗口来浏览与缩放照片。这就是大多数人最初接触Photoshop的情形。

我经常收到来自读者的反馈，其中有相当一部分表达了希望我写一本Photoshop教材的期望。市场上关于Photoshop的书不胜枚举，很多Photoshop教材中所讲述的图像处理技法无比神奇，这些作者操控Photoshop的水平也让我自叹不如。既如此，为什么还有读者希望看到我写的Photoshop教程呢？

除了一些读者对我的认同之外 —— 对此我深表感激 —— 我想另一个原因也许在于大多数教材对于初学者依然显得过于复杂和深奥。尤其是对一些基本问题解释不充分，部分教材甚至根本不解释理由，让很多人在看了以后依然不明白原理。而当图层一层又一层叠加上去之后，很快就会被Photoshop的复杂性所压垮。我们都有这样的经历。网络上其实有大量的Photoshop案例，然而你真正能耐心看完的有几个？看完之后对于每一步原理都能理解的又有几个？将教程所教给你的方法真正应用到自己照片上的情形还剩多少？很多时候，看完案例发自内心地对自己说，Photoshop太复杂了！尽管结果似乎很美妙，然而这个过程却足以彻底摧垮学习的信心。

要学好Photoshop，首先就要建立能够学好，并且能够很轻松地学好Photoshop的信心。因此，我希望写一本真正带领初学者入门的Photoshop教程，完全从零开始，讲解如何正确使用Photoshop以解决照片处理中的实际问题的方法。我在列提纲的时候，总想尽可能满足更多人的需求。然而，之前的一些经历让我了解，一本书不可能让所有人都满意，更不要说是一本关于Photoshop这种复杂软件的书。所以，请千万注意，这是一本以摄影为出发点、面向初学者的系统性入门教材。如果数码照片后期处理不是你使用Photoshop的主要理由，或者你自认已经是一个达到一定水平的Photoshop使用者，那么请寻找更适合你的教程——当然，或许你依然可以从本书中获得有益的知识。

我对本书的定义有三个着重点。首先，本书只围绕照片的后期处理这一中心问题展开，介绍的是如何调整照片，而不是如何做平面设计。设计师和摄影师对Photoshop的专注领域是不同的，主要表现在大家对命令的关注程度大相径庭。其次，本书面向的主要读者对象是初学者。有那么一点点一知半解的Photoshop使用经验最好，但是哪怕你从来没有使用过Photoshop也没关系。本书旨在带领你一点一点走进Photoshop的世界，而不需要有什么基础。最后，虽然这是一本初学者教程，但它也是一本系统性的教程。入门不代表简单和粗糙，这是我的一贯理念。相反，入门应该更系统，更全面，更细致，打好基础，掌握正确的操作方法，理解命令的基本原理，习得先进的处理理念。这确实是一本入门教程，但这也是一本踏踏实实教你修炼内功的教程。

衷心希望本书能够帮助更多读者轻松学会并且学好Photoshop！

contact@withqiuliang.com

3

目录 | Contents

上篇 · Photoshop基础知识与基本设置

中篇 · 数码照片基本处理技法

下篇· 探索Photoshop的神奇世界

视频目录 | DVD

为了配合Photoshop的学习，作者为您录制了73集、总时长将近8小时的教学视频以帮助您更好地掌握Photoshop的一些操作技巧。视频教程的排列顺序保持与文字章节一致，两者之间既有交叉也有补充，目的是为了提供不同的学习体验，以更好地满足更多读者的学习需要。

---

01 介绍

学习Photoshop有各种不同的路径与方式。对于摄影后期处理来说，你需要了解一个非常重要的概念：动态调整与静态调整。

---

02 Adobe Bridge概要

Bridge是与Photoshop完美整合的强大照片浏览和管理软件。Bridge的窗口、标记、关键字以及过滤器等都将让你感受到照片管理的便利与专业。

03 自定义Photoshop工作界面

Photoshop看起来是一款复杂的软件。要让Photoshop变得简单，最好的方法就是了解它的界面，熟悉它的操作，让一切都变得顺手起来。

04 软件设置与色彩管理

在开始处理照片之前，了解一些与性能和操作息息相关的设置将帮助你更好地使用Photoshop。如果你不能正确设置色彩管理选项，你将无法在Photoshop中看到准确的色彩。

05 打开、浏览、缩放与平移照片

打开文件与组织文件窗口是我们在Photoshop中不得不掌握的操作，而自如地缩放与平移照片则是所有照片处理的基础。

06 数码图像基础

使用Photoshop，就必须与TIFF和PSD为伴；图像大小命令与裁剪工具则是你在Photoshop中改变构图和调整照片尺寸的最主要工具。这里有很多与数码图像有关的基础知识。

07 Camera Raw与动态调整

如果你会使用Lightroom，那么你离学会使用Photoshop处理照片就很近了 —— 因为Camera Raw。我在这里不会为你介绍Camera Raw的每一个命令，而着重为你介绍Camera Raw与Photoshop的整合流程。

08 图层、选区与蒙版基础

Photoshop中最重要、最核心的三个基础概念。让我们通过实际的例子由浅入深，理解并掌握关于图层、蒙版与选区的基本操作。

09 调整照片的影调

影调，或者说明暗分布是照片处理中的重要环节。这一章视频将教会你使用直方图评价照片的影调，然后通过Photoshop的各种工具来修饰影调的问题。

10 修饰照片的色彩

色彩是除影调以后照片的另一重要组成部分。这一章视频中不但为你介绍了色彩调整的基本工具，并且还有关于色彩概念的重要介绍。

11 锐化技术

锐化是数码照片的基本处理技术。你既可以在Photoshop中使用传统的USM锐化，也可以采用Camera Raw的锐化工具完成锐化。还可以把它们联合起来，实现不同的锐化效果。

12 黑白转换

黑白转换并不是去除颜色那么简单，而是在彩色照片基础上的一种再创造。了解RGB彩色照片的编码原理，认识黑白照片的独特魅力，你一定会爱上黑白！

13 关于内容识别的一切

内容识别是Photoshop的魔法，而在一个空白图层上做动态修复则是魔法中的魔法。擦除电线是一件非常容易的事情，前提是你能够掌握修复工具的基本使用技巧。

14 影调与色彩的高级控制

所谓影调与色彩的高级控制，其实是关于混合模式的一章。你需要调动一点数学脑筋来理解混合模式；然后，你就会发现它是如此无往不利。

15 高动态范围与全景合成

HDR与全景照片是在Photoshop中合成照片的两种方法，前者用于解决动态范围不足的问题，后者用于解决视角不足的问题。

16 照片装饰基础

给照片添加各种各样的装饰和文字是照片输出时的常用技术，而这一切通常只需要Photoshop的两组命令来完成：图层样式与文字工具。

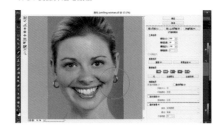

17 肖像修饰与致谢

肖像修饰通常是各种修复工具组合应用的最好实例。同时，在肖像修饰中，强大却又饱受争议的液化滤镜也是经常被使用的工具。

上篇 · Photoshop基础知识与基本设置

　　Photoshop是一款复杂的软件，这代表它能够为你提供强大的照片修饰功能，然而同时这也暗示了学习Photoshop的潜在困难。你在多大程度上能把自己从学习的困难中解救出来，取决于你到底对Photoshop了解多少，以及你如何开始自己的学习。

　　在Photoshop中，有很多基础的概念和基本的设置是你从一开始就需要认真面对的。我喜欢正规的开始，希望你也如此，因为这将在极大程度上决定你将来会站在怎样一个水平上来使用Photoshop。无视Photoshop的所有设置、对Camera Raw视而不见、从来不使用调整图层和智能滤镜或许也能够获得漂亮的结果，然而这将让你难以企及远处的高峰。

　　Photoshop的复杂恰恰是为了让一些更复杂的事情变得简单，前提是你得对这些复杂的事情有所了解。打开首选项，打开颜色设置，或者面对Camera Raw，你可能都会感觉无所适从。然而正是这些选项让Photoshop可以随你心意。因此，让我们不要回避这些事情，怀着勇气迎难而上。或许有点枯燥，或许不是那种让人惊艳的开始，但是这绝对是一个让你受益长远的开始。现在，就让我们从Adobe Bridge开始Photoshop的学习。

第1章

各就各位：如何更有效地学习Photoshop

本章可以看作前言的延续。我看过不少Photoshop教程，虽然一些粗制滥造的教程——抱歉，请允许我这么说——大致采用了相似的目录结构，但是那些出色的教程却往往采取了各不相同的布局方式。这暗示了我一个问题：对于Photoshop这样一款软件，究竟如何学、从哪里开始学可能是一个从一开始就会困扰学习者的问题。虽然当你拿到本书的时候，本书的结构已经固定了。然而，鉴于Photoshop的复杂性，我还是想在这里就如何更好地学习Photoshop提一点个人看法。

1.1 了解自己需要Photoshop的理由

Photoshop不是一款专为摄影服务的软件，处理数码照片只是Photoshop的功能之一。Photoshop被广泛应用于平面设计领域，Photoshop CS5所引进的3D功能以及Photoshop CS6新加入的视频功能更加拓宽了Photoshop的使用领域。这或许也正是Photoshop看起来无比复杂的原因所在。

在学习Photoshop之前，请先告诉自己为什么需要学习Photoshop。这是很简单的。那种为了学习一款软件而去学习软件的人总是浅尝辄止，唯有拥有明确目的的人才能真正熟练地掌握软件。你是一个摄影师还是一个平面设计师？你是一个计算机上除了Photoshop和Lightroom以外没有太多其他Adobe软件的人，还是一个经常在Photoshop、Illustrator和InDesign中来回切换的人？

这是一本写给摄影师与摄影爱好者的书，因此我但愿你是为了处理数码照片才翻开本书的。你的目的不是制作惊艳的计算机图像，不是绘制生动的计算机绘画，而是紧紧围绕数码照片，解决后期处理中的所有问题。这意味着你在学习Photoshop时是有所侧重的。有些命令对你来说非常重要，而有些命令你甚至可以完全不在乎。

尽管学习的是同一款软件，但是一个摄影师学习Photoshop的路径与一个平面设计师学习Photoshop的路径别如天渊，他们在日常工作中使用到的命令也截然不同。明确自己的兴趣所在——对于本书的读者，把关注点集中在照片的基本修饰功能上——将帮助你从Photoshop繁杂的命令中解脱出来，更快地掌握对自己最有用的那部分技巧。

1.2 从最基础的命令和操作开始

　　将精力集中到与摄影相关的命令是轻装上阵的第一步，接下来的第二步是把更多注意力放到那些最常用的命令上。Photoshop中与摄影有关的命令数以百计，甚至绝大多数命令都可以被用到数码照片的后期处理中。有些命令几乎每张照片都会用到，有些命令可能一年才会用到一次。先学哪些命令，答案不言而喻。

　　在开始学习Photoshop的时候，我建议忽略那些并不常用的命令，即使那是一些相当出色的命令。比如，可以完全忽略操控变形命令。如果你是一个设计师，一定会举手抗议，然而对于摄影师，则几乎可以忘记这个命令。这并不是说操控变形命令不够好，事实上操纵变形命令是一个相当出色的命令，但我不认为这是一个基础的数码照片修饰命令。

　　我不想引起争执，当掌握Photoshop之后，你完全可以养成自己的习惯，哪怕每张照片都使用操控变形命令也与我无关。只是，在初学Photoshop的时候，不要为那些使用频率不高的命令分散精力。什么东西都学一点并没有好处，这只会让你对Photoshop的复杂性产生恐惧。克服复杂性是学好Photoshop的重要前提。

　　你可以搜索到许多看起来不可思议的Photoshop案例教程。据我观察，很多案例都有炫技的嫌疑——我自己也干过类似的事情。案例很容易让你突然之间迷恋某个奇异的命令，然而这不是Photoshop的入门之道。走朴实的道路，学习最常用的命令，在此基础上迟早会慢慢摸索并学会Photoshop中所有那些复杂而有趣的命令。

1.3 用简单的方法完成复杂的事情

　　关于Photoshop有一种世故而流传广泛的说法：可以在Photoshop中使用多种方法实现同一个目的，只看能否完成任务而无所谓对错。确实，经常可以通过不同的途径实现相似的目标，这是Photoshop带给用户的便利性与灵活性。可是，这并不意味着可以"滥用"Photoshop。当决定对照片应用一组调整命令以实现某种效果的时候，仔细想一想是否还有更简单的方法。如果可以通过简单的命令达到目的，那么尽可能不要使用复杂的技术。

　　毫无疑问，Photoshop是图像处理的代名词，这充分证明了Photoshop作为一款软件的无可替代性。然而，至少在摄影领域，这并不是问题的全部。这些年，Lightroom和Aperture这样的软件在数码照片的后期处理方面越来越受到关注。我在不少文章中都曾说过，如果目的仅仅是处理照片，不做太多修复与合成工作，那么Lightroom可以解决你90%以上的问题，我甚至鼓励你从Lightroom开始学习数码照片后期处理。这并不单纯是因为Lightroom能提供完整的照片管理方案，还因为Lightroom这样的软件更简单，更易学。

Photoshop自然拥有更强大的照片修饰功能以及更为花哨的修饰技巧。但是，我们学习Photoshop的时候，不要忘记Lightroom吸引摄影师的重要理由：简单，然而实用的命令。也许你花了很多精力去校正照片的色彩——色相、饱和度、可选颜色、照片滤镜、混合模式，你是否尝试过打开Camera Raw简单地调整一下白平衡？

其实这个问题与我们之前谈到的从最基础的命令开始学习是一致的。基本和简单的方法也通常是最有效的方法。由于Photoshop的命令太多，因此经常在不经意间就为照片叠加了一个又一个命令。常常想一想，是不是有更简单的方法可以替代复杂的步骤，这会让操作变得更有逻辑，也更有条理。

1.4 养成良好的操作习惯

也许从来没有人对你说过使用Photoshop的"好习惯"，然而我认为这非常重要。尤其对于初学者，从开始就养成良好的操作习惯将为你打下一个非常扎实的基础。

让我来解释一下我所谓的好习惯。很多人都知道Photoshop的色阶命令，即使完全不会使用Photoshop的人也可能听说过色阶这个名词。因此，当我们开始学习Photoshop的时候，自然而然会想要尝试一下色阶的效果。打开一张照片，然后打开图像菜单，选择"调整>色阶"，这是通常的做法。你可能很习惯这样的方法，在网络上看到的大多数教程也是这样做的。可是，在本书中你几乎看不到我使用色阶命令，因为我通常都会使用色阶调整图层。

如果使用普通的色阶命令修饰照片，调整结果将固定到当前图层上，日后将无法改变调整的效果；而如果使用色阶调整图层，将把调整结果置入一个独立的图层，并且可以在将来任意改变调整参数甚至简单地通过删除图层以去除色阶调整的效果。我把前一种调整方法称为静态调整，而把后一种方法称为动态调整。

在处理数码照片的时候，应尽量使用动态调整方法而不要使用静态调整方法。这是一个非常重要的原则，我希望从开始学习Photoshop的时候就能牢记这个准则。Photoshop具有极大的灵活性，通过图层和蒙版的组合，能够在任意时候改变自己的决定，重做所有需要的命令，回到某个特定的调整状态，前提是告诉Photoshop你需要这样做，为自己留下了足够的后退空间，使用了足够多的动态调整命令。

这意味着尽可能地使用调整图层，使用蒙版，使用智能滤镜，而这也是我贯穿本书始末的思维方式——大概从来没有一本Photoshop教材像本书一样近乎偏执地强调这些操作规范。与任何学习一样，养成良好的习惯、打下坚实的基础是攀登更高峰的必备前提。体育运动员所能达成的成就往往决定于一个最简单的基本动作。尽管学习Photoshop要比挑战人体极限简单很多，然而道理却是相通的。在开始的时候建立正确的思维方式，培养良好的习惯，这是你跟随秋凉学习Photoshop的秘诀。

1.5 不要用Photoshop作恶

关于Photoshop有很多道德上的评论，有些人谈到Photoshop就会带有道义上的谴责。如果你能够买回本书并且开始阅读，我想你至少不是带着谴责的心情在学习。但是依然有人在学习软件时会疑虑，什么事情该做，什么事情不该做。做这个是对的，做那个就是错的，是吗？

我不想对此做过多评论，我也从不想界定什么事情是该做的，什么事情是不该做的——尽管我自己有一定喜好，然而这并不是什么标准，也没有人会承认我的所谓"标准"。请记住，Photoshop只是一款实现目标的工具，你在学习的是知识和技能。世人该评判的并不是Photoshop本身，而是使用Photoshop的人。如果需要一个结论，那么这是我想对每一个学习Photoshop的人说的话：请不要用Photoshop作恶！在你手握力量的时候，请记住这句话！

1.6 关于本书

读到这里，我想你应该已经对本书有所了解。如果你能琢磨出在本章短短的文字中所传递的信息，会对今后的学习大有裨益。这将帮助你站在一个入门者的角度，以一个摄影师或摄影爱好者的身份，通过这本以摄影为中心的教程快速而扎实地掌握Photoshop的基本技法。

具体到本书，与秋凉的其他书籍一样，这是一本兼顾理论与实践的数码摄影后期教程。熟悉我的读者应该知道，我是那种授人以渔的作者。我希望解释清楚每一个命令的原理与细节，让读者知道每一步操作的内在逻辑，这样在阅读本书之后不但能够掌握这些技巧，还能够很自如地去进一步学习那些本书中不曾涉及的知识。有人不喜欢这种方式，那我只能向你表示歉意，毕竟从我收到的反馈来看，大多数读者是喜欢这种方式的——关键是，我自己喜欢这样的方式并且一直在从中受益。当然，可能需要动一动现代社会中大多数人已经锈蚀的脑子，这样才能将这些方法外推到自己的工作中，以实现相应的效果。

本书不会涵盖Photoshop的所有命令——没有一本书可以涵盖Photoshop的"所有"命令——确切来讲，只讲述了那些与摄影有关的核心命令，它们将能够解决90%以上的数码照片后期处理问题。重申一遍，这是一本为摄影师和摄影爱好者准备的Photoshop教程。如果是平面设计师，你将会非常失望，因为我不会涉及路径，我更不会涉及3D——说实话，我对此简直一窍不通。但是，对于数码摄影，我很自信地告诉你，这会是一本你需要的Photoshop入门教程——一切围绕摄影展开，带你穿越Photoshop繁密的森林，找到地图上标注的宝藏。

　　为了帮助读者更好地掌握命令的操作技巧，我录制了相应的视频教程。这些视频教程基本按照文字教程的次序编排，在内容上主要强调具体操作。视频教程与文字相辅相成，各有侧重。有些问题通过视频演示可能只是几秒钟的时间即可解释清楚，而要写成文字却是很大一段也未必能讲清楚。我将充分利用视频与文字的特点，希望这两者的结合能够帮助读者更轻松地掌握Photoshop。

　　衷心希望你读完本书之后，能够毫无顾虑地打开Photoshop，充满自信地驾驭Photoshop，做Photoshop的主人而不是被Photoshop奴役！

第2章

天作之合：在Bridge中浏览与管理照片

我怀疑很多人可能根本就不知道Adobe Bridge这款软件的存在。其实，Bridge一直是一款伴随Photoshop一起安装在计算机上的软件。但是从Creative Cloud开始，Bridge成为了需要独立安装的软件。如果已经安装了Photoshop CC，可以打开Creative Cloud Manager下载并安装Bridge CC；也可以通过Creative Cloud的App下载功能来下载Adobe Bridge。

尽管Bridge看起来有些类似于Photoshop的附属产品，但它却是一款功能强大的图像浏览与管理工具。如果不使用Lightroom、Aperture这类照片管理工具的话，就有必要了解并掌握Bridge的使用方法。Bridge不但提供了具有完整色彩管理的多样化照片浏览界面，还提供了各种照片管理工具，包括照片评级、修改元数据、筛选、组织收藏夹、重命名等。所有主要操作步骤都可以在Bridge中完成。Bridge可以与Photoshop实现流畅的交互，它弥补了Photoshop在照片管理中的弱点，应该作为Photoshop的必备助手。Bridge是一款易学易用的软件，花一点时间学习它，你最终会决定把所有图像管理与浏览工作都交给Bridge，因为它实在相当强大。

需要指出的是，虽然我强烈建议使用Bridge，但是如果你确实不接受我的意见，那么请跳过这一章，直接进入Photoshop的学习。

本章核心命令：

Adobe Bridge

2.1 定制Adobe Bridge的界面

第一次打开Bridge时，将看到如图2-1所示的界面。Bridge是一个模块化的软件，由不同的面板依照一定次序组织为工作区。在这个视图中，左上方的面板组由收藏夹和文件夹组成，通过单击相应的标签可以切换面板；左下方的面板组包括过滤器与收藏集；中间区域是内容面板，用于显示当前文件夹中的照片；预览面板在右上方，它显示当前内容窗格中所选定的照片；右下方则是元数据和关键字面板。

Bridge并不是单纯地提供了一种工作区。默认显示的是Bridge的"必要项"工作区。可以单击其他工作区预设来切换工作区。如果打开工作区右侧的下拉菜单，还可以看到更多工作区。图2-2所示分别为"胶片"

和"关键字"工作区。每种工作区都有自己着重显示的内容以满足不同的图像浏览需要，比如关键字工作区就非常清晰地显示了一张照片的元数据提要。但是，如果这些工作区都不符合你的习惯，那么可以尝试自定义自己的工作区。

图2-1　Bridge的默认工作区

图2-2　切换Bridge工作区

首先，使用快捷键Ctrl+K打开Bridge首选项，在常规选项的最上方可以定义Bridge的配色方案。默认的配色方案是较暗的配色，而我更喜欢使用左侧第一个配色方案，也就是更暗的配色，如图2-3所示。与默认方案相比，这会压暗面板，但没有改变内容面板和预览面板的图像背景。也可以通过下方的用户界面亮度和图像背景滑块单独改变面板和图像背景的颜色。

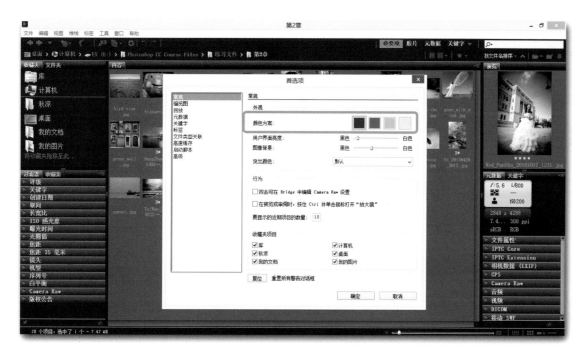

图2-3　更改Bridge的界面颜色

看到工作区被琥珀色高亮显示的"必要项"三个字了吗？这是Bridge默认的高亮显示颜色。如果不喜欢这个颜色，打开"突出颜色"下拉列表可以更改高亮显示的颜色。透明是一个不错的选项。不过我喜欢保留Bridge的默认设置，因为这确实是Bridge的一贯风格，一看就知道当前打开的是Bridge。

然后来看一下怎样自定义面板位置。在Bridge中，可以任意移动面板将它们组织到你更喜欢的地方。单击面板标签，然后直接拖动鼠标就能将面板加入其他面板组或者独立成为一个面板组，如图2-4左图所示。在移动面板时，Bridge会弹出蓝色线条提示。框线表示将加入当前面板组，而蓝色直线则表示将把面板置于当前面板组的上方或下方。

除了移动面板之外，还可以定义面板的尺寸。将鼠标指针指向面板边缘的标记处，鼠标指针会变成一个双向箭头，这时拖动鼠标即可改变面板大小，如图2-4中图和右图所示。

图2-4 自定义面板的基本操作

在了解了工作区的基本组织方式以后,接下来就可以定义自己的工作区了。我为自己设计了两个不同的工作区,分别如图2-5和图2-6所示。在图2-5所示的工作区中,以"必要项"为基础做了轻微的修改:将预览窗格从右侧面板移到左侧面板的上方,把文件夹、收藏夹和收藏集放在一个面板组中并置于预览窗格下方;在内容面板右侧只有一个面板组,依次排列了元数据、关键字和过滤器;稍稍增加两侧面板的宽度,并且使用快捷键Ctrl+加号(其实应该是等号键,但是我习惯将它称为加号键,因为无论在Photoshop还是Bridge中,这个按键的作用基本都是放大,这样说会显得更有逻辑一些)将内容窗格中的缩略图放大到如图2-5所示的大小;将这个工作区命名为GRID。

图2-5 GRID工作区

以GRID工作区为基础，我定义了如图2-6所示的LOUPE工作区：将预览窗格放到内容窗格上面，并且压缩内容面板的高度以让预览面板占据尽可能多的屏幕空间；这时候，左侧和右侧都只留下了一个面板组，能够充分利用屏幕的高度来显示这些面板中的内容；图2-6显示了保存工作区的方法，即打开工作区下拉菜单，选择"新建工作区"，然后输入工作区的名称。

图2-6　LOUPE工作区

现在，在我的工作区标题栏上可以看到"GRID"和"LOUPE"字样，单击就可以直接切换到相应的工作区。也可以使用快捷键Ctrl+F1切换到GRID工作区，使用快捷键Ctrl+F2切换到LOUPE工作区。这是我非常喜欢的Bridge界面，甚至只有把界面变成这样我才能顺手地使用Bridge。如果经常访问我的网站或者看过我的其他书籍，也许你会猜到原因。不错，因为Lightroom。我通过这样的方法在Bridge中模拟了Lightroom的网格视图和放大视图，这也是我要将面板压暗的原因——让Bridge和Lightroom看起来非常相似。在GRID和LOUPE工作区之间切换仿佛在Lightroom的网格视图与放大视图间切换一样，我可以使用GRID工作区来快速定位和批处理照片，使用LOUPE工作区来放大观看、筛选照片，这让我在操作Bridge时和Lightroom一样顺手。

这是我个人的经验。你不必完全赞同我，但是希望你通过本节了解自定义Bridge界面的方法。说实话，我觉得Bridge的默认外观配置不是那么合理。两侧面板的宽度都太窄，缩览图的放大尺寸也太小。应将Bridge设置为称手的样子，因为这是今后浏览照片的主要工具。在本书后面的所有章节中，但凡打开Bridge都会看到我自定义的工作区。因此，像我这样设置GRID和LOUPE工作区，可能会更有助于你的学习。

2.2 在Bridge中浏览照片

内容面板是Bridge的照片缩览图窗格，类似于Windows的资源管理器。在Bridge界面最下方有一些按钮可以控制内容面板中的照片显示形式。拖动缩放滑块能够改变单元格的大小，也可以使用快捷键Ctrl+加号或者Ctrl+减号来缩放单元格。缩放滑块右侧的按钮可以用来锁定单元格，最右边的3个按钮则可以用来改变内容窗格的显示样式，类似于在资源管理器中选择显示缩略图或者显示文件信息。

图2-7所示为Bridge的主要显示界面。当在内容面板中选择任何一张照片时，它将在预览窗格中被显示，同时相应的元数据会显示在元数据面板中。如果照片嵌入了EXIF信息，可以在元数据面板的最上方看到主要的拍摄信息，这是一个很直观的功能。也可以打开这些子面板来查看相应的元数据。

图2-7 在Bridge中浏览照片

Bridge中对照片的放大方法与大多数看图软件不同。将光标指针放到预览图上，将看到一个放大镜图标，单击即可放大照片中的某个区域到100%，如图2-8所示。移动这个方框能够放大显示照片中的不同区域，就好像移动放大镜一样。这个放大方法被应用于预览面板，无论预览面板在哪里。因此，如果觉得预览窗格太小，不要忘记切换到之前定义的LOUPE工作区，在更大的窗口中放大显示某个区域。再次单击这个放大窗口即可关闭放大镜。

图2-8 在预览面板中放大显示照片区域

在大多数看图软件中，放大照片的方式都是直接在窗口中显示100%视图。Bridge也提供了这种方法，不过必须进入全屏预览视图。选中任何一张照片，然后按空格键进入全屏预览。在全屏预览模式下，单击鼠标即可将照片放大到100%，如图2-9所示。还可以拖动鼠标以移动照片，使用左右方向键能够切换照片，按Esc键则能退出全屏预览模式。

图2-9　Bridge的全屏预览模式

Bridge还有一种很华丽的照片浏览模式被称为审阅模式。使用快捷键Ctrl+B可以进入审阅模式，如图2-10所示。审阅模式会把当前内容面板中的照片组织在一起，以一种轮换的形式逐一显示照片，很类似某些音乐播放软件中切换专辑的样子。在审阅模式中，不但可以观看照片，以与预览面板相同的方式放大照片，还可以将照片剔除出当前审阅队列（通过单击左下角的下箭头）或者加入收藏集（通过右下角的按钮）。退出审阅视图的方式和全屏预览模式相同，按Esc键即可。

图2-10　Bridge的审阅模式

如果从来没有接触过Bridge，那么可能需要一些时间来熟悉在Bridge中浏览照片的方法，尤其是放大浏览的方法。与很多软件不同，在Bridge中，不能通过双击来放大照片，因为双击照片会直接在Photoshop中打开它。慢慢习惯Bridge的这些特点，会发现它是一款相当简单易用的图像浏览软件。使用之前建立的GRID和LOUPE工作区，恰当地结合全屏预览，Bridge能够提供舒适的照片浏览体验。

2.3　使用Bridge管理照片

Bridge不但是一款浏览照片的软件，它同时是一款非常强大的照片管理软件。数码时代让照片拍摄变得前所未有的简单，随之而来的问题是计算机上的照片也越来越多。对于一名摄影师或摄影爱好者来说，有序地管理照片是数码后期处理中一个很重要的课题。我一直强调一个观点，数码后期处理并不单纯是修饰照片的过程，而是照片拍摄下游的完整处理流程。照片管理是数码后期处理的有机组成部分，而且是极为重要的组成部分。如果看过我写的Lightroom教程，对此一定深有体会。

想象一下，一次出门旅行拍摄了1 000张照片——这不是一个很大的数目——最终你不可能处理所有这1 000张照片，除非想累死自己，或者想以最快的速度丧失后期处理的乐趣。你需要选择一些真正满意的照片去做精细的修饰——依照我的观点，应选择不超过10%的照片，最好不超过5%。因此，在进入Photoshop之前你需要决定哪些照片是真正想要用Photoshop打开的。由于Photoshop保存的TIFF或PSD格式文件都是上百兆甚至上G级别的，所以这确实是必须考虑到的问题。

此外，随着对摄影的爱好不断加深，很快你的计算机上就会出现成千上万的照片。如何快速找到某张在某时拍摄的照片会成为一个问题。组织一个有序的照片文件夹是必要而良好的习惯。然而，如果能够借助Bridge的强大管理功能的话，这些事情会变得更简单。

2.3.1 Bridge的星标与色标

首先，可以在Bridge中为照片添加两套不同的标记：星标和色标。选中一张或多张照片，打开标签菜单，选择相应的标签即可把标签添加到选择的照片上。如图2-11所示，框线中的照片都应用了三星级的星标，同时有两张照片分别被添加了红色与黄色色标。

图2-11　为照片添加星标与色标

每次添加标签都要打开菜单显然很麻烦，因此可以使用快捷键。按住Ctrl键，然后按数字键1~5分别对应1~5的星标，按0可以去除照片的星标。同样，按住Ctrl键，再按6~9分别代表红、黄、绿、蓝这4种色标。如果需要去除色标，再次按相同的快捷键即可，例如对于添加了黄色色标的照片，按快捷键Ctrl+7即可以移去色标。

打开首选项对话框（按快捷键Ctrl+K），切换到标签选项，如图2-11所示。最上方有一个"需要Control键来应用标签和评级"，默认情况下该复选框是被勾选的。如果取消勾选该选项，那么不必按Ctrl键，可以直接使用数字键来应用星级和色标，这是我喜欢的方法。

通过星标和色标，可以给照片进行逻辑分类。例如，选出喜欢的照片添加3星级的星标，选出希望打印的照片添加红色色标，等等。这要比通过文件夹不断复制照片要简单很多。在添加了标记之后，就可以使用Bridge的筛选功能来让Bridge找出符合相应条件的照片。

打开过滤器面板，在过滤器中可以看到许多筛选选项。这些筛选选项允许用户根据条件筛选当前内容窗口中的照片。有一点要特别注意：在同一个筛选类别中，不同条件之间的逻辑关系是"或"，而不同筛选类别之间的逻辑关系是"与"。

如图2-12所示，打开标签与评级这两个筛选类别。在标签中我选择了无标签和黄色标签，在评级中我选择了2星、3星和4星。这个筛选标准的实际含义是：先找到所有被标记为2星、3星和4星的照片组成一个集合，再找到所有无色标或者标记了黄色色标的照片组成一个集合，然后查看它们的交集。

图2-12　通过过滤器筛选照片

在Bridge提供的长长的筛选条件列表中，可以任意组织条件以找到符合要求的照片。这样，在内容面板中就只看到那些你真正需要的照片。将精力集中在这些照片上，而不用去顾及那些不需要的照片。而如果在星标和色标以外，还能坚持为照片添加关键字的话，会让自己的照片筛选工作变得更简单。

2.3.2　关键字与收藏集

　　关键字是用于描述照片内容的词语标签，其主要作用是方便搜索，就好像在搜索引擎中键入某个词语一样。要给照片添加关键字，首先需要在Bridge中建立这个关键字。切换到关键字面板，单击右下角的添加关键字按钮，如图2-13左图所示。这时候会弹出一个输入框，可以在此输入关键字。在这个例子中，输入"植物"，按Enter键确定。

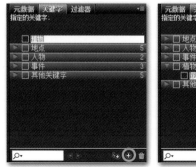

图2-13　建立关键字

　　接下来，选中植物关键字。这时候，右下角的添加子关键字按钮会变亮（在没有选择任何关键字的时候，这个按钮无法使用）。单击这个按钮将在当前关键字下添加子关键字。我将这个关键字命名为"花"。通过关键字与子关键字的组合，就可以在关键字面板中有序地管理自己的关键字。

　　在建立关键字之后，就要把关键字添加到特定的照片中。要为照片添加关键字，首先选中这些照片。如图2-14所示，同时选中了3张照片，然后在关键字面板中勾选需要添加的关键字，本例中勾选了"花"。这样，就为这3张照片都添加了"花"这个关键字。在关键字面板的最上方可以看到当前照片所包含的关键字。现在，打开过滤器面板，就可以通过在关键字选项中选择"花"来找到这3张照片。另外，还有其他一些更直接的方法。

图2-14　为照片添加关键字

比如，直接在右上方的搜索框内输入"花"，Bridge会找到所有关键字中包含"花"的照片。然后，打开下方的星星图标，选择显示3星以上的项，如图2-15所示。想象一下，如果给所有以花为主体的照片都添加了关键字"花"，并且为那些喜欢的照片添加了3星或更高的星标，那么通过这个选项获得的是什么？是所有你拍摄的最漂亮的花卉照片！

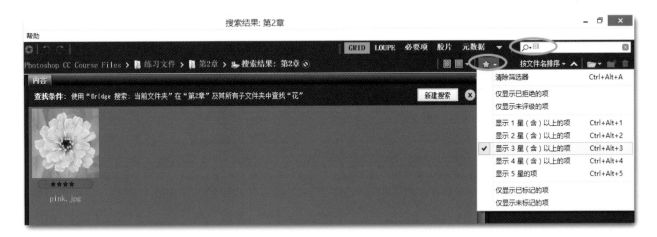

图2-15　联合关键字与星级筛选照片

这就是和Bridge交流的方法。通过添加标记和关键字，让Bridge知道你的想法，并且从海量照片中找到需要的那几张。更进一步，还可以通过收藏集的方法把搜索结果固定下来。在Bridge中，有一个收藏夹面板和一个收藏集面板。这两者只差一个字，然而作用却完全不同。收藏夹相当于文件夹的快捷方式，可以把自己经常访问的文件夹拖到这个地方以方便、快速打开，它只是指向特定文件夹的一个路径。而收藏集则是一种独特的照片组织形式。

单击收藏集面板右下方的新建智能收藏集按钮；将打开如图2-16所示的对话框。智能收藏集是收藏集的一种，也是最有用、最神奇的收藏集。智能收藏集允许用户设定一定的条件，而Bridge将把符合条件的照片自动放入收藏集。在智能收藏集对话框中，可以选择查找照片的位置并设定条件。本例中设定的条件是关键字包含"花"以及评级大于等于3星级。匹配选项允许选择"与"和"或"的逻辑条件。建立这个收藏集之后，Bridge会自动找到符合相应条件的照片并放入收藏集。这样，当需要这些照片时，访问这个智能收藏集即可，甚至不必知道它们到底位于哪个文件夹。

智能收藏集是Bridge强大管理功能的一个缩影。它提供了一种不同的照片组织形式，并且允许用户将来自多个子文件夹的照片组织到一起。在第一时间为照片添加合理的标记——星标、色标、关键字——然后就可以让Bridge自动完成操作指令。

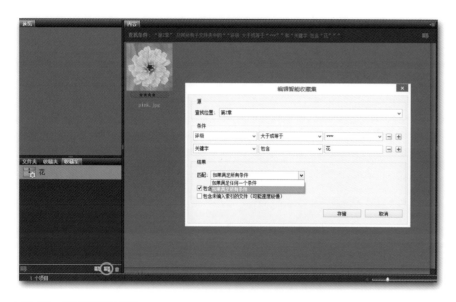

图2-16   创建智能收藏集

　　要提醒注意的是，本节内容不是为了介绍在Bridge中管理照片的所有细节。如果看过我的Lightroom教程就会知道，管理照片是一件值得深入研究的事情。在我的每本Lightroom教程中都有差不多一半的篇幅是在讲述如何更好地管理照片。我不可能以同样大的篇幅细细介绍Bridge，不然本书会厚得不成样子，因为Photoshop本身就是一款足够复杂的软件。我希望通过这些简单的介绍，使读者对照片管理以及如何使用Bridge进行照片管理有一个概念性的理解。首先，开始尝试去标记照片，并且利用这些标记做一些筛选。这会是一个良好的开端。在下一节中，我将介绍一些使用Bridge的小技巧。

2.4　Bridge使用小技巧

　　首先，Bridge中文件夹面板的显示位置一般总是比较窄，有时候找到某个文件夹不是非常容易。在Bridge中，有一个快捷方法可以切换到最近访问过的文件夹。单击工具面板上最近使用的文件按钮可以弹出最近访问过的文件，如图2-17所示。可以通过这个方法快速切换文件夹，还可以在这个下拉菜单中选择最近在Photoshop中打开过的照片。

　　另一个方法是直接单击父文件夹与子文件夹之间的>按钮。这会弹出当前父文件夹下的所有子文件夹以供选择。不必访问文件夹面板，只要直接在地址栏中就可以切换到上级目录。

图2-17　访问最近使用过的文件夹

　　其次，可以在Bridge中通过堆栈的方法来归类某些相关联的照片。如图2-18所示，我选中了5张黑白照片，然后使用快捷键Ctrl+G将它们组成一个堆栈。从图中可以看到，一组堆栈上方会有3个很小的按钮。左侧的数字按钮表示当前堆栈中的照片数，单击该按钮可以展开或合拢堆栈；单击中间的播放按钮会自动将堆栈中的所有照片依序播放一次；最右面的滑块可以用来选择堆栈的封面。如果想取消堆栈，使用快捷键Ctrl+Shift+G即可将照片返回到堆栈之前的状态。

图2-18　在Bridge中组成照片堆栈

堆栈在实际操作中最大的作用，是能够把某几张显著相关的照片放在一个堆栈里，比如一组需要合成全景照片或者HDR照片的图像，或者一组要在Photoshop中重新组合排列的图像。在照片浏览的过程中将这些照片组成堆栈将让文件夹更有序，也会节省很多无谓的重复劳动。我很喜欢Bridge对堆栈的处理，我觉得这是Bridge做得比Lightroom更好的地方之一。

第三个技巧是可以通过Bridge从数码相机导入照片。大多数数码相机都带有照片下载软件，但是这些软件通常都需要连接计算机使用。连接计算机下载照片不是一个太好的习惯，因为有时候这会带来一些意想不到的问题。正确的做法是使用读卡器直接从存储卡中读取照片。可以直接通过复制粘贴的方法将照片复制到硬盘上，但是我鼓励你尝试一下专业的软件，比如Bridge。

单击Bridge工具栏上的照相机图标，将打开Bridge的图片下载工具，如图2-19所示。单击左下角的"高级对话框"将打开更多高级选项，并且显示图像预览窗口。使用Bridge下载照片有几个好处。首先，它允许预览照片，将那些不需要导入的照片剔除出队列。在资源管理器中也可以预览照片，但是使用Bridge会更好，更快。比如说，操作系统可能无法显示所有的Raw格式文件，而Bridge则毫无问题。

图2-19　Bridge的照片下载工具界面

其次，Bridge的图片下载工具提供了简单的照片整理方案。不但可以选择文件夹位置，还可以通过创建子文件夹选项直接把照片依照日期排列到相应的文件夹里。对于喜欢依照日期排列照片的人来说，这可以节约时间。

再者，Bridge还提供了一些高级选项。比如，可以在导入的同时重命名照片，还可以选择将照片转换为DNG格式文件等。总之，使用专业的图像下载工具加上读卡器是从相机导入照片的最好方法。而Bridge的图片下载工具则提供了一个免费的选择——只要拥有Photoshop CC。

我要介绍的最后一个Bridge技巧是Bridge的重命名命令。可以在Bridge中批量重命名文件。选择需要重命名的文件，然后使用快捷键Ctrl+Shift+R打开批量重命名窗口，如图2-20所示。Bridge的批量重命名功能非常强大，可以选择重命名当前文件，还可以选择将这些文件复制一遍以后重命名新文件。

通过在新文件名区域中添加不同的条件组合，能够实现多样化的文件重命名。不但可以按照一定的序列命名文件，还可以用字符串替换命令批量替换文件名（例如照片命名为Photoshop01、Photoshop02……，现在要把它们替换为Bridge01、Bridge02……），甚至可以批量替换文件的扩展名。

图2-20 "批重命名"对话框

建议按照一定的规则重命名照片，因为这会避免文件名循环所带来的重名文件，也可以让照片变得更有序。Bridge显然提供了一个出色的照片重命名工具。并且，Bridge批量重命名工具的使用并不局限在照片上，它是我所使用过的最好用的重命名工具。我过去曾经为了批量重命名文件而去找一些重命名软件，后来我发现原来最好的重命名工具就在自己的手边。即使面对的不是照片，当想要重命名的时候，不妨打开Bridge，它几乎能够胜任所有重命名工作。

2.5　本章小结

Bridge是配合Photoshop而生的图像管理软件，学会使用Bridge是自如应用Photoshop的重要一环。在照片浏览方面，Bridge不但提供了专业且可以定制的浏览界面，还可以预览一般操作系统无法准确显示的Raw格式文件，并且支持XMP格式文件。随着学习的深入，你慢慢会体会到这些好处。

除了照片浏览以外，Bridge也是照片管理的能手。重命名、标记、关键字、搜索，Bridge几乎无所不能。先学会给照片添加关键字、星标与色标，再学会过滤照片，然后尝试收藏集，最后建立自己的照片管理流程，这几乎是每一位数码爱好者和摄影工作者的必由之路。

第3章

厉兵秣马：定制属于摄影师的 Photoshop工作界面

　　第一次打开Photoshop的人无不为复杂的界面感到震撼，面对一个又一个菜单和图标根本不知从何入手。我相信有不少会简单使用Photoshop的人也依然对软件的基本界面一知半解。其实，Photoshop的工作界面是简洁的。而且因为我们的目标是学习如何使用Photoshop处理照片，所以可以让工作界面变得更有条理。

　　本章将带领读者走进Photoshop的世界，认清Photoshop的本来面目。通过对本章的学习，使读者对Photoshop有一个基本了解。本章结束的时候，将把那些经常使用的命令和面板从Photoshop一层又一层的菜单里挖掘出来放到手边。时刻记住，我们是以摄影师的视角在操作Photoshop。因此，需要打造一个属于摄影师的Photoshop工作界面。

　　本章有很多关于基本操作的演示，强烈建议观看本章视频，以便更好地掌握这些基本的界面操作。

本章核心命令：

窗口菜单	Photoshop工作区	颜色面板选项
图层面板选项	键盘快捷键	屏幕模式

3.1 Photoshop CC界面概览

　　第一次在Photoshop中打开图像时，将看到如图3-1所示的界面。如果曾经使用过Photoshop CS5或者更早版本的Photoshop，取决于个人喜好，这个界面可能会让你感觉惊艳或者不适应，因为Photoshop CC的界面与以往的Photoshop在风格上存在明显差异。而如果使用过Photoshop CS6，则会对这个界面非常熟悉。在界面上，Photoshop CC与Photoshop CS 6几乎完全一样。

　　Photoshop CC界面的最上方是菜单栏，Photoshop一共提供了文件、编辑、图像、图层、类型、选择、滤镜、3D、视图、窗口和帮助这11个菜单。并不需要把它们一一打开看一遍里面的命令，但把这11个菜单的名字读上两遍对熟悉Photoshop还是会有所帮助的。

图3-1　Photoshop CC界面概览

　　Photoshop CC界面的左侧是一条狭长的工具栏，或者称为工具面板。我有时候喜欢把它称为左侧面板，以与右侧面板对应起来。工具面板中包含了许多有用的工具，事实上工具的数量绝不止看到的这些。

　　使用鼠标左键单击某个工具并且按住不放，相应工具的右边会弹出一个选择窗口。如图3-2所示，单击从上边数下来第2个工具选框工具，在弹出窗口中可以看到除了矩形选框工具外，还可以使用椭圆选框工具和单行选框以及单列选框工具。这是切换一组工具中不同工具的常用方法。右键单击工具图标，同样会弹出工具选择菜单。

图3-2　选择不同的工具

　　绝大多数工具图标下都包含不同的工具，因此确切来说工具图标所显示的是当前工具组中被选择的工具。许多常用的工具都对应一个字母快捷键，比如图3-2所示截图中所显示的M。使用快捷键是切换工具最简单也是最实用的方法。当然，在这里没必要去记住这些快捷键，甚至没有必要去了解到底有哪些工具。这是一个循序渐进的过程，在以后的章节中随着逐渐接触一些常用工具，慢慢地自然会对这些工具以及快捷键熟悉起来。

这些工具依照自己的作用和特点被组织到了几个不同的大类中。Photoshop通过水平线划分了这些类别，如图3-3所示。最上方的6组工具组成了移动与选择工具组，然后是由8组工具组成的画笔工具组，往下是由4个工具组成的矢量工具组，最下方我姑且称之为视图工具组。

之所以要了解简单的工具分组，是因为不同类别里的工具被选中时往往可能对一些操作产生影响。比如，使用数字键更改图层透明度是相当常用的技术。然而，只要选中了任何画笔工具组中的工具，都无法通过数字键来更改图层透明度，因为这组快捷键被用来改变画笔的透明度。又如，移动工具是Photoshop里使用频率最高的工具之一，你今后会习惯通过按住Ctrl键来激活移动工具。可是，如果选择了图形工具，Ctrl键的作用就会不一样。因此，在这里应先有一个印象，知道工具是按照一定的特点被组织到相应组别中去的。

此外，如果计算机显示屏比较小，无法很好地显示所有工具，那么Photoshop还提供了另一种工具组织方式。单击工具面板最上方的小三角即可将工具面板扩展为两列，如图3-4所示。这样虽然占用了一点图像显示区域，然而却大大缩短了工具面板的长度。再次单击上方的小三角可以返回到默认的单列工具面板状态。

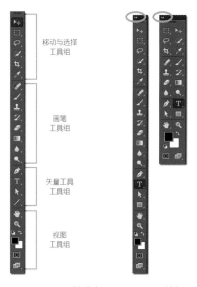

图3-3　工具的分组　　图3-4　缩短工具栏显示长度的方法

Photoshop CC界面下方是状态栏，在这里可以看到两个命令显示。最左侧的是缩放控制命令，这里显示的是当前照片的缩放比例。关于照片缩放将会在第6章中进一步讨论。靠右的窗口用以显示当前照片的一些设置。单击右侧的小三角会弹出菜单，用以选择需要在区域内显示的内容。如图3-5所示，选择显示文档配置文件，于是可以看到下方状态栏中显示了当前照片的配置文件为Adobe RGB (1998)。对于照片处理来说，文档大小和文档配置文件都是相对常用的选项。

图3-5　在状态栏中显示不同的信息

3.2 右侧面板的基本操作

　　右侧面板是在Photoshop中操作命令的主要区域，也是看起来比较复杂的区域。图3-1所显示的是打开Photoshop时所看到的默认情况，然而这个面板区域可以被组织得完全不一样。在我最初学习Photoshop的时候，就曾经非常焦急地发现怎么我的图层面板没有了，怎么我的面板和本来不一样了。我相信这并不仅仅是我一个人有过的疑问，很多人都曾经遇到过类似的问题。因此，非常有必要来了解到底可以怎样操作这些面板。

　　右侧面板其实包含多个不同的面板组，每个面板组中又包含不同的面板。图3-6所示是默认情况下的右侧面板。从上到下依次是3个不同的面板组。每个面板组的最上方都有一个标签栏，通过单击标签可以切换到不同的面板。图3-6中右图所示的是分别单击3个面板组上的第二个标签后所显示的面板。Photoshop会根据面板的情况自动调整面板的高度。仔细看的话会发现，色板面板和样式面板都要比其左侧的颜色面板与调整面板更高一些。

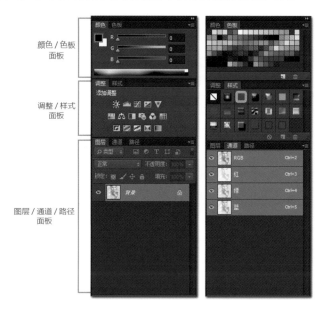

图3-6　右侧面板的组织形式

　　这是Photoshop初始的面板组织形式，但是可以任意改变这种组织形式。把鼠标指针指向相应面板的标签，按住鼠标左键，直接拖动标签可以改变面板位置。在当前面板组中小心地平移标签能够改变面板的左右位置，如图3-7左图所示；如果拖动幅度大一些则可以把面板从右侧面板中解锁，自由浮动到窗口的任意位置，如图3-7右图所示。

　　当面板浮动在窗口中的时候，将鼠标指针放在面板下方和右下方的标记处可以拖动标记以改变面板窗口的大小，如图3-8所示。

图3-7　改变面板顺序或者把面板浮动到窗口中

如果想把面板复位到右侧面板区域，直接拖动面板到相应的面板组即可。如图3-8所示，把面板移动到最上方的面板组，将鼠标指针放到标签栏的位置，在面板组的周围会看到蓝色的叠加（图中的蓝色方框是Photoshop的实际显示情况，而不是添加的演示）。这时候释放鼠标，面板就会被组织到相应的面板组中。

在任意面板的标签上双击可以折叠该面板，在折叠的情况下单击则可以展开面板。如图3-9左图所示为折叠了上方的颜色面板和下方的图层面板，只留下中间的调整面板。有时候，在右侧区域长度不够的情况下——比如文件中包含许多图层——通过折叠其他面板能够扩大右侧面板的显示区域。也可以横向折叠整个右侧面板来扩大图像显示区域。单击右侧面板最上方的箭头，面板会被折叠，如图3-9右图所示。这时候，单击任何面板图标即可在左侧展开面板，再次单击图标则能关闭面板。

图3-8　在浮动窗口中改变面板大小以及将面板组织到面板组中

图3-9　折叠面板

右侧面板的左侧有一长列，默认情况下有两个按钮，这其实也是一组面板。如果单击最上方的箭头就可以横向展开面板，如图3-10右图所示。可以看到这两个按钮展开以后变成了历史记录面板和属性面板，与右侧的面板完全一样。这两个按钮其实就是相应的面板图标。由于同时打开两列面板会占据很大的显示空间，因此一般习惯折叠左侧这列面板。当需要使用的时候，直接单击相应的面板图标即可在左侧图像显示区域内打开面板。

图3-10　折叠与展开历史记录与属性面板

与之前看到过的一样，直接将面板图标拖到图像显示窗口中也可以浮动显示当前面板，如图3-11左图所示。要扩展显示面板，单击上方的箭头即可，如图3-11右图所示。同样，可以通过移动把面板重新组织到右侧面板中。

图3-11　浮动并展开属性面板

与展开的右侧面板相似，面板图标组成的面板列也被分成不同的组，Photoshop用横线作为标记分隔这些组。可以通过定位鼠标位置来决定将面板放到当前已经存在的面板组中或一个新的组里。如图3-12左图所示为把属性面板放到一个新的组中，而右侧所示为把属性面板放到历史记录面板同一个组中。请注意面板中蓝色框线显示的区别。

图3-12　将面板组织到不同的区域

如果有些面板从来不使用，而且不希望经常看到它们，那么可以关闭这些面板。关闭面板很简单：在面板浮动的时候，可以直接单击右上方的×图标来关闭面板；当面板被固定在右侧面板区域中的时候，在面板选项卡上右键单击，在弹出的快捷菜单中选择"关闭"即可关闭面板；如图3-13所示。还可以通过选择"关闭选项卡组"命令来关闭当前面板组中的所有面板。

图3-13　关闭面板

问题在于，关闭了面板之后又要使用面板怎么办？到哪里才可以把关掉的面板找出来？这是很多人在最初接触Photoshop时可能遇到的问题。莫名其妙图层面板就没了，怎么回事？是不是Photoshop出问题了？当然不是。其实，只要打开"窗口"菜单，就能很方便地把所有面板都给找回来。

如图3-14所示，打开"窗口"菜单，即可显示所有工具面板的列表，前面打√的是当前被激活的面板。单击任意一个面板，就能够在右侧面板区域中看到相应的面板。所以不要害怕有哪个面板不见了，只要打开窗口菜单，就能很方便地找到所有面板。

图3-14　通过"窗口"菜单查找面板

3.3　组织自己的工作区

在了解了面板的基本操作之后，就可以组织一个属于摄影师的Photoshop工作区。尽管通过"窗口"菜单能够打开所有面板，可是这显然不是最方便的方法。把常用的工具放在顺手的地方，可以加快在Photoshop中处理图像的效率。本节将介绍我自己习惯的右侧面板组织形式。这只是我自己的习惯，每个人都可以有自己的喜好，无所谓对错。但是，如果能够和我一样组织面板的话将方便你的学习，因为在这一整本书中我都将使用相同的面板组织形式。使用相同的命令排列次序显然能够帮助你很快找到本书中演示的命令，尤其在对Photoshop还非常陌生的情况下。

首先，请打开面板右上方的工作区预设下拉菜单，选择摄影工作区预设。工作区储存了一组右侧面板的排列形式，除了默认的基本功能之外，Photoshop还提供了不同的工作区预设以适合不同的需求。当选择摄影工作区之后，右侧面板发生了一些改变，最上方的颜色面板和色板面板被直方图面板与导航器面板取代，同时在左侧多了几个面板图标，如图3-15所示。这是进一步自定义工作区的基础。

在图3-15中还可以看到，当切换到摄影工作区之后，任务栏下方出现了一个新的面板——Mini Bridge。Mini Bridge是一个非常有用的面板，第5章中将介绍如何使用Mini Bridge。

图3-15　自定义工作区第1步：切换到摄影工作区预设

　　接下来，将对已有的面板位置做一些调整。直方图和导航器是比较常用的面板，尤其直方图面板在操作过程中基本总是打开的，因此把它们保留在最上方。将信息面板从左侧拖动到导航器右侧，放入与直方图与导航器相同的面板组。然后，把调整面板移动到左侧，放在属性面板图标的上方并且组成一个组。属性面板是从Photoshop CS6开始出现的一个面板，它其实是把调整面板中的一大部分功能分离出来而形成的新面板。属性面板与调整面板关系密切，常常是在调整面板中选择一个调整图层，然后通过属性面板对这个图层进行调整，因此把这两个命令放在一个组里，这也是今后会经常使用的命令。移动之后的面板如图3-16所示。

图3-16　自定义工作区第2步：移动已
经显示的面板

现在要向这个区域添加新的面板。通过"窗口"下拉菜单打开颜色面板与样式面板，Photoshop默认的组织形式如图3-17左图所示。如果显示屏足够大的话，可把这3个面板放到一个面板组里置于直方图与图层的中间。但是，演示用的这台计算机的显示屏并不够大，因此把样式面板拖动到左侧与颜色面板和色板面板组成一个组，并且把它们放到调整面板的上方，如图3-17右图所示。

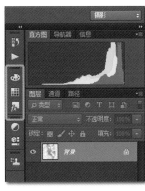

图3-17　自定义工作区第3步：添加颜色面板组

把颜色面板放到习惯的位置之后，还要做一件事情。单击颜色面板图标以打开颜色面板。在默认情况下，颜色面板以RGB的形式显示。如果对RGB模式非常熟悉，那么保留这个默认设置。如果从来记不住某种色彩的RGB值，那么建议像我一样，单击面板右上角的按钮打开下拉菜单，把颜色滑块从RGB更改为HSB，如图3-18所示。RGB是通过红、绿、蓝三个通道分解色彩的方法，而HSB则是通过色相、饱和度和亮度三个维度分解色彩的方法。我一直觉得HSB是定位色彩更直观的手段，连我这种对色彩相当不敏感的人都可以快速通过输入HSB值来找到特定的颜色。

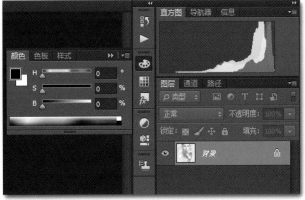

图3-18　自定义工作区第4步：选择HSB色彩滑块

完成上述步骤之后，请打开"窗口"下拉菜单，依次单击工具预设、画笔、图层复合、字符、字符样式以打开这些工具，将看到如图3-19左图所示的情况。事实上，这时候除了3D工具，基本已经在右侧面板中显示了所有工具面板。对这些新加入的工具略微做一些顺序调整，形成图3-19右图所示的情况。这时候，

还要多做一件事情。打开图层面板右侧的下拉菜单——在几乎每一个面板的右上角都可以打开下拉菜单，我习惯将它们称为面板菜单——从中选择面板选项。在"图层面板选项"对话框中，将缩览图大小从默认的小缩览图改为大缩览图。如图3-19所示，可以看到右图的图层缩览图明显大于左图。我喜欢大一些的缩览图，因为这可以更轻松地看到图层。使用相同的方法，转到通道面板，打开面板选项对话框，然后选择大缩览图。

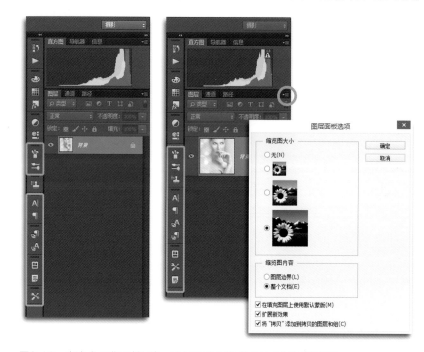

图3-19　自定义工作区第5步：添加更多面板并且放大图层缩览图

至此，已经完成了自定义界面的过程。最后，需要存储当前的工作区。打开工作区预设下拉菜单，选择新建工作区，如图3-20左图所示。新建工作区允许把之前做的所有工作（除了图层面板缩览图大小之外）都固定到一个工作区预设中。我把这个工作区命名为QL_PsCC_EX，可以任意使用喜欢的名字。存储工作区之后，在工作区预设中就会出现刚才存储的预设名称。工作区预设非常好的一点是，当改变了工作区之后，只要打开下拉菜单，如图3-20右图所示选择复位相应的工作区就能够把工作区恢复到保存时的状态。对于初学者这会是一个相当实用的功能：可以任意移动面板，练习面板的基本操作，最后只需要复位工作区就能够让一切都回到井然有序的状态。

如果不喜欢我的工作区，也可以新建一个自己习惯的工作区。但是，我希望你能够保存一个和我相同的工作区。通过工作区预设菜单可以简单地切换不同的工作区，因此这对你并没有太大影响。希望我们可以在相同的工作区下开始Photoshop的学习，而不用告诉你到哪里去找哪个工具，因为已经把这些工具放到了相同的位置，这会让学习变得更简单。

图3-20　自定义工作区第6步：保存工作区

3.4 建立自己的快捷键预设

我知道有很多人非常讨厌快捷键。我不是一个疯狂的快捷键爱好者，但是，快捷键确实可以让一些事情变得简单，让操作变得更便捷。Photoshop有许多命令，不少命令都藏在二级菜单里，如果经常需要使用这些命令，而每次都要将鼠标指向一层又一层菜单、等待Photoshop弹出子菜单会是一件很烦人的事情。所以，记忆一些快捷键对学习Photoshop是有帮助的。

如果喜欢快捷表的话，那么Adobe其实提供了一张Photoshop默认快捷键表。在Adobe中国官网的帮助页面上输入"Photoshop默认键盘快捷键"，就能看到相应的页面。我很怀疑真有人能够读完这份快捷键表——我在自己的计算机上按了61次PageDown键才翻滚到页面的最下方！如果需要通过阅读这份快捷键表来记忆快捷键的话，我想我会崩溃。

这不是我推荐的学习快捷键的方法。学习快捷键的最佳路径是在学习命令的同时记住那些最重要、最常用的快捷键。最重要与最常用对每个人来说都是不同的，随着学习的深入，你会知道哪些命令是自己经常使用的。当一次又一次通过菜单在密密麻麻的命令中寻找需要的命令的时候，记住这些快捷键会成为自发的动力。所以，除了快捷键Ctrl+Alt+Shift+K之外，我并不希望你在本节中记住任何快捷键。

因为每个人在Photoshop中使用命令的频率都不同，Photoshop非常人性化地赋予了用户自定义快捷键的能力。按快捷键Ctrl+Alt+Shift+K可以打开Photoshop的"键盘快捷键和菜单"对话框。在"快捷键用于"下拉列表中，可以选择更改应用程序菜单、面板菜单或工具的快捷键，如图3-21所示。

图3-21 "键盘快捷键和菜单"对话框

先来看一下"工具"选项。利用"工具"选项能够更改左侧工具栏的快捷键。Photoshop的大多数工具都对应一个字母的快捷键，但是这些快捷键一般不是独用的。如图3-22所示，右键单击油漆桶工具打开工具组菜单，可以看到油漆桶工具、渐变工具和3D材质拖放工具都使用快捷键G。在默认情况下，可以按住Shift键然后按G在这3种工具之间进行切换。如果有的工具从来不使用，则可以取消该工具的快捷键，让选择变得更方便一些。

图3-22 油漆桶、3D材质拖放与渐变工具组

要更改工具的快捷键，在"键盘快捷键和菜单"对话框中切换到"工具"选项，然后找到需要的工具。直接单击工具将激活快捷键栏下的输入框。如果不希望该工具占用快捷键，直接使用Delete键或者Backspace键清除快捷键即可；如果希望为该工具分配快捷键，则键入相应的字母。如图3-23所示，我删除了3D材质拖放工具的快捷键G，因为本书中不会涉及任何与3D有关的内容。然后，把油漆桶工具的快捷键从G改为K——感谢Photoshop还留下了一个没有使用过的字母。这时候，如果退出对话框再次右键单击油漆桶工具，将看

到渐变工具和油漆桶工具分别使用了不同的快捷键。由于渐变工具对摄影师来说是一个相当常用的工具，因此我喜欢为它单独配置一个快捷键。

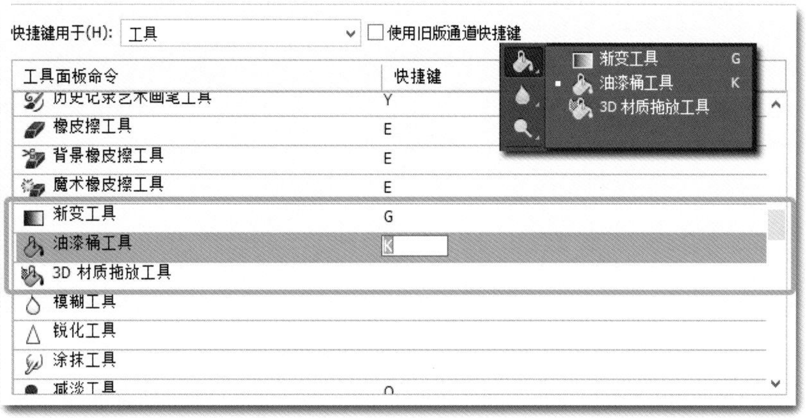

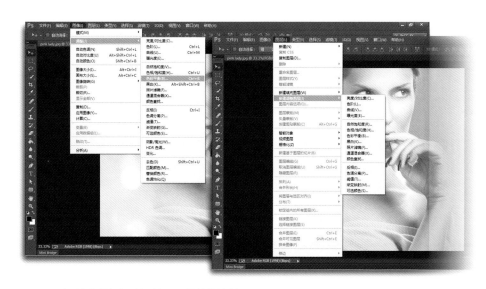

图3-23　删除工具的快捷键并为工具分配新的快捷键

　　接下来要看一下程序菜单的快捷键。图3-24所示为并列显示的两组命令。左侧打开的是图像菜单下的调整子菜单，右侧打开的是图层菜单下的新建调整图层子菜单。可以很容易地发现，左侧的子菜单下很多命令都有快捷键。除了调整子菜单外，图像菜单下的自动色调、自动对比度和自动颜色命令也都有快捷键。与此相反，新建调整图层菜单下的所有命令都没有快捷键。

图3-24　调整菜单与新建调整图层菜单的比较

大多数人接触Photoshop可能都是从3个自动命令开始，然后慢慢延伸到色阶、曲线等调整命令。这不是我的习惯。我会尽可能使用动态调整，这意味着在整本书中只会偶尔看到我打开调整菜单，在绝大多数时候我都会使用不同的调整图层来完成相似的事情。这就是问题所在——Photoshop提供的很多快捷键根本用不到，但是有一些常常使用的命令却没有分配任何快捷键。怎么办？很简单，自己给这些命令添加快捷键。

在"键盘快捷键和菜单"对话框中，选择"应用程序菜单"选项，然后在下面的窗口中定位到需要的命令。由于Photoshop的命令非常多，因此如果不熟悉的话找到自己需要的命令确实是一件比较痛苦的事情。在定位到需要添加快捷键的命令之后，如同更改工具快捷键一样，单击该命令激活快捷键输入框，直接在键盘上敲击希望使用的快捷键组合即可。快捷键必须包含Ctrl键或者一个功能键（比如F5、F6等）。

如果键入的快捷键组合没有被分配给任何命令，那么Photoshop会直接接受该快捷键。如果使用的快捷键已经应用于其他命令，则会看到冲突提示。如图3-25所示，在色阶调整图层后面键入Ctrl+Shift+L，Photoshop马上在输入框后面弹出一个警告标记，并且在下方提示Ctrl+Shift+L已经被应用于"图像>自动色调"命令。这可以防止不小心覆盖其他快捷键。我从来不使用自动色调命令，即使使用也不是通过这种方法，所以按Enter键把Ctrl+Shift+L分配给当前命令。

图3-25　为菜单命令分配快捷键

当修改了快捷键之后，最上方的快捷键组菜单中当前组名称的后面会出现"已修改"字样。这时候，可以将经修改过的快捷键保存为一个新的快捷键预设。单击右侧的保存快捷键按钮将弹出另存快捷键窗口，如图3-26所示。快捷键将被存储为.KYS文件，默认情况下存储路径是C:\Users\[Username]\AppData\Roaming\Adobe\Adobe Photoshop CC\Presets\Keyboard Shortcuts。可以在这里命名快捷键预设，这样就完成了快捷键的自定义。

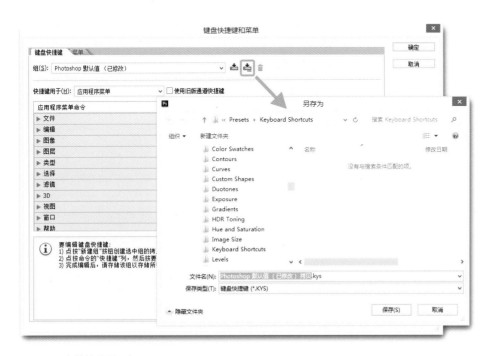

图3-26　存储快捷键预设

我知道你会有疑问：秋凉，那到底要改哪些快捷键？我可不知道到底哪些命令是常用的，我甚至不知道这些命令有什么用！在对命令还不了解的情况下去一个一个改快捷键既枯燥又无聊，因此我提供了简单的方法。在随书光盘的根目录下找到快捷键文件夹，在文件夹里有一个"QL_Keys_PsCC.kys"文件。这是我保存的快捷键预设。右键单击该文件，选择使用Photoshop CC打开。现在，再次打开图像菜单与图层菜单，比较一下图3-27与图3-24，很明显，快捷键已经经过了修饰。我为大多数常用的调整图层添加了快捷键，同时为图像菜单中的阴影/高光命令和应用图像命令添加了快捷键。

在加载了我的快捷键之后，使用快捷键Ctrl+Alt+Shift+K打开"键盘快捷键和菜单"对话框，这时候会看到快捷键组显示为"Photoshop默认值（已修改）"。如图3-26所示般存储快捷键，再打开快捷键组下拉列表，会看到不同的快捷键预设，如图3-28所示。可以方便地在Photoshop默认值与建立的快捷键预设之间进行切换。

图3-27　加载了QL_Keys_PsCC后的调整菜单与新建调整图层菜单

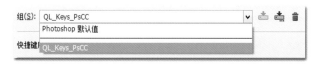

图3-28　切换快捷键预设

　　前面说过，本节的目的不是要记住任何快捷键，只是介绍在Photoshop中自定义快捷键的方法。提供我的快捷键预设是因为它们给我带来很多方便，这是我的习惯，我希望这也能够带给你便利。很多人非常好奇别人到底是怎么使用软件的，我想这算得上我最大的坦诚了。重要的是，对于初学者，完全不必关心到底哪些命令的快捷键发生了改变——绝不止我之前给你看的那些，我确实更改了相当数量的快捷键——在今后的学习中自然会逐渐看到这些改变，并且可以评价一下对自己是否有用。因为在任何时候都可以切换到Photoshop默认值，所以这至少不会给你带来任何损害。

3.5 Photoshop的屏幕模式

虽然Photoshop本身挺复杂，但是Photoshop的屏幕模式却很直观。在视图菜单中打开屏幕模式弹出菜单，就能看到Photoshop的3种屏幕模式：标准屏幕模式、带有菜单栏的全屏模式以及全屏模式。可以通过F键来切换这3种屏幕模式。

图3-29所示的是带菜单栏的全屏模式。这种全屏模式看起来和标准屏幕模式并没有很大的区别，只是隐藏了上方的文件名标签栏以及下方的任务栏。事实上，带菜单栏的全屏模式在照片浏览和移动方面会更自由一些。这时候，可以使用整个屏幕来浏览照片。尽管左右两侧面板依然显示在窗口中，然而可以把照片移动到面板后面，这是在标准屏幕模式中实现不了的。此外，即使照片缩小到比整个显示窗口更小，依然能够在窗口中移动照片。换句话说，在标准屏幕模式中照片是固定的，而在带菜单栏的全屏模式中照片是自由浮动的。

图3-29　带菜单栏的全屏模式

在带菜单栏的全屏模式下按F键，将激活全屏模式。默认情况下，背景会被压暗，菜单栏被隐藏，左、右面板也同时被隐藏。将鼠标指针悬停在屏幕左边缘或右边缘可以召回面板进行操作。如果按住Shift键再按F

键则能以相反的顺序切换这3种屏幕模式。在标准屏幕模式下，也可以通过隐藏左、右面板来扩大图像显示区域。按Tab键可以同时隐藏左侧的工具栏面板和右侧面板，而按Shift+Tab键将只隐藏右侧面板。

以上就是改变Photoshop屏幕显示模式的简单方法。在还不熟悉Photoshop的时候，建议使用标准屏幕模式，因为这最简单，也最直观。慢慢了解Photoshop之后，也许你会更喜欢带菜单栏的全屏模式。

3.6 本章小结

我知道，一大段对于界面的描述会让人觉得有些枯燥。不过如果你对于Photoshop是白纸一张，我想这一章的内容是非常有用的。在写本章的时候，我曾经给自己一个原则，即这会是我唯一一次详细介绍Photoshop界面操作的地方。今后我写的其他与Photoshop相关的书都不会再花太多篇幅在界面介绍上，因此我想将这些知识描述得详细一些。

要是没法耐着性子看完所有的文字，那么就跟着本章的视频和我一起设置工作区，并且安装我提供的快捷键。我们在为后续学习做准备，仅此而已。但是，当有一个趁手的工作区和一组个性化的快捷键之后，就会知道这些东西对于操作Photoshop有多重要。就我个人来说，几乎没法在默认工作区和默认快捷菜单的情况下工作。所以，请原谅我的啰唆，因为我真的觉得它们很重要，尽管它们不能直接让照片变得更漂亮。

第4章

如鱼得水：软件设置与色彩管理

在设置了属于摄影师的Photoshop界面之后，要进一步来调整一些软件设置。打开Photoshop的首选项菜单，会看到一长串不知道究竟是什么意思的选项。大多数人对此会望而生畏，而我们必须要直面挑战——想学好任何东西，都得付出一点努力，花费一些心思。好在我们不需要了解每一条选项的意义，只要能够保证软件的正常运行就可以了。有不少首选项调整是我们长期以来形成的习惯，对每一版本的Photoshop我们都会这样做。如果你对此毫无了解的话，没关系，从今天开始你就会了解。

与软件设置一样，色彩管理也是非常重要的。一个完整的色彩管理包括整个处理过程中的色彩解决方案，不过这里将仅仅关注Photoshop的颜色设置选项。色彩管理，又是一个麻烦的话题。幸运的是，我们不必理解色彩管理的细节。我们的目的是使用Photoshop处理照片，因此只要让Photoshop能够准确显示照片的色彩就可以了。记住，学习色彩管理不是为了让自己被理论的复杂性击倒，而是为了保证颜色显示得尽可能准确，仅此而已。相信我，这是一件非常简单的事情。有时候，是你自己把事情搞复杂了。

本章核心命令：

首选项　历史记录面板　颜色设置　前景色与背景色工具

4.1　首选项与软件性能

4.1.1　"首选项"对话框

Photoshop的绝大多数重要软件设置都可以在"首选项"对话框中完成。打开"首选项"对话框的路径在PC和Mac上有些不一样。在PC版的Photoshop中，首选项命令位于"编辑"菜单的最下方，如图4-1所示。而在Mac版的Photoshop中，首选项命令位于Photoshop菜单中。

图4-1　通过"编辑"菜单打开"首选项"对话框

如图4-1所示，当将鼠标指针指向首选项时会弹出一个子菜单，包含了很多不同的命令。这些命令同样可以在打开首选项对话框后进行切换。使用快捷键Ctrl+K将快速打开"首选项"对话框并切换到"常规"选项卡，如图4-2所示。

"首选项"对话框的左侧是一列选项卡切换标签，通过单击不同的标签能够切换到相应的首选项。除了使用鼠标单击标签外，也可以使用Ctrl键加一个数字键来快速切换相应的标签。例如，使用快捷键Ctrl+5能够切换到"性能"选项卡，而使用快捷键Ctrl+1则能够返回到"常规"选项卡。数字键与标签自上而下的排列顺序相同。

图4-2　"首选项"对话框

4.1.2　性能与历史记录

首先来看"性能"选项卡（快捷键Ctrl+5）。之所以先看这个选项，是因为"性能"选项卡里的OpenGL功能会影响到其他一些首选项的设置。"性能"选项卡一共有4个选项区域，如图4-3所示。

页面左上方是内存设置区域，这个选项用于设置允许Photoshop使用多少范围的内存。请根据自己的硬件情况决定内存设置。如果在做一些操作时经常弹出警告说可用内存不足，那么可以提高Photoshop使用内存的比例。但是，最终解决问题的方法是给计算机多加一些物理内存。Photoshop

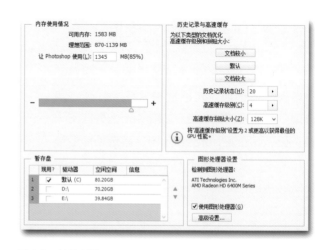

图4-3　性能首选项

对硬件的要求并不算太高，然而要流畅运行软件，主流计算机配置通常来说可能还是低了一些。

页面右上方用于设置历史记录和高速缓存。高速缓存一般可以使用Photoshop的默认设置。如果不确定默认设置是什么的话，单击默认按钮以恢复到默认值。在这个区域中，比较值得关注的是历史记录状态。这个选项被用来控制Photoshop记录的历史步骤多少。暂且退出"首选项"对话框，在右侧面板中打开历史记录面板。如果在第3章中跟我一起设置了工作区，那么历史记录面板就在右侧面板的最上方。单击历史记录面板的图标即可打开面板，如图4-4所示。

历史记录面板记录了在Photoshop中的每一个操作过程。相当贴心的是，可以在历史记录面板中单击任何一条历史记录，以回到当时的编辑状态。也就是说，不必害怕做错事情。在Photoshop中，悔棋是允许的，而且不止悔1步。在Photoshop中可以悔20步还是30步棋，取决于在历史记录状态中的设置。

图4-4　Photoshop的历史记录面板

在Photoshop中处理照片时经常需要做很多操作，尤其是每一次使用画笔工具都会被记录为一条历史记录。当历史记录达到一定数量后，Photoshop会自动清除之前的记录以保持记录数量不超过设定的最大值。而这个最大值正是在历史记录状态中所设置的值。

当对Photoshop还不是很熟悉时，可以将历史记录状态设置得略微高一些，比如30或40。这能够让你有更大的余地避免做错一些事情。20条记录并不保险，尤其在使用画笔或者更改字体、更改混合模式的时候，在不知不觉间所有之前的记录就不见了。所以，不妨多保留一些历史记录，这通常不会对Photoshop的性能产生很大影响。

在"性能"选项卡的左下方是暂存盘设置，这个暂存盘用于存储Photoshop的临时文件。一般来说，设置暂存盘的原则有3个：磁盘可用空间尽可能大，磁盘速度尽可能快，尽量不使用系统盘。前两个条件相对来说更重要一些，可以根据自己的计算机情况来选择。

4.1.3　图形处理器设置

"性能"选项卡的右下方是一个很重要的区域：图形处理器设置区域。要使用图形处理器渲染图像，显卡必须支持OpenGL，并且正确安装了驱动。如果显卡不支持OpenGL，或者没有正确安装显卡驱动，则无法勾选"使用图形处理器"复选框。

使用图形处理器渲染照片能够改善Photoshop的显示效果，带来更华丽、更现代的感觉。如果想知道这个选项会影响哪些命令的话，把鼠标指向图形处理器设置区域，对话框下方会弹出一个比较详细的说明，如图4-5所示。事实上，在"首选项"对话框中的任何命令上悬停鼠标指针，Photoshop都会给出一段相应的解释，尽管有时候这些话确实并不怎么容易看懂。

简单来说，有一些功能在不启用OpenGL的情况下是无法使用的，比如轻击平移、细微缩放、HUD拾色器等。这些功能说实话都属于锦上添花的东西，没有也并无大碍。但是，自适应广角滤镜和光照效果滤镜是有时候会用到的工具。如果不启用OpenGL，将无法打开自适应广角和光照效果滤镜。另一些功能在启用OpenGL后能够获得更好的视觉效果，比如智能锐化、液化等命令。

图4-5　图形处理器设置

但是，图形处理器设置的重要性并不仅在于它能够支持哪些命令，也在于它经常是一些问题的来源。如果Photoshop显示有问题，比如莫名其妙出现透明像素，或者在使用光照效果等命令时遇到一些很难解释的渲染问题，那么多半是图形处理器设置的问题。

我个人的感觉是这两年Photoshop对显卡的要求明显提高了。"基本"的显卡往往不能完全满足Photoshop的胃口。如果碰到一些显示问题，也知道自己计算机的显卡非常一般，那么打开高级设置选项，在"高级图形处理器设置"对话框将绘制模式从高级（Photoshop的默认设置）改为基本，如图4-5所示。即使这不是万能的灵丹妙药——说实话，我自己使用的笔记本电脑就无法通过这个方法解决显示问题——但是在大多数时候这都可以解决Photoshop的显示问题。

4.2　Photoshop的界面选项

4.2.1　Photoshop的外观配色

接下来，来看Photoshop的界面选项。打开"首选项"对话框，"界面"是第二个选项卡，使用快捷键Ctrl+2可以切换到"界面"选项卡。在"界面"选项卡中，首先要了解一下Photoshop的外观选项。外观其实是Photoshop的界面配色方案，如图4-6所示为Photoshop的4种配色方案。默认情况下，Photoshop CC会采用第二种配色方案，即深色的界面外观。

图4-6　外观首选项设置

可以通过选择相应的外观颜色方案来改变Photoshop的界面外观。当选择第4个外观方案时，Photoshop的面板和窗口背景都会变成浅灰色，同时图标颜色会从白色变为黑色，如图4-7所示。这是类似于Photoshop CS5及更早版本的界面外观，也许有些用户会喜欢这样的界面。

图4-7　Photoshop的浅色外观方案

就我本人来说，我更喜欢Photoshop CC的默认配色方案，因为深色的背景更能让人将注意力集中到照片上。同时，很重要的原因是，这和Lightroom的默认配色方案相当一致。然而，无论喜欢哪种配色方案，都需要知道可以改变这些配色方案。例如，即使喜欢深色背景，但在处理深色照片时边缘会显得非常模糊，这时候将背景切换为浅色是非常实用的功能。

也许正因为如此，在Photoshop CS6中，可以使用快捷键Shift+F1和Shift+F2在4种外观之间快速切换。相当奇怪的是，这两组快捷键在Photoshop CC中似乎不灵了。选择外观的唯一方法是进入"首选项"对话框，然后更改外观。

于是，我们要尝试另外一种方法。在"首选项"对话框中将外观切换回Photoshop CC的默认颜色方案，也就是深色的面板和深色的背景。这时候，如果觉得背景颜色影响区分图片的边缘，只需要在背景的空白处右键单击并选择浅色背景，就能够替换当前的背景色，如图4-8所示。

图4-8　将背景色设置为浅灰

这时候除了背景色发生改变外，面板和菜单的颜色都没有变。通常你不会想改变自己喜欢的面板颜色，所以只需要改变背景就可以了，这是一个相当简单的方法。当背景色变成浅灰之后，就可以在照片边缘看到很清晰的阴影。尽管阴影能够让照片呈现一定的立体感，但是有时候阴影会让边缘显得不够分明。我习惯去除照片周围的阴影显示。在外观选项中，打开边界下拉列表，将边界从"投影"设置为"无"即可去除阴影，如图4-9所示。当然，这只是一个喜好问题。如果喜欢投影，就保留默认的边界设置。

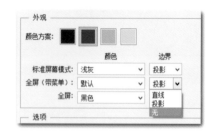

图4-9　去除边界的投影

仔细观察图4-9还会发现，在标准屏幕模式一栏中，颜色被设置为了浅灰——如图4-8所示的事情。所以，其实也可以通过"首选项"对话框来设置背景颜色以对颜色方案进行微调。还可以使用自定义颜色填充背景。如图4-8所示，Photoshop提供的屏幕颜色只有黑色、深灰色、中灰和浅灰4种。假设想使用白色的背景来模拟打印在照片纸上的情况，可以单击选择自定颜色来自定义背景。但是，还有一个更酷的方法。

4.2.2 油漆桶工具与前景色/背景色填充

左侧工具面板的下方有一个由两个正方形叠起来的工具，这是前景色与背景色工具，如图4-10所示。按一下D键能够复位前景色与背景色。默认情况下，前景色是黑色，背景色是白色——想象一下，用黑色的画笔在白色纸张上画图，这就是默认颜色的逻辑。现在，按一下X键，前景色与背景色被交换了。前景色变成了白色，而背景色变成了黑色。这两个快捷键是使用频率最高的快捷键，所以应该记住它们——D键复位前景色与背景色，X键交换前景色与背景色。在今后操作蒙版的过程中，会反复使用这两个快捷键。

图4-10 使用油漆桶工具更换背景色

单击油漆桶工具图标激活油漆桶工具。如果没有看到油漆桶工具，可以单击渐变工具或3D材质拖放工具并按住鼠标左键不放，在弹出菜单中选择油漆桶工具。油漆桶工具将使用前景色来填充某个目标区域。现在，前景色是白色。把鼠标指针放到窗口背景上，按住Shift键然后单击，即可将窗口的背景颜色替换为白色。如图4-10所示，可以看到，照片周围没有阴影，因为已经在首选项中去除了投影选项。

在任何时候，都可以通过右键单击并选择"默认"将窗口还原到默认外观，如图4-8所示。这是一个非常快速的切换窗口颜色的方法。在大多数时候我都会使用默认外观，然而在必要时，可以很简单地改变背景颜色以便更好地观察照片，而不必繁琐地进入菜单去选择。

4.2.3 查看变换值

"界面"选项卡的第二部分是一些关于界面的选项设置，如图4-11所示。在这个区域中可以不做任何修改，保持默认设置即可。关于"以选项卡方式打开文档"以及"启用浮动文档窗口停放"将会在第5章中介绍。这里先来看一下变换值选项。

图4-11　界面选项

什么是变换值？退出"首选项"对话框，在左侧工具栏上选择矩形选择工具或椭圆选择工具。如图4-12所示，选择椭圆选择工具（单击并按住鼠标不放或者右键单击，即可在弹出菜单中选择工具），在图中拖动鼠标建立选区。这时候，可以看到在鼠标指针旁边出现一个小标签，显示当前椭圆选框的长轴和短轴长度（这里选择的是汽车轮胎）。在选区、裁剪、自由变换等很多操作中Photoshop都会显示相应的值，这就是所谓的变换值。

图4-12　显示变换值

"显示变换值"选项所选择的其实是变换值的显示位置。默认情况下，变换值显示在鼠标指针的右上方，可以通过打开下拉列表选择不同的显示位置，比如左下、左上、右下等。如果选择"总不"将不显示变化值，就好像Photoshop CS5以及之前的版本那样。

4.3 常规与文件处理选项

4.3.1 Photoshop常规选项

使用快捷键Ctrl+K打开"首选项"对话框后首先会进入"常规"选项卡，也可以在"首选项"对话框中使用快捷键Ctrl+1切换到"常规"选项卡。先来看看"常规"选项卡中间区域的一些选项。如果不想了解这些选项的话，可以直接使用默认设置。要是在不经意间更改了选项，按住Alt键，右侧的取消按钮会切换为复位按钮。单击复位按钮即可复位到Photoshop的默认设置，如图4-13所示。

图4-13　Photoshop的常规首选项

如果希望了解一下这些选项的话，我介绍几个我通常会更改的选项以供参考。首先，可以去除"导出剪贴板"之前的√。导出剪贴板功能会在Photoshop关闭后将在Photoshop中的复制内容导出到剪贴板。一般来说这完全没有必要，而且会占用大量的系统空间。其次，勾选"启用轻击平移"选项。轻击平移能够在平移照片时产生拖曳的延时效果，看起来很华丽。不过，这个功能需要OpenGL支持。然后，再来看两个好看的选项，关于HUD画笔与HUD拾色器——当然，也必须打开OpenGL才能使用这两个选项。

4.3.2 HUD画笔与HUD拾色器

在Photoshop的左侧工具栏中选择画笔工具。可以通过上方的控制面板来更改画笔的大小，但是Photoshop还提供了一种更直观的方法。如果使用PC，按住Alt键然后右键单击；如果使用Mac，按住Control+Option键然后单击，将在画面上看到一个红色的画笔笔尖叠加，如图4-14所示。如果左右移动鼠标，画笔将变小或者变大。在默认情况下，上下移动鼠标将更改画笔的不透明度设置。在首选项中会看到"根据HUD垂直移动来改变圆形画笔硬度"选项，如果勾选这个选项，那么上下移动鼠标将不再影响不透明度而影响画笔的硬度。由于有更方便的方法来改变不透明度，所以如果喜欢使用HUD显示画笔的话，勾选该选项可能会更方便、更合理一些——大小与硬度对于画笔来说永远是最常用的设置。

图4-14 HUD画笔显示

Photoshop中另一个被命名为"HUD"的选项是"常规"选项卡上方区域的HUD拾色器选项。HUD拾色器与HUD画笔很类似，它允许以可视的形式直接在窗口中选取前景色。默认情况下，Photoshop使用色相条纹（小）作为HUD拾色器。

要启动HUD拾色器，在Photoshop的左侧工具栏中选择吸管工具。吸管工具的作用是在照片上吸取某个点或区域的颜色。但是这里不在照片上取样，而直接调出HUD拾色器。在PC上，按住Alt+Shift键然后右键单击；在Mac上，按住Command+Control+Option键然后单击鼠标，就能在画面上看到色相条纹叠加，如图4-15所示。

直接在拾色器上移动鼠标指针就可以选中相应的颜色，左侧工具栏下方的前景色方块也会随着颜色的改变而实时改变。可以在首选项中更改HUD拾色器的外观。Photoshop提供了两种HUD拾色器形状，除了颜色条纹以外还能选择色相轮拾色器。如图4-15右侧所示，色相轮依照360°色相排列，中间的正方形横轴表示亮度变化，而纵轴表示饱和度变化。拾色器的大小应根据显示屏大小来选择。我更喜欢

图4-15 HUD拾色器

使用色相轮，所以在这里选择"色相轮（中）"作为HUD拾色器。

如果把Photoshop看作是一款车，那么无论HUD画笔还是HUD拾色器都可以被看作用以彰显身价的"高科技配置"——换句话说也就是可有可无的东西。也许你会很喜欢它们，可是如果你觉得无所谓，那么看过这一节之后就把它们忘记。

4.3.3 图像插值与复位警告

HUD拾色器下方是图像插值选项。图像插值影响照片的放大和缩小。在这里所设置的是默认的图像缩放计算方法。相关内容将会在第7章中详细讨论，现在只要使用默认值"两次立方（自动）"即可。

在常规首选项最下方有一个"复位所有警告对话框"按钮。在有些操作步骤中Photoshop会弹出警告对话框，提醒该操作可能产生的后果。比如，图4-16所示为存储为Web格式的警告对话框。在熟悉Photoshop之后，可以通过单击警告窗口中的不再显示以禁止Photoshop下一次显示该警告。如果希望复位被禁止的警告，那么单击"复位所有警告对话框按钮"将恢复Photoshop的所有警告对话框。

图4-16 存储为Web所用格式的警告对话框

4.3.4 自动存储与最大兼容

接下来看看"文件处理"选项卡（快捷键Ctrl+4）。"文件处理"选项卡的界面如图4-17所示。在上方的文件存储选项中要注意Photoshop的自动存储时间间隔设置。后台存储是从Photoshop CS6开始引入的新概念，即在存储照片时可以继续进行软件操作，而不像既往那样要等存储完毕后才能继续使用软件。不过，计算机最好足够强大，不然在存储文件的时候继续操作会让你饱尝痛苦，并且极大增加软件崩溃的可能性。自动存储命令则允许Photoshop在一定的时间间隔后自动存储照片，这其实是伴随后台存储而出现的功能。

图4-17　"文件处理"选项卡

一般来说，Photoshop是一款相对稳定的软件。然而，由于Photoshop占用资源比较多，在计算机配置勉强的情况下很可能发生软件崩溃的情况。在这种情况下，当再次打开Photoshop，Photoshop将自动恢复之前后台保存的状态，这可以说是一个救命功能。因此，建议把存储间隔修改为最短的间隔5分钟，给自己多买一点保险。

"文件处理"选项卡下方是文件兼容性区域。要注意最后一个选项：最大兼容PSD和PSB文件。PSD是Photoshop的默认图像保存格式。所谓PSD最大兼容，即允许将更多信息存储进PSD文件，使得早期版本的Photoshop以及其他软件（比如Lightroom）都能够打开PSD文件。如果不选择最大兼容，那么文件将只能在Photoshop CC中打开，而无法在早期版本以及其他软件中打开。

是否选择最大兼容取决于自己的需求。由于最大兼容会增加文件所占存储空间，因此如果不使用早期版本的Photoshop或Lightroom等其他软件修饰PSD文件，那么选择"总不"将会节省文件所占存储空间。如果偶尔要使用更早版本的Photoshop，或者还使用Lightroom等其他软件处理PSD文件，那么选择"总是"可以提高文件的通用性。如果希望获得更精确的控制，那么选择"询问"。这样，在每次保存PSD文件的时候，都会看到一个如图4-18所示的对话框，询问是否要使用最大兼容。在最开始的时候，建议选择"询问"，以降低出错的概率。

图4-18　最大兼容对话框

 ## 4.4　单位与标尺选项

最后，来看Photoshop的"单位与标尺"选项卡（快捷键Ctrl+8）。由于像素是数码照片的基本度量单位，因此建议将标尺单位从默认的厘米更改为像素，如图4-19所示。尽管改变的是标尺单位，但是这个单位会影响很多命令，比如图像大小、画布大小等基础命令。

图4-19　单位与标尺选项

然后要设置一下预设分辨率。要强调的是，无论打印分辨率还是屏幕分辨率都不会对照片产生实际影响。它们影响的是打印的尺寸以及评估打印尺寸的方法，而不会改变真实的照片。对于台式打印机来说，300像素/英寸可能是一个比较通用的设置。而如果希望能够在屏幕上显示真实的打印大小，则需要准确设置屏幕分辨率。

每一个显示屏的分辨率都不一样。遗憾的是，厂商通常并不直接给出分辨率数据，因此需要自己做一些计算。分辨率的定义是单位长度内的像素数，所以通常所说的"1 080像素"、"720像素"都不是分辨率。要获得屏幕的分辨率，需要知道屏幕的边长，以及相应边长所对应的像素数。前者需要自己测量，而后者可来自显示器的规格参数。

图4-20演示了一个计算屏幕分辨率的例子。这是一台21.5英寸的16:9显示器，根据勾股定理很容易算出长边和短边的边长。显示器所给出的"分辨率"是1 920像素×1 080像素。使用边长的像素数去除以边长就能够得到实际的分辨率为103像素/英寸。

大多数显示器的分辨率都在100像素/英寸左右。也有分辨率非常高的显示器，比如苹果的视网膜显示器。简单地测量和计算一下，就能获得准确的数据。记得设置好屏幕分辨率，因为只需要计算一次，就能够在Photoshop中一直使用这个正确的设置。

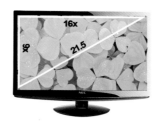

$$(9x)^2 + (16x)^2 = 21.5^2$$
$$x = 1.1712$$

$$9x = 9 \times 1.1712 = 10.5 \text{ inch}$$
$$16x = 16 \times 1.1712 = 18.7 \text{ inch}$$

$$1080 \div 10.5 = 103 \text{ ppi}$$
$$1920 \div 18.7 = 103 \text{ ppi}$$

图4-20　计算屏幕分辨率

4.5　了解色彩管理

很多人都听说过色彩管理，而且会觉得色彩管理是一件相当深奥、相当复杂的事情。我们不如换一个思路，仔细考虑一下为什么会出现色彩管理这个概念。简单来说，色彩管理是一个为了保证色彩准确、一致的自然过程。

如图4-21所示，在Photoshop中同时打开两张照片。这两张照片是相同的，唯一的不同是在Photoshop中采用了不同的色彩管理方案来打开照片。可以很清楚地看到，相同的照片在Photoshop中呈现出外观上的不同。

图4-21　同一张照片在Photoshop中可能出现的不同颜色外观

这就是色彩管理的来源。同样一张照片，在不同的色彩设置下会出现不同的结果。这会影响你对色彩与影调的判断。试想，对于右边那张照片，显然要增加饱和度；然而，其实这张照片的真实色彩是左侧显示的那个样子，增加饱和度岂非多此一举？因为使用不同的色彩管理流程，就可能在Photoshop中看到不同的色彩，因此：哪个颜色才是真实的？或者说，哪张照片显示的才是更准确的颜色？色彩管理的目的就是为了让我们在Photoshop以及整个数码处理流程中始终看到准确的色彩。

我不想涉及任何关于色彩管理的理论，这里只是简单地了解一下色彩管理的流程。目前的色彩管理流程基本是以配置文件为核心的流程。所谓配置文件是定义一种色彩的标准，它决定了该色彩所能表现的色域以及色彩还原方法。简单来说，照片携带了一种色彩配置文件，不同的设备和软件对于色彩配置文件都有自己的解读方法，色彩管理的主要目的就是为了保证这些设备都能正确解读色彩配置文件。打个比方，世界各国人民使用不同的语言，然而这些语言所表达的意思却是相同的，需要准确的翻译来把其他语言翻译成我们所能理解的语言。色彩管理的过程就有些类似于对色彩的翻译。

图4-22简单展示了色彩管理流程的概况。每一张输入的照片（也就是在Photoshop中打开的照片）都包含一个相应的色彩配置文件。当在Photoshop中打开照片时，Photoshop会读取照片的配置文件，并将它转换为一种称为PCS的色彩空间。可以把PCS理解为一个懂得全世界所有语言的翻译，它可以把任何一种语言（即输入照片的配置文件）翻译为你需要的目的语言。

经过PCS的中介，Photoshop把输入的配置文件转换为工作色彩空间。然而，这并不是最终看到的照片。由于使用的显示设备不同，每种显示设备支持的色域不同，Photoshop又必须将照片转换为相应输出设备的配置文件才能获得准确的色彩还原。

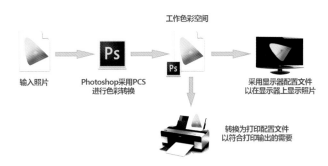

通过上面的描述，可以将色彩管理过程整理为两个独立的步骤。其一，是Photoshop将输入照片的配置文件转换为工作色彩空间的过程；其二，是

图4-22　色彩管理的基本流程

Photoshop控制下游输出平台渲染色彩的过程。好消息是，只要在Photoshop中进行合理的设置，这两个过程基本都是完全自动的。

对于在显示屏上编辑照片来说，在Photoshop以外唯一需要注意的是显示器的颜色配置文件。如果不对显示器做任何校正，那么使用sRGB作为显示器的配置文件，这能够保证最好的通用性。在Windows 7和Windows 8中，在桌面上右键单击并选择"屏幕分辨率"打开"屏幕分辨率"对话框，然后选择"高级设置"。切换到"颜色管理"选项卡，单击"颜色管理"按钮以打开"颜色管理"对话框。在设备下拉列表中选择自己的显示器，即可以看到相应的配置文件，如图4-23所示。

图4-23　在Windows 8中设置显示器配置文件

在这里请选择sRGB（sRGB ICC61966-2.1）作为默认的显示器配置文件。如果没有看到这个文件，单击下方的"添加"按钮打开配置文件列表以添加配置文件。注意，在大多数情况下请不要选择Adobe RGB等广色域配置文件作为显示器配置文件，这会让照片色彩显示出现问题，因为这些配置文件的色域通常远远宽于普通显示器的色域，所以会产生配置文件与硬件的严重不匹配。

如果希望做得更好一些，可以购买一款颜色校正硬件来校正显示器。市面上有一些可选择的显示器校准设备，比如DataColor公司的Spyder 4（俗称的蜘蛛）和爱色丽公司的i1等校色仪都能够很好地校正显示器的色彩。由于我校准了自己的显示器，因此在图4-23中可以看到，我将校准之后的配置Monitor Calibrated作为默认显示器配置文件。

4.6　设置Photoshop的色彩管理

4.6.1　工作色彩空间设置

在Photoshop中，使用快捷键Ctrl+Shift+K可以打开"颜色设置"对话框，如图4-24所示，从中可逐一更改一些重要的颜色设置选项。最上方的设置是一组选项的集合。中文版的Photoshop在默认情况下会使用日本常规用途2作为颜色管理设置，本节就在这个基础上进一步设置色彩管理选项。

工作空间区域设定的是Photoshop的默认工作色彩空间。数码图像一般都是RGB模式的图像，所以在这里真正要注意的是RGB工作色彩空间。不同色彩空间的主要区别在于所能表现色域的广度。图4-25非常形象地展示了3种常用的RGB色彩空间sRGB、Adobe RGB和ProPhoto RGB在色域广度上的区别。从中可以得出结论，sRGB的色域宽度最小，而ProPhoto RGB的色域宽度最广。

图4-24　"颜色设置"对话框

要将色域和配置文件的概念展开说的话会很复杂，因此我只告诉你结论：建议选择更广范围的色彩空间ProPhoto RGB。理由基于以下3点。

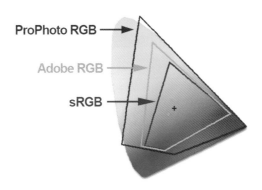

首先，相机所捕捉的色彩要宽于sRGB。从道理上来说，应该选择一个能够容纳相机色域的色彩空间以发挥相机的最大潜能。其次，尽管显示器限制了色域的表现，然而打印机需要一个较宽的色域，从这个角度来说，更广的色域是有实际作用的。最后，即使显示器只能显示非常窄的色域，使用ProPhoto RGB也没有任何坏处。只要设置合理的色彩管理方案，Photoshop会自动解决色域不匹配的问题。

图4-25　3种常用RGB色彩空间的色域广度模拟图

其余3项色彩空间设置选择默认即可。在数码照片处理中，很少会使用这些模式来进行操作。其中，CMYK是打印使用的色彩模式，这是一种设备与纸张相对应的配置文件。在商业印前处理中，有时候需要根据特定的设备使用相应的CMYK进行图像校正。在一般的照片处理中，基本都会在RGB模式下完成操作，因此完全不必在意这些选项。

4.6.2　设置色彩管理方案

色彩管理方案区域中包含3个下拉菜单与3个选框，这个异常简单的区域却是在Photoshop中看到准确色彩的关键。由于处理的照片都是RGB模式，因此这里只设置RGB色彩管理方案。从图4-26中可以看到，Photoshop一共提供了3种不同的色彩管理方案，分别是关、保留嵌入的配置文件和转换为工作中的RGB。

图4-26　色彩管理方案选项

"关"代表关闭色彩管理。如果选择"关"，那么Photoshop将成为一款不进行色彩管理的软件。在任何情况下都不要这么做，这简直就是在阉割Photoshop。在剩余的两个选项中，无论选择哪一个，都能够获得正确的色彩显示，在绝大多数情况下几乎看不出任何区别。

"保留嵌入的配置文件"是Photoshop的默认选项。如果选择这个选项，当打开照片的配置文件与Photoshop的工作色彩空间不符合时，Photoshop将切换到照片嵌入的色彩空间进行操作。而"转换为工作中的RGB"选项则允许Photoshop将照片的配置文件转换为默认色彩空间（对我们来说，是ProPhoto RGB）。举个例子来说，前者相当于学会某种外语后去看原版外文书，而后者则类似于看一本翻译为中文的外国书。我习惯保留嵌入的配置文件，如果你喜欢统一转换为默认工作空间的话也可以，这是习惯问题。

对于初学者，建议在确定自己的色彩管理方式之后不要选中下方的选项。因为这可以将色彩管理完全交给Photoshop，Photoshop将自动完成色彩管理，并且这可以保证你在正确的色彩管理下进行操作——一句话，只要在这里正确设置了管理策略，就不必再操心色彩管理这件事情。

4.6.3 存储色彩管理预设

单击色彩设置对话框右侧的"较多选项"按钮将展开更多颜色设置选项，如图4-27所示（"较多选项"按钮此时会变成"较少选项"）。我对这些选项的作用不再展开，使用默认设置即可。有两点提醒注意。第一，在转换选项中有一个意图设置，使用不同的预设会对应不同的意图设置，在这里看到的是"可感知"。对于数码照片，可感知在大多数时候是合理的设置，因为它能更好地保留色彩之间的关系。第二，确认没有勾选高级控制中的"降低显示器色彩饱和度"选项。这会让照片看上去失饱和。如果在Photoshop中看到的照片突然之间都好像被降低了饱和度，那么打开"颜色设置"对话框，看看是不是意外勾选了这个选项。

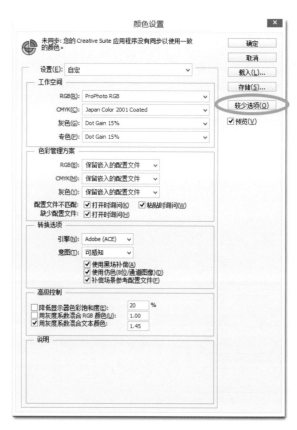

图4-27　更多色彩设置选项

在完成了所有设置之后，可以把这些设置存储为一个色彩管理预设。单击右侧的"存储"按钮将允许在文件夹中新建一个CSF颜色设置文件。这里把这个文件命名为Photography Workflow——可以使用任何喜欢的名称，如图4-28所示。在单击"保存"按钮之后，Photoshop会弹出一个对话框请你填写颜色设置简介。可以填写，也可以跳过这步。这样，就建立了自己的色彩管理预设。

现在，打开"颜色设置"对话框最上方的设置下拉列表，将看到你的自定义预设。在任何时候单击这个预设都能够将颜色设置还原为保存该预设时的设置，而不需要一一更改所有选项——假设几个月以后你已经忘记这些选项的意思，又不愿意再来翻一下这本书。

关于色彩管理，在本章的最后让我再简单地说两句。我们是Photoshop的使用者，不是色彩理论的研究者。我们需要对理论有一些了解，比如要知道整个色彩管理的流程，但是不要过于追究细节。想得简单一点，这其实也正是Photoshop希望你做的。如果你对此一点都不关心，那么打开"颜色设置"对话框，确保使用任何一种通用的RGB色彩空间（ProPhoto RGB、Adobe RGB、sRGB）作为工作空间，并且在颜色管理方案中没有关闭色彩管理就是你唯一真正需要注意的事情，如图4-29所示。觉得太简单了？不！Lightroom甚至没有任何色彩管理选项，但是可以在Lightroom中看到真实的色彩，因为所有一切都是自动的。我在校稿的时候对色彩管理的内容进行了大篇幅的删减，也正是为了让初学者不至于感到迷茫。从某种程度来说，我们只需要获得准确的色彩，而不用知道是如何获得的，不是吗？

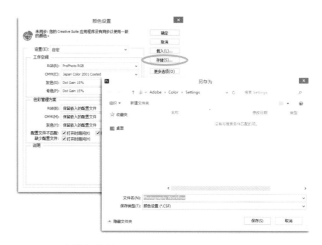

图4-28　存储颜色管理预设

图4-29　选择保存的颜色设置预设

有时候你会碰到在Photoshop中看到照片的颜色与其他软件不同的情况。我知道有人说将工作空间设置为显示器RGB是解决问题的方法。这是完全错误的方法。不要使用显示器RGB作为工作色彩空间，尤其是当显示器加载的是经过校准的配置文件时。要相信Photoshop呈现的色彩。一些其他软件显示的色彩与Photoshop不同，是因为它们没有完全的色彩管理甚至完全没有色彩管理。正确的做法是在Photoshop和Bridge里浏览照片，而不是让专业软件去适应那些不具备色彩管理功能的软件。事实上，Windows和Macintosh系统都具有色彩管理功能，操作系统自带的看图软件通常都能够获得正确的结果。

4.7　本章小结

合理的软件设置不但能够获得更准确的结果、更快的处理速度，对于初学者也便于养成良好的操作习惯。Photoshop有很多首选项设置，你可以根据本章介绍的内容和我一起逐一设置这些选项。如果希望简单一些，那么请尤其注意以下一些选项。

（1）在文件存储选项中选择后台存储并设置最短的自动存储时间间隔。

（2）在文件兼容性选项中设置合理的PSD与PSB最大兼容性选项。

（3）在性能选项中，根据自己计算机的情况调整内存使用情况以及图像处理器设置。

（4）在单位与标尺选项中，将默认单位设置为像素，并且测量计算显示器的实际分辨率。

颜色设置是除首选项之外另一个非常重要的Photoshop基本选项，它可以决定照片显示的准确与否。如果只是想获得准确的色彩而对于为什么毫无兴趣，那么以下几步能够简单地达成这个目标。

（1）使用硬件设备校准显示器，并且将校准的配置文件作为默认显示器配置文件。如果不打算校准显示器，那么在多数情况下，使用sRGB作为显示器的默认配置文件。

（2）在颜色设置选项中，将工作RGB色彩空间设置为ProPhoto RGB。

（3）在色彩管理方案中，选择保留嵌入的配置文件。

（4）在转换选项中，使用Adobe（ACE）作为引擎，设置意图为"可感知"。

第5章

如胶似漆：在Photoshop中自如地浏览照片

重新定义了工作区，设置了最合理的首选项，看到准确的色彩，在Photoshop中按照自己的想法装配完毕之后，接下来就要带着它走上处理照片的主战场。照片的显示方式会带给我对软件的第一印象。有些软件对照片显示相当出色，具有极大的便捷性，而有些软件的图像显示界面则生涩很多，不太讨人喜欢。尽管其本身并不影响照片修饰，然而照片浏览却贯穿着整个照片的修饰过程，这在极大程度上会影响到操作，甚至用户的心情。

作为一款专业的图像处理软件，Photoshop的照片浏览功能自然是出色的。Photoshop提供了不同的浏览界面，同时提供了一批易于使用的移动和缩放工具。但是，在掌握这些工具之前你会觉得无所适从。记得我在最初接触Photoshop的时候，就为简单的照片切换和缩放而抓狂。为什么会这样？为什么会那样？怎么样才能够方便地看到想看的东西？

因此，在开始正式接触Photoshop的时候，让我们先来了解这些关于图像浏览的基本操作。不要觉得这是无所谓的。相反，现在花一些时间，会给今后的学习带来很多便利，这也能够让你对Photoshop产生一些亲切的感觉——就像我一直强调的，摆脱对复杂性的恐惧是学习Photoshop的重要武器。而熟练掌握照片的浏览技巧将为你提供充分的自信。

本章核心命令：

Mini Bridge	打开为命令	窗口排列选项	缩放工具
抓手工具	导航器面板	复制图像命令	

 ## 在Photoshop中打开照片

什么？你是不是在开玩笑，秋凉？你要教我在Photoshop中如何打开照片？

其实我并不过分，因为我看到有一些教程是从如何打开软件开始介绍的，也许应该先介绍什么叫单击鼠标左键——开个玩笑——我绝不是在侮辱你的智商，而是因为关于打开照片确实有些值得了解的东西。

在Photoshop中打开照片最寻常的方法是在"文件"菜单中选择"打开"命令，或者使用快捷键Ctrl+O。但是说实话，这不是打开照片的常用方法，或者说这是最不常用的方法。如图5-1所示可以看到打开命令组中有一些不同的命令，这些命令能够帮助用户更好、更方便地打开照片。

图5-1　Photoshop的新建与打开文件命令组

打开照片的一般流程总是在文件夹中浏览照片，然后选择需要编辑的照片在Photoshop中打开。这时候可以右键单击照片，通过打开方式来选择使用Photoshop打开。可以把Photoshop作为打开照片的默认软件。

在Windows系统中，右键单击相应格式的照片，打开属性对话框，选择更改打开方式，然后选择用Adobe Photoshop CC打开该类型的文件，如图5-2所示。在默认情况下，PSD格式文件将在Photoshop中打开。建议将Photoshop作为TIFF格式文件的默认打开方式，因为一般总是在Photoshop中编辑TIFF格式文件。至于JPEG格式文件，大多数人可能更喜欢直接在操作系统自带的图像浏览器或其他图像浏览器中观看照片，而不希望每次单击JPEG格式文件都要启动Photoshop，毕竟有时候这会有些恼人。可以在需要的时候通过右键快捷菜单选择在Photoshop中打开，或者考虑不从文件夹中打开照片。

图5-2　设置默认图像打开方式

其实在第2章中就说过，建议你养成使用Bridge浏览照片的习惯，这里也建议你通过Bridge打开照片。在Bridge中直接双击鼠标即可在Photoshop中打开照片。此外，还有很简单的方法可以在Bridge和Photoshop之间快速切换。在Photoshop中使用快捷键Ctrl+Alt+O可以切换到Bridge，而在Bridge中使用快捷键Ctrl+Alt+O则可以返回到Photoshop。这是一组非常常用的快捷键，请你务必记住。

如果觉得转到Bridge依然有些麻烦，那么可以使用Mini Bridge直接在Photoshop中打开照片。Mini Bridge是从Photoshop CS5开始出现的新面板，CS6和CC版本中对Mini Bridge的界面进行了调整。可以把Mini Bridge看成一个植入Photoshop的简化版Bridge。

在设置Photoshop工作区的时候就已经把Mini Bridge面板放在软件的底部（请参考3.3节的内容）。双击Mini Bridge面板即可展开Mini Bridge。如果加载了我的快捷键预设，那么我还为你提供了一组启动Mini Bridge的快捷键：Ctrl+Shift+O。Ctrl+Shift+O原本与Ctrl+Alt+O一样都是切换到Bridge的快捷键，我把它分配给了启动Mini Bridge。

打开Mini Bridge的时候，可能看到如图5-3所示的警告。这是因为Mini Bridge必须依赖Bridge才能运行。单击启动Bridge就可以在Mini Bridge中看到图像。

图5-3　Mini Bridge未连接Bridge时的情况

如图5-4所示，Mini Bridge仿佛Photoshop的胶片窗格，可以在Mini Bridge中浏览照片，然后选择需要的照片直接双击以在Photoshop中打开。尽管把鼠标指针放在面板上方拖动能够扩展Mini Bridge的面板高度，然而在大多数时候都会把Mini Bridge压缩到最小放在窗口的下方。这时候要通过左侧的文件夹导航找到需要的文件夹会有些困难，我发现通过父文件夹与子文件夹之间的"＞"符号进行导航是一个非常有用的技巧。这可以借用宽阔的横向空间选择文件夹，而不必在左侧狭窄的面板中进行选择。

图5-4　Mini Bridge界面

Mini Bridge尽管很简单，但基本的照片选择与浏览功能却还算完备。图5-5所示为Mini Bridge的3个主要菜单。通过右侧的筛选菜单能够根据照片的星级筛选照片，这用于缩小图片显示范围，是一个相当实用的功能——再次提醒，要习惯性地给照片做标记，不然就享受不到Bridge和Mini Bridge的许多好处。

图5-5　Mini Bridge的主要控制菜单

左侧的排序菜单可用以选择不同的排序方式，而视图菜单则提供了基本的视图选项。Mini Bridge既是Photoshop的一部分，也和Bridge有着密不可分的裙带关系。因此，可以在视图菜单中快速切换到Bridge的审阅模式、全屏模式和幻灯片放映模式——第2章中没有介绍Bridge的幻灯片放映，但这确实是Bridge的展示功能之一——尤其是全屏模式，只要选择任意一张照片就可以通过单击空格键来切换到Bridge的全屏模式。这是在Photoshop中快速全屏浏览照片的最佳方法之一，我觉得这要比Photoshop的全屏模式更好用，更快速。

在我看来，将Mini Bridge和Bridge作为进入Photoshop的前戏，使用这两种方法打开照片是比在文件夹中打开照片更好的方法。尤其是Mini Bridge，可以让用户在完全不离开Photoshop的情况下浏览并选择照片。打开照片之后，双击Mini Bridge面板标签即可折叠Mini Bridge以扩展图像显示窗口的大小。

关于照片打开，最后想说的是"打开为"命令。请尝试在Bridge或Mini Bridge中打开第6章练习文件中的"balloon.tif"，会看到如图5-6所示的警告弹窗，Photoshop无法打开该文件。顺便说一句，在图5-6所示中，我拉高了Mini Bridge的高度，有时候这也是你在Mini Bridge中选择照片的好方法。

现在让我们尝试修复这个问题。在"文件"菜单中选择"打开为"命令。默认情况下这个命令对应的快捷键是Ctrl+Shift+ Alt+O，然而如果加载了我的快捷键，那么这个命令后面将看不到快捷键。因为打开为确实是一个使用频率极低的命令，所以我把这组快捷键分配给了色彩范围命令。不过，尽管"打开为"命令的使用频率很低，但是有时候还是要靠它来救命。

图5-6　Photoshop无法打开照片的情况

　　单击"打开为"之后将弹出对话框，在此找到需要打开的照片。关键的是，可以在对话框中选择打开照片的方式，如图5-7所示。很多时候，照片无法正确打开是因为嵌入了与格式不相符的扩展名。这种事情并不经常发生，然而这种事情确实偶尔会发生。在这里，我选择将照片打开为JPEG格式，然后单击"打开"按钮就可以顺利地在Photoshop中打开照片。

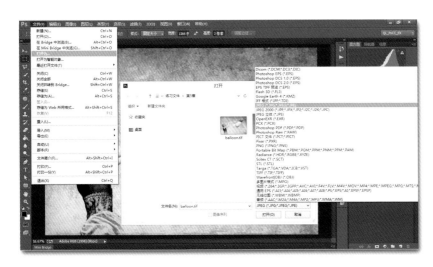

图5-7　通过打开为命令打开类型与扩展名不匹配的照片

这是一个先验的例子，因为我事先知道这张照片其实是JPEG编码的。这是不是说在实际遇到这样的情况时这个技巧并没有用？不是的。由于数码照片的通用格式非常有限，因此通常只需要在JPEG、TIFF、PSD、PNG和GIF格式之间进行尝试，就总能打开那些由于扩展名和实际文件编码格式不匹配的照片。

怎么样，没想到在Photoshop中打开照片也有这么多窍门吧？

5.2 组织文件窗口

假设已经在上一节中使用打开为命令打开了那张气球照片，那么请你通过Mini Bridge打开第5章练习文件中的其他两张照片——双击照片即可。这时候，在Photoshop窗口中看到的是最后打开的那张照片。但是，在图像显示窗口上方可以看到其他两张照片的标签，如图5-8所示。单击标签可以查看相应的照片，也可以使用快捷键Ctrl+`（数字1左边的按键）或者Ctrl+Shift+`来快速切换相邻的照片。拖动这些标签能够改变照片的排列顺序。

图5-8 以标签形式在Photoshop中打开照片

在默认情况下，Photoshop都将以标签的形式在窗口中排列打开的照片，这也是我喜欢的方式。在更早的Mac版本的Photoshop中，文件将以浮动窗口的形式被打开。在"窗口"菜单中打开排列子菜单，然后选择将所有内容在窗口中浮动就可以切换到浮动窗口界面，如图5-9所示。这时候，3张照片都形成了各自的独立窗口，可以被任意移动，也可以被任意更改大小。

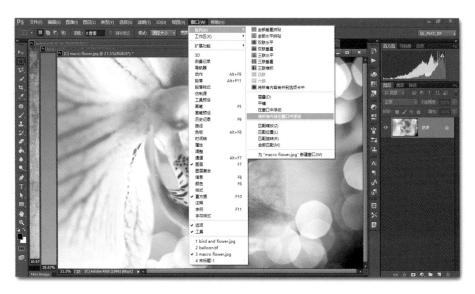

图5-9　将窗口在Photoshop中浮动

　　你知道我在最初学习Photoshop的时候头痛的是什么？我的窗口怎么变成这样啦！我怎么样才能够让它们回到先前的样子！其实，可以很自由地将窗口组合到标签中，或者让它们浮动。在图5-9所示的界面中，将鼠标指针放在活动窗口的标签上，直接将它拖动到其他窗口上，直到看到如图5-10所示的叠加以及蓝色框线。这时候释放鼠标，这张照片就将被合并到标签中。使用同样的方法，可以直接拖动任何一个标签以将照片浮动到窗口中。

图5-10　将浮动窗口合并到标签中

你不知道我当时知道了这个方法以后有多兴奋！于是我通过拖动窗口的方法把这些照片一张张合并到标签中去，毕竟标签在我看来是更直观的文件组织形式。但是，其实我又做了傻事。在Photoshop中，可以在窗口>排列菜单中选择"将所有内容合并到选项卡中"，一键切换到文件标签的窗口组织形式，如图5-11所示。我希望你记住，通过排列菜单可以很方便地浮动窗口或者组织标签。同时，在图5-11中还展示了一个首选项设置。在界面首选项中，如果取消勾选"以选项卡方式打开文档"，照片将会默认以浮动窗口的形式打开。尽管我喜欢标签的形式，但我还是想告诉你这个选择，尤其是使用过早期Photoshop版本的Mac用户可能会更习惯这种文件窗口组织方式。

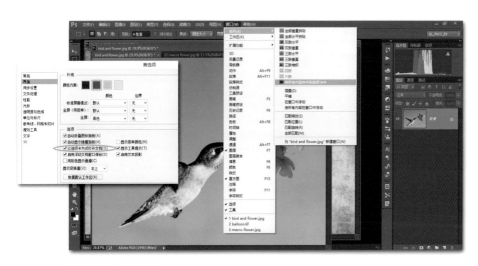

图5-11　将文件合并到标签中

5.3　缩放与平移

　　缩放与平移照片是Photoshop中最基本也是最常用的操作。要想在Photoshop中随心所欲地缩放与平移照片以查看需要的细节，请务必学好这部分内容，并且在实际操作中多加实践。

5.3.1　缩放工具的基本操作

　　先从最简单的开始。单击左下角的放大镜图标可以激活缩放工具，也可以使用Z键来激活缩放工具。激活缩放工具后，在画面中间会出现一个放大镜图标。每单击一次即可按一定比例放大照片。如果计算机支持OpenGL并且启用了OpenGL（参见3.1节），那么按住鼠标不放，照片将以无级缩放的形式逐渐平滑地被放大。

在激活缩放工具后，工具选项栏中将出现缩放工具的选项，如图5-12所示——对于每一种工具都是如此，工具选项栏将显示当前工具的可选项——左侧的两个按钮可以切换放大与缩小。单击第二个缩小按钮，即可将放大工具切换为缩小工具，通过单击鼠标或者按住鼠标不放来缩小照片。一般情况下，总是把工具设定在放大工具上，然后通过按住Alt键来切换缩小工具，这是必须要记住的一个快捷键。

图5-12　缩放工具

在缩放工具右侧是3种不同的放大比例。"100%"按钮能够将照片放大到1:1大小，"适合屏幕"按钮可以以适合当前窗口的大小来显示照片（如图5-12所示），而"填充屏幕"按钮将填充图像显示区域的所有背景区域。在缩放工具选项中还要了解的一个选项是细微缩放。如果不勾选"细微缩放"，那么在照片上拖动鼠标将拖出一个矩形选框，如图5-13所示。释放鼠标后，Photoshop将以选框为参照将该区域的内容放大显示在窗口中。

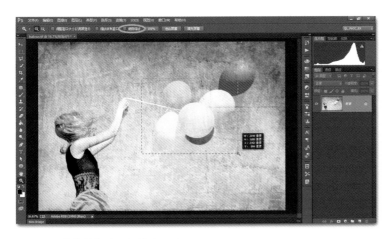

图5-13　传统的拖动鼠标放大形式

而如果勾选了"细微缩放"，那么向右拖动鼠标将平滑放大照片，向左拖动鼠标将平滑缩小照片，放大与缩小的速度可以由移动鼠标的幅度来决定，这就是所谓的细微缩放。由于细微缩放也需要OpenGL支持，因此必须打开OpenGL才能使用细微缩放功能。

5.3.2 快速缩放照片

在了解了缩放工具的基本使用方法之后，本小节来进一步掌握一些常用的缩放技巧。在Photoshop中，很少会单击放大镜按钮来启动缩放工具，而总是通过其他更简单的途径来直接缩放照片。由于1:1视图与适合屏幕视图是最常用的视图模式，因此让我们先记住两组相当常用的快捷键。按快捷键Ctrl+1可以切换到1:1视图，按快捷键Ctrl+0可以切换到适合屏幕视图。也可以通过双击缩放工具图标将照片放大到100%，或者双击放大工具图标上方的抓手工具图标将照片切换到适合屏幕的大小。

接下来，选择移动工具（工具栏最上方的箭头图标代表移动工具）。我希望你养成这样的习惯：在完成一组操作后，将工具切换到移动工具（V键）或者选框工具（M键）。道理慢慢你会知道，简单来说，这样做可以让你避免一些不必要的差错。在移动工具启动的情况下，或者说任何其他工具启动的情况下，如何不切换工具而完成照片缩放呢？至少有5~6种常用的方法，这里介绍以下3种。

（1）使用快捷键Ctrl+=来放大照片，使用快捷键Ctrl+−来缩小照片。这种方法的效果与启动缩放工具后单击鼠标的效果类似。

（2）按住Alt键，然后滚动鼠标滚轮——如果鼠标有滚轮的话——来缩放照片。向前滚动将放大照片，向后滚动会缩小照片。通过滚轮缩放照片的间距要比使用快捷键Ctrl+=及Ctrl+−更小，因此能够获得比较精细的缩放尺寸控制。这是我比较喜欢的方法。

（3）按住Ctrl+空格键能够临时激活缩放工具。只要按住Ctrl+空格键不放，就能够像激活缩放工具一样来缩放照片，包括使用细微缩放以及连续平滑缩放。如果按住Ctrl+Alt+空格键，则能够缩小照片。由于在Windows 8之前的版本中，Ctrl+空格键是操作系统切换中英文输入法的快捷键，因此必须先按空格键再按Ctrl键才能够激活缩放工具，这使得我那时几乎从不使用这个方法。然而，自从换了Windows 8之后，这变成了我最喜欢的缩放方法，因为Windows 8改变了中英文输入法的切换方式（Windows+空格键），使得这组快捷键与操作系统不再有冲突。

好好尝试一下这3种不同的照片缩放技巧，找到一种对你来说最顺手的方法。

5.3.3　精确缩放照片

　　最后，再介绍一种精确的照片缩放方法。窗口左下角很小的百分比显示数字就是当前放大倍数的显示，直接在这里键入数字可以控制缩放比例。让我利用这个机会来介绍一下在Photoshop中改变命令参数的一般方法。

图5-14　通过直接输入放大比例来缩放照片

　　与绝大多数Photoshop的数值命令一样，选中这个数值后，可以使用↑和↓键来逐渐增加或者减小缩放比例。每按一次↑或↓键，比例数值都会加1或者减1。如果在按方向键的同时按住Shift键，那么将以10为单位增加或者减小缩放比例。也可以直接输入数值（不必输入%符号）。在输入数值的时候，放大尺寸不会改变，而只有在按Enter键确定之后才会显示相应的放大比例，如图5-14所示。

5.3.4　平移照片

　　将照片放大到比适合屏幕尺寸更大的时候，就可以在窗口中平移照片了（全屏模式不受该限制）。单击缩放工具上方的手形图标启动抓手工具，如图5-15所示。抓手工具的名称很形象，就好像抓着画布一样，可以将它任意移动到需要的位置。虽然说起来都是"移动"照片，但是抓手工具与移动工具的作用完全不同。抓手工具能够让我们在窗口内移动照片，目的是查看放大照片的不同区域，并不影响照片本身。而移动工具的作用则是在画布以及文件之间移动图层，目的往往是为了重新构图，这将改变照片。

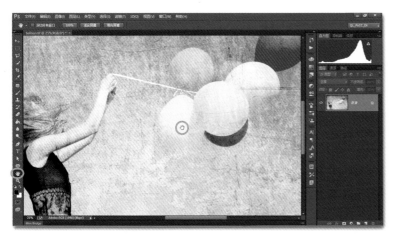

图5-15　通过抓手工具在窗口中平移照片

与缩放工具相同，平时一般也很少单击抓手工具来平移照片，这似乎太繁琐了一些，因此，也要了解一些不切换工具就能平移照片的方法。同样，切换到移动工具，然后了解以下3种方法。

（1）通过窗口右侧与下方的滚动条。如图5-15所示，可以清楚地看到照片放大后窗口出现了滚动条，拖动滚动条就可以平移照片。也可以使用鼠标滚轮来滚动滚动条，按住Ctrl键滚动滚轮会改变横向滚动条的位置。

（2）通过导航器面板。在右侧面板上方打开导航器面板——如果你和我一样设置了工作区的话——在导航器中可以看到一个红色的选框用以标记当前窗口中显示的照片区域，如图5-16所示。拖动这个选框即能快速定位到照片的相应区域。同时，也可以通过导航

图5-16 使用导航器面板平移与缩放照片

器下方的百分比数字以及大小滑块来缩放照片——至少有5~6种方法可以在不切换工具的情况下缩放照片。

（3）按住空格键可以临时激活抓手工具。毋庸置疑，这是最简单、最实用的照片平移方法。我的键盘上有不少字母都在褪色，但是我想这是因为空格键上没有字母，不然它准保是第一个变光头的家伙。按住空格键平移照片注定会是你在Photoshop中使用最多的技术之一。

同样，尝试一下这些方法，然后选择一个自己最喜欢的——不过我保证你会最喜欢第3种方法，因为缩放与平移是最最简单的技术，也是使用频率最高的技术。别嫌我啰嗦，熟练掌握这些技术会给操作带来极大的便利，让你感觉轻松愉快起来。

5.4 在窗口中比较照片

可以在Photoshop的窗口中同时比较两张或多张照片。在Photoshop中打开两张照片之后，打开排列菜单，在第一个命令组中可以看到多个照片排列选项，如图5-17所示。在这里，因为只有两张照片，所以三联、四联和六联的选项是无法选择的。当窗口中打开了多张照片时，则可以选择这些选项。这些选项允许在同一个窗口中同时查看和比较多张照片。

图5-17　双联垂直排列

　　如果打开的照片多于排列选项，比如打开了3张照片，依然可以选择双联排列选项。这时候，Photoshop会自动把两张照片以标签的形式组织到一个窗口中。在同一个窗口中同时查看两张照片有助于评价两张相似的照片，比如查看对焦，或者查看细微的构图差异。另外，还有一个很实用的方法可以比较同一照片的不同版本。

　　在Photoshop中打开一张照片，从"图像"菜单中选择"复制"，这时候会弹出"复制图像"对话框，如图5-18所示。在默认情况下，Photoshop会在原文件名之后加上"拷贝"两个字命名新文件。单击"确定"按钮，Photoshop会以标签的形式新建一个复制的文件。这时候，再次从窗口菜单中选择两联排列，就可以在同一个窗口中并排查看同一照片的两个不同副本。

　　这个功能有什么用？比如，有时候不知道到底对照片应用某种调整后是否更好，或者制作了两个不同版本的照片，想直观地比较一下哪个版本更好。这时复制图像，并且为两个文件应用不同的调整是非常好的方法。图5-19展示了一个相当简单的例子。我复制了这张照片，并且为复制的照片应用了黑白（单击复制的照片以激活它，然后打开"图像"菜单，选择"调整>去色"就可以简单地将其转换为黑白）。现在，可以很清楚地在同一个窗口中看到照片的彩色和黑白两个版本，并且做出自己的评价。

图5-18　复制图像命令

图5-19　在同一个窗口中比较同一张照片的不同版本

这是一个相当简单而实用的技术。我最喜欢它的一点是，如果不需要照片副本了，简单地关闭新建的复制图像窗口即可。Photoshop并不会在文件夹里新建一张实际的照片，所以不必进入文件夹去删除文件。这给予了用户极大的自由，可以非常放松地来使用这种方法比较不同文件版本。如果喜欢副本照片，那么使用保存命令就可以把副本保存为一张真实的照片。关于照片保存，将会在下一章中涉及。

当在窗口中并排或者以其他方式比较照片的时候——建议在Photoshop中多打开几张照片，然后把排列菜单中第一组命令中的每个选项都依次选择一遍，以便对窗口排列了如指掌——是经常希望保持两张照片同步以显示相同的画面区域，还是希望同步放大、同步移动照片来方便比较。

在排列菜单的最下方有一组匹配选项，如图5-20所示。这4个匹配选项能够以当前活动窗口为参照匹配其他窗口。例如，当前窗口放大比例是30%，那么单击"匹配缩放"，并排比较的其他窗口也将缩放到30%。选择"全部匹配"可以同时匹配缩放、位置和旋转。

图5-20　窗口的匹配排列选项

但是，还有更直接的方法。在平移或者缩放照片时按住Shift键，即能同步平移或者缩放不同照片。建议你依照我所说的步骤尝试一下这个方法，因为这是一个很常用的技术。在Photoshop中打开一张照片（如练习文件中的"bird and flower"），通过上面介绍的方法复制图像，然后选择两联垂直排列。按住空格键+Ctrl键将启动缩放工具，这时候再按住Shift键，可以通过单击或者向右拖动鼠标（如果启用了细微缩放的话）来同步放大照片。可以向左拖动鼠标来缩小照片，也可以按住空格键+Ctrl+Alt+Shift（如果你觉得手指不够用，尝试一下用无名指按住Ctrl+Shift键，就像横按琴弦那样，然后用中指和食指按Alt和空格键）来缩小照片。同样的道理，按住Shift+空格键可以同步平移照片。显然，这要比打开菜单选择相应的匹配命令简单而且具有更高的灵活性，只是需要一些练习而已——话说回来，又有什么事情是不需要练习就可以轻松学会的呢？

第6章

如汤沃雪：数码图像基础

说到数码照片的后期处理，很多人首先想到的可能就是一张张反差强烈、色彩鲜艳的照片。可是，在数码后期处理的过程中使用频率最高的可能既不是影调调整也不是色彩调整，而是看起来最简单的图像大小调整以及裁剪和旋转。它们不属于那种让人眼前一亮的东西，然而它们却实实在在是不可或缺的基本工具。

本章将开始接触照片。我们要了解基本的数码照片格式，了解如何在Photoshop中保存照片，并且深入理解照片缩放与重新构图的技巧。或许这些内容看起来很简单，甚至会让人怀疑为什么需要完整的一章来解释这些知识。但是，我向你保证，它们绝不像看起来那么简单。

本章核心命令：

存储为命令   存储为Web所用格式   图像大小   裁剪工具

6.1 Raw VS JPEG

大多数进阶级和专业级数码相机都可以拍摄两种格式的照片文件：Raw和JPEG。对于JPEG格式文件大家都很熟悉，这是最通用的图像格式。Raw格式就显得有些神秘。在很多人眼里，似乎Raw是专业的代表。如果你是一个认真的摄影爱好者或专业摄影师，我推荐你建立一套属于自己的Raw格式处理流程，因为它能够最大化地发挥相机的潜力，也能够给予你最大的后期处理自由。不过在此之前，让我们先来了解一下到底什么是Raw，什么又是JPEG。

众所周知，摄影是捕捉光线的技术或艺术——随你怎么说。感光元件是照片成像的核心部件。当我们举起相机面对某个场景的时候，光线透过镜头投射到感光元件上。感光元件具有两个主要作用。第一，它感受相应区域光线强度的不同；第二，它把感受到的光信号转变为可以被记录和读取的电信号。事实上，数码成像的核心与胶片并无二至，关键依然是记录下光线的明暗改变。不同的是，在胶片成像中，这种明暗改变通过银盐颗粒的形式被保存下来；而在数码成像中，这种明暗改变通过电子信号的形式被记录下来（图6-1）。

Raw格式文件可以被看作感光元件记录下来的原始亮度信息，所以也经常有人把Raw格式文件称为数字底片。纯粹的Raw格式文件是无法观看的，必须通过一定的技术解码Raw格式文件，并且加载相应的配置文件来还原Raw格式文件，这就是后期处理的过程。因此，事实上所看到的所有数码照片都是必须经过"后期处理"的。相机直出的JPEG格式文件是由相机在机内按照用户的设定进行处理的结果，而在计算机上做后期处理无非是将这个步骤换一个地方进行并且给予用户更多自由而已（图6-2）。所以每次听到有人声称相机直出的照片才是真正的照片，或者看到有人要声明他的照片没有经过后期处理，是直出的"纯天然"作品，我就觉得好笑——兄弟，你未免太无邪了！

图6-1　数码与胶片的成像原理

图6-2　后期处理与相机直出的相似性

　　JPEG格式文件是Raw格式文件的下游产物。JPEG格式文件是在Raw格式文件基础上，通过加载相应的配置文件，对照片的影调、色彩、锐度等信息进行渲染后的结果。简单来说，Raw是原料，而JPEG则是成品。当在相机中选择拍摄Raw格式文件时，相机会保留所有信息。而当在相机中选择拍摄JPEG格式文件时，相机会保留成品而丢弃所有的原始数据。那么，究竟应该保留原料还是成品？每个人可能会有不同的答案，但是对我来说答案是不言而喻的——保留信息量最丰富的原料。可以把一块肉加工成红烧肉、锅包肉、糖醋里脊、走油肉甚至香肠，可是没法把香肠重新变成一块肉，是吧？这是我的逻辑。

JPEG格式的另一个问题在于它的有损压缩形式。JPEG是一种压缩文件格式，而且是一种只支持8位颜色深度的有损压缩格式。相机记录的Raw格式文件一般是12位或14位数据，并且是未经压缩的原始数据（部分相机可以使用无损压缩或者有损压缩），这些数据在转换为JPEG格式的过程中会有显著的质量损失。

这并不是说JPEG格式文件的质量不够好。恰恰相反，在大多数情况下JPEG格式能够满足日常甚至职业的使用需求。可是，JPEG格式文件所丧失的是处理的空间和宽容度。由于Raw格式文件包含更多数据，因此它能够承受更多后期调整；而JPEG格式文件在压缩过程中丢弃了大量原始数据，一旦对其进行进一步调整就很容易发生色彩断裂、噪点、清晰度下降、边缘高光等所谓的数码处理伪迹，影响照片质量和后期处理的空间。

此外，由于Raw格式文件只记录了原始亮度信息，因此相机的所有渲染设置都没有被植入照片，而可以通过后期处理来更改。白平衡、相机配置文件、降噪、锐化等信息都可以在后期自由地变动而不影响原始数据。相对来说，JPEG格式文件的自由度就小很多。白平衡、配置文件、降噪、锐化等信息都被直接嵌入JPEG格式文件内部，尽管也可以在后期进行调整，但是调整的自由度就要小很多，效果也不及Raw格式文件。因此，对于数码后期处理来说，Raw格式文件能够提供更大的操作自由，也可以带来更好的结果。

	Raw	JPEG
记录信息	原始数据	经加工处理的数据
白平衡、相机校准等信息	可更改	嵌入
颜色深度	12位或14位	8位
压缩	支持不压缩或无损压缩	有损压缩
文件体积大小	较大	较小
通用性	差	高
作为图像文件	必须进行解码转换	可以直接使用

表6-1　Raw与JPEG格式的主要区别

表6-1简单列举了Raw与JPEG的主要区别。我自己的建议是将JPEG格式作为照片的最终输出形式，因为它确实是目前最通用的照片格式。但是尽可能不要使用JPEG格式文件替代Raw格式文件作为原始数码底

片，在Photoshop中有非常好的方法来处理Raw格式文件。因此，不要害怕，其实Raw格式一点都不复杂。

除了通用性以外，Raw相对于JPEG另一个劣势是文件所占存储空间。图6-3所示为同一张照片的Raw版本以及使用Raw导出的JPEG版本的比较。在这个例子中我使用的是无损压缩NEF文件（NEF是尼康的Raw文件格式），如果不压缩的话，文件所占存储空间会更大，大约在20MB。经过Photoshop导出的高质量JPEG格式文件一般来说在所占存储空间上也会略大于机内直出的情况。所以，通常Raw格式文件的所占存储空间是JPEG格式的2~3倍甚至更大。

图6-3　Raw与JPEG格式文件在所占存储空间上的区别

拍摄Raw格式照片，需要准备更大一些的存储卡，并且做好后期处理的准备。好在本书能够帮助你学会使用Photoshop来处理Raw格式照片。只要能养成习惯，一定能从Raw中获得很多好处。

6.2　保存TIFF与PSD格式文件

Raw与JPEG是从相机内获得的文件格式（JPEG也可以通过其他途径获得），但是这一般不是我们在Photoshop中需要保存的工作文件。Photoshop可以保存各种操作步骤，通过图层、通道等组合，可以在任意时候获得文件的不同版本，并且对修饰结果进行微调。然而，这完全取决于你是否合理地保存了照片。

6.2.1　保存JPEG格式副本

Photoshop无法保存Raw格式文件，所以不可能将文件保存为Raw格式，哪怕打开的原本就是Raw格式文件。关于如何在Photoshop中处理Raw格式文件，将在第7章详细讨论。Photoshop可以保存JPEG格式文件，可是在保存JPEG格式文件的时候，将只能保存一幅"拼合的"图像。

请打开第6章练习文件中的"green cell"照片文件。使用快捷键Ctrl+1将它放大到100%，将看到如图6-4所示的图像。请观察图层面板。这时候，图层面板中只有一个"背景"图层，并且右侧有一个锁形按钮。这是在Photoshop中打开大多数照片时所看到的情况——一个锁定的背景图层，没有任何其他图层。

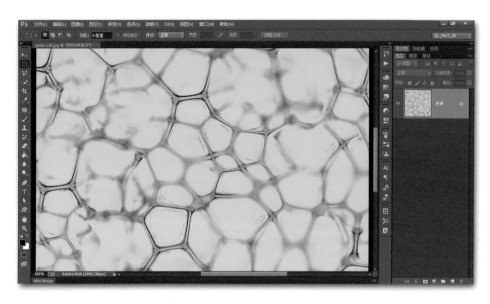

图6-4　打开JPEG格式照片

　　接下来，单击右侧面板最下方左数第4个按钮，并按住鼠标左键不放，在弹出菜单中选择"色相/饱和度"命令，如图6-5所示。Photoshop会在背景图层上方新建一个色相/饱和度调整图层，并且弹出属性面板。将色相滑块设置到+120，这时候，绿色的细胞会变成蓝色，因为我们通过这个调整改变了整张照片的色相。

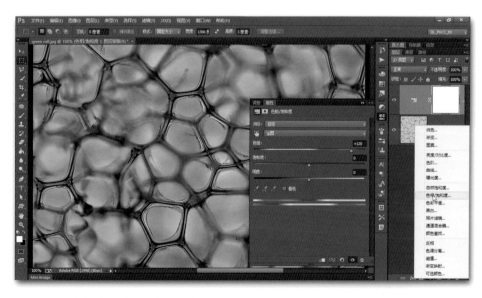

图6-5　通过色相/饱和度图层进行调整

要保存修饰过的照片，可以从"文件"菜单中选择"保存"命令，或者使用快捷键Ctrl+S。由于之前打开的是一张JPEG格式照片，因此Photoshop不会直接存储照片，而会弹出"另存为"对话框，在保存类型下拉列表中选择JPEG。当选择JPEG之后，存储选项左侧的一组命令全部变成灰色，并且会自动勾选"作为副本"，如图6-6所示。如果单击下方的"警告"按钮，将看到存储警告。Photoshop会提示，要是存储为JPEG格式，必须保存为副本，因为它无法存储图层。

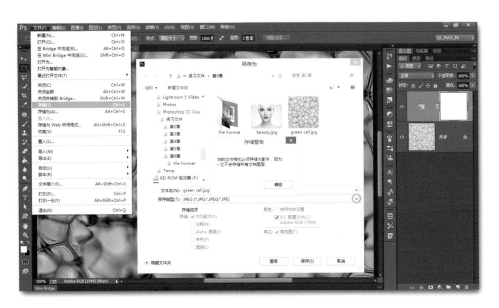

图6-6　存储为JPEG副本

在这个例子中，如果选择存储JPEG照片，那么最终存储的是一个副本。这个副本是将使用的色相/饱和度图层与背景图层拼合之后的结果。打开这个保存后的JPEG文件，依然只能看到一个背景图层，尽管它是蓝色的。原始文件仍然在Photoshop中以未保存的形式被打开。如果关闭文件，Photoshop会提示是否需要保存照片。也就是说，在Photoshop看来，你并没有真正地保存自己的文件。

6.2.2　保存TIFF格式文件

要更好地保存Photoshop处理结果，请使用TIFF或PSD格式。TIFF是最通用的数码文件格式之一。TIFF格式的好处是可以保存图层、通道等Photoshop元素，并且提供了无损压缩形式。在保存时选择保存为TIFF，可以如图6-7那样选择一些选项。很重要的一点是，勾选"图层"，这会让Photoshop将图层信息存储到文件中。在右侧可以选择嵌入或者不嵌入ICC配置文件。在绝大多数情况下，都需要将配置文件嵌入到照片中。

接下来，单击"保存"按钮，将弹出"TIFF选项"对话框。Photoshop提供了4种TIFF图像压缩方式，其中"无"代表不压缩，而LZW和ZIP都是无损压缩格式。选择不压缩将增加文件所占存储空间，一般会使用一种无损压缩格式。简单来说，可以依照图6-8所示来设定TIFF选项。如果喜欢ZIP就选择ZIP压缩。说实话，我看不出LZW和ZIP到底有什么区别。但是据说LZW使用了更先进的算法，那就使用LZW吧——既然有先进的东西，为什么不用呢？Photoshop会记住你的选项。因此，在下一次保存TIFF格式文件时，你会看到自己设定过的选项而不必再重新设置。

现在，单击"确定"按钮就将存储TIFF格式照片。请注意，现在存储的是原始文件，而不是副本。同时，这个文件不会覆盖原先打开的JPEG照片，因为它们的格式不同。如果之前没有在文件名中键入不同的名字，那么现在文件夹中会同时存在一个"green cell.jpg"文件和一个"green cell.tif"文件，后一个文件是保存后在Photoshop中打开的文件。

图6-7 保存为TIFF格式图像

图6-8 TIFF存储选项

6.2.3 保存PSD格式文件

对于TIFF格式文件，无论如何调整，都不能通过保存命令来调出"另存为"对话框，因为Photoshop只会简单保存照片而已。这时候，需要使用另存为命令。在"文件"菜单中选择"另存为"，或者通过按快捷键Ctrl+Alt+S来打开"另存为"对话框。这一次，在保存类型中选择PSD文件，如图6-9所示。

图6-9 存储为PSD格式

PSD存储选项与TIFF相同,必须勾选"图层"才能将图层存储到PSD文件中。唯一不同的是,单击"保存"按钮之后,弹出的不是"TIFF选项"对话框,而是"Photoshop格式选项"对话框,如图6-10所示。这个对话框在4.3节中已经介绍过了。由于我使用Lightroom,所以我一直选择最大兼容。如果你只使用Photoshop CC,那么可以关闭最大兼容,好处是文件所占存储空间会变小一些。

图6-10　Photoshop格式选项对话框

6.2.4　TIFF VS PSD

TIFF与PSD是在Photoshop中保存照片的两种主要文件格式。对于使用Photoshop的人，要习惯于硬盘上存在大量TIFF或PSD格式文件的情况。究竟使用TIFF还是PSD主要取决于个人的喜好。尽管TIFF是设计领域通用的文件格式，但是PSD文件作为原生的Photoshop格式，其在专业领域内的通用性也足够强。在我看来，TIFF与PSD的区别主要在以下几个方面。

首先，尽管PSD被广泛接受，但是就通用性来说，TIFF依然要强过PSD。图6-11显示了5张照片，可以打开第6章练习文件中的"file format"文件夹来查看这些照片。"Raw.NEF"是原始文件，我通过Camera Raw对它进行了修饰，修饰内容被存储在"Raw.xmp"文件中。然后，我在Photoshop中打开照片，做了锐化和一些局部处理，存储为"TIFF-Layered.tif"。接下来，我将"TIFF-Layered.tif"文件通过另存为命令分别存储了一份不含图层的PSD文件、TIFF文件以及JPEG文件。这就是所有这些照片的来源。

图6-11　不同格式文件在资源管理器中的显示

从图6-11中可以明显看到PSD与TIFF的区别：无法在文件夹中看到PSD文件的预览。这是PSD的一个显著劣势。如果你有很多PSD文件，并且使用文件夹查看文件，那你肯定要发疯。但是，如果打开Bridge，将看到如图6-12所示的界面——完全一样的照片渲染，PSD文件被正确显示，而且没有多余的xmp文件。所以，再次强调，建议使用Bridge来协同Photoshop的工作，因为你确实需要Bridge。

图6-12　在Bridge中显示相同的文件夹

其次，由于PSD是Photoshop的原生文件格式，所以Photoshop给了它一些特权。在少数情况下，必须使用PSD格式来保存文件。例如，置换滤镜所使用的置换源必须是PSD格式文件，这时候你没有选择，不得不将文件存储为PSD格式。

最后，所使用的其他软件可能对PSD和TIFF有不同的喜好。如果使用Lightroom，那么建议保存为TIFF格式。因为Lightroom处理TIFF格式的速度更快，过程更流畅。这也是我自己习惯保存TIFF而不是PSD的理由。

无论是TIFF格式文件还是PSD格式文件，它们都有一个很大的问题，那就是所占存储空间。要是你是那种对大文件望而生畏的人，那么做好准备，你将不得不习惯这些事情。

再次打开文件夹来看一看这5张格式不同的照片。从图6-13中可以清楚地看到，所占存储空间最小的JPEG格式文件是11.8MB——对某些人来说这已经是一个很大的文件——Raw格式文件略大一些，而PSD和TIFF格式文件则一下子将所占存储空间提高到了70MB与86MB。请注意最后一张包含图层的TIFF格式文件，它的大小是332MB！不要惊讶，请习惯这个数字，在Photoshop中保存的照片基本都是带有图层的。

尽管会有一些方法可以尽可能减小文件所占存储空间，然而几百MB的文件依然是常态。这是使用Photoshop的代价。好在硬盘正变得越来越便宜。因此，为自己准备足够大的存储空间显然是必要的。

图6-13 不同格式照片所占存储空间比较

6.3 缩小照片

数码相机的像素越来越高。与此同时，真正需要那么多像素的场合是有限的。对于常用的交流方式，比如发布在自己的网络相册里，或者放在社交网站上与别人分享，需要的不是尽可能大的照片，而是体积较小的图像以获得流畅的浏览体验。缩小照片是数码后期处理中的必备技术，甚至是使用得最多的技术。

可以直接在文件窗口的下方查看当前照片的尺寸。单击水平滚动条左侧的小箭头，在弹出菜单中选择"文档尺寸"即能看到照片大小。在图6-14所示的例子中，照片大小为3 000×2 202像素。像素是数码照片的基本度量单位。在这里之所以看到像素，是因为在第4章中将像素设置为了默认的标尺单位。

图6-14　查看照片的尺寸

要缩小照片，需要使用图像大小命令。在"图像"菜单中选择"图像大小"，或者使用快捷键Ctrl+Alt+I（这是一组我希望你记住的快捷键），将看到如图6-15所示的界面。图像大小是Photoshop CC的主要改进之一，这个对话框与Photoshop CS6中的完全不一样。

图6-15　图像大小命令

"图像大小"对话框中出现了一个预览窗口，这个窗口对于预览缩放之后的图像质量非常有用，而且预览效果相当出色。可以将鼠标指针放在窗口中单击平移以观察不同的区域，单击窗口上的"-"与"+"能够改变缩放比例。将鼠标指针放在窗口右下角单击并拖动可以改变"图像大小"对话框的尺寸——相当实用的是，随着对话框的变大，预览窗口也会被相应放大，从而可以观察更大的图像区域。

要更改照片的大小，首先必须勾选"重新采样"复选框，如图6-16所示。如果不勾选该选项，就只能改变照片的分辨率而无法改变原始尺寸。

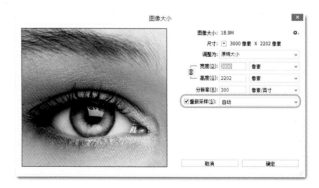

图6-16　勾选"重新采样"

接下来，可以输入自己需要的照片尺寸。在图6-17所示的例子中，我在"宽度"选项中输入800，这样就把宽度调整为800像素。假如你想使用其他尺寸度量单位，打开单位名称下拉列表即可选择相应的单位。

请注意宽度与高度左侧的链接图标。链接图标代表Photoshop将按照比例进行缩放。因此，当我在"宽度"中填入800并确定之后，Photoshop就自动将高度设定为587像素。在链接图标上单击可以取消锁定，这时候就不必按照原始长宽比来缩放。有时

图6-17 设定图像缩小后的尺寸

候需要一个精确的数值，例如800×600，在变形可接受的范围内，允许你把照片缩小到该特定的值。在输入了数值之后，"图像大小"对话框最上方将出现缩放之后的照片尺寸，并且会估算出缩放之后的照片所占存储空间的大小。在这个例子中，原始照片所占存储空间的大小是18.9MB，而缩小之后的照片是1.34MB。

最后，来设置图像插值选项。什么是图像插值？请记住一句话，图像大小命令是一步有损操作，或者可以说是极度有损的操作。当缩小照片的时候，Photoshop将重写图像的每一个像素，相当于重新建立一遍图像。将一张长边3 000像素的照片压缩为800像素，Photoshop需要把多个像素拼合为一个像素。如何拼合？使用平均值？中值？这种通过原来的像素获得新像素的过程就被称为插值。

打开重新采样下拉列表，Photoshop提供了多种不同的插值选项，如图6-18所示。插值菜单的编排与Photoshop CS6有一些区别，现在这些选项一共被分成了4个组。对于初学者，我有一个最简单的建议：使用自动。如果选择"自动"，那么在缩小照片的时候，Photoshop会使用两次立方（较锐利）作为插值算法，而在扩大照片时则使用保留细节作为插值算法。

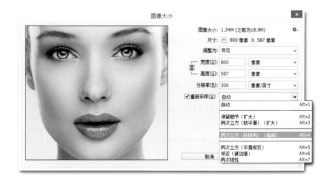

图6-18 图像插值选项

万一觉得缩小后的照片过于锐利，那么可以使用"两次立方（平滑渐变）"。如果仔细读一遍插值选项，会发现其中有3种算法都被称为"两次立方"。"两次立方（平滑渐变）"是正宗的两次立方插值算法，而"两次立方（较锐利）"其实只是在两次立方的基础上自动进行了一次锐化以补偿照片缩小所造成的锐度损失。如果你是那种喜欢放大到100%或200%盯着像素看的人，那么选择"两次立方（平滑渐变）"然后自己做一步锐化可能会获得最佳效果。

无论如何，在这里选择"自动"，然后单击"确定"按钮就完成了照片的缩小过程。也许你会说，为什么没说分辨率？因为不需要设置分辨率！对于照片尺寸的缩放来说，分辨率没有任何意义。有些人说72ppi的分辨率是业余的，300ppi的分辨率是专业的，不知道这种结论是如何得出的。简单来说，分辨率对照片大小不会产生任何影响，所以在缩放照片时完全不用考虑分辨率。只有在需要打印照片时，分辨率才具有实际的意义。

6.4 放大照片

虽然经常需要缩小照片，但是偶尔也会需要放大照片。放大照片的方法与缩小照片是一样的。使用快捷键Ctrl+Alt+I打开"图像大小"对话框，勾选"重新采样"即可通过在宽度或高度选项中输入数值来放大照片。

图6-19　将照片放大到200%边长

如图6-19所示，将数值单位更改为百分比，输入200以将照片长边放大一倍，照片的尺寸变成2 000×1 346像素，而所占存储空间则从1.93MB增加到7.70MB。照片放大后，在预览窗格中移动到需要显示的区域有时候会有些麻烦。如果把鼠标指针移出"图像大小"对话框，会看到鼠标指针变成一个小方框。直接在画面中单击就能够以此为中心在预览窗格中放大显示照片。

在放大照片的时候，同样要注意插值算法。Photoshop CC在图像大小命令中的一个重要改变正是为放大照片服务的。在插值算法菜单中，有两个命令被推荐用于放大，分别是保留细节与两次立方（较平滑），如图6-20所示。在Photoshop CS6中，两次立方（较平滑）是默认的放大算法，而在Photoshop CC中，新的保留细节算法被作为默认的放大算法。保留细节算法使Photoshop对照片的放大效果获得了显著提升。

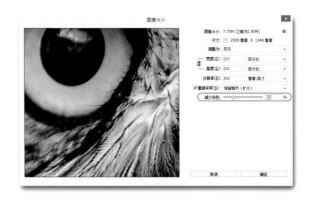

图6-20　放大照片的插值算法

为了更清楚地看到插值的作用，请在宽度中输入500以把长边放大到500%——一个非常惊人的倍数。在预览窗格中会显示一个区域，图6-21中显示的是猫头鹰右眼内侧下方的区域。如果在预览窗格中单击并按住鼠标不放，将看到不应用任何插值算法的情况，这足以评估插值算法的作用。图6-21左图所示是不应用任何插值算法的情况，中图是应用保留细节算法的情况，而右图是使用两次立方（较平滑）的结果。

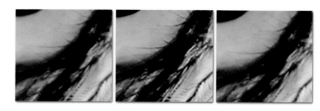

图6-21　不应用插值算法、保留细节以及两次立方（较平滑）的放大效果比较

如果在书上看得不清楚的话，请自己操作一下，在计算机上会看得相当清楚。在不应用插值算法的情况下，放大后照片呈现了明显的马赛克现象，像素被一一隔离，不再连续。应用插值算法后情况获得显著改善，其中应用保留细节算法能够获得比传统的两次立方算法更锐利的边缘细节。

虽然选择自动默认会使用保留细节算法进行照片放大，可是假如选择保留细节，那么还会看到一个减少杂色选项，如图6-22所示。在放大照片的过程中，某些色彩区域可能会出现杂色。在这种情况下，向右移动减少杂色滑块能够平滑杂色信号。当然，由此带来的副作用是照片的锐度也会有所下降。

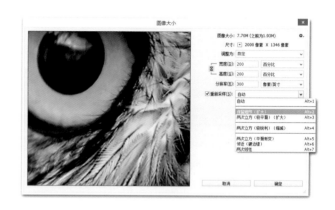

图6-22　保留细节算法的减少杂色选项

与缩小照片一样，在放大照片时，建议简单地选择自动作为插值算法即可。如果照片上出现比较明显的杂色（注意那些色彩鲜艳并且细节丰富的区域），那么切换到保留细节算法，并且手动调整减少杂色滑块以平滑细节。

需要注意的是，放大照片总会伴随图像质量的下降。能够将照片放大到什么程度其实取决于放大照片的用途。一般来说，在150%的插值范围内放大照片的结果通常是可以接受的。此外，如果需要放大照片，可以尝试在Photoshop中小幅度、多次放大照片。这种小步快走的方法往往要比一步到位的放大方法能够获得更好的插值效果。

6.5　简单存储JPEG格式照片

在本章第2节中已经介绍了TIFF与PSD格式文件，这是在Photoshop中保存照片的主要格式。很多时候需要JPEG格式作为照片的最后输出形式，比如用于上网交流、交付给客户或者送出去打印。可以使用另存为命令来保存JPEG格式照片，但是下面介绍一个更简单的方法，或者说是我一直采用的方法。

在保存JPEG格式照片的过程中, 很重要的一点是需要保证嵌入sRGB颜色配置文件。虽然JPEG照片能够嵌入不同的配置文件, 但是除非后续有完整的色彩管理方案, 建议在大多数时候为JPEG格式照片嵌入sRGB色彩配置文件, 因为这能够保证最好的通用性。大多数人, 包括许多冲印店都不懂得色彩管理, 所以你得保证他们能够看到正确的色彩, 很多在线照片服务也会要求使用sRGB作为色彩配置文件。

打开"文件"菜单, 不要选择存储为命令, 而选择下方的"存储为Web所用格式"命令, 如图6-23所示, 或者使用快捷键Ctrl+Alt+Shift+S。

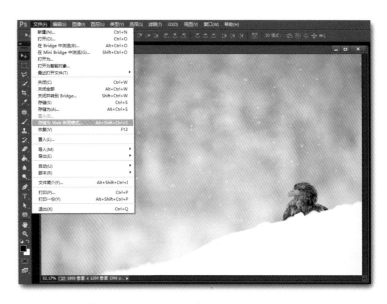

图6-23　选择"存储为Web所用格式"

图6-24所示为"存储为Web所用格式"对话框。在右上方的下拉列表中选择"JPEG", 然后设置品质为最佳, 这将使用最好的JPEG压缩。打印照片或者存储副本时, 总是希望获得最高的质量。勾选"嵌入颜色配置文件", 然后勾选下方的"转换为sRGB"。这是我喜欢存储为Web所用格式命令的理由, 可以非常方便地将配置文件转换为sRGB并嵌入JPEG文件, 而不用在原始文件中进行设置。在最下方可以改变图像尺寸。由于没有分辨率选项, 照片大小看起来直观了很多。同样可以选择插值算法, 只是在这里无法选择保留细节。考虑到这个命令的初衷是用来生成网络使用的小尺寸照片, 因此两次立方以及两次立方 (较锐利) 是常用的插值选项。

图6-24　使用存储为Web所用格式命令转换高质量JPEG格式照片

在完成设置之后，单击"存储"按钮即可设定存储位置并重命名。由于保存的是JPEG格式副本，不会影响原始照片。在存储照片之后，可以使用原始照片再保存一个适合网络浏览的小尺寸JPEG格式副本。图6-25所示为一个适合网络传输的存储设置。将JPEG压缩质量设置为高可以减小文件所占存储空间，同时对文件质量的影响并不明显。如果进一步降低质量，有时候会造成比较明显的伪迹。在下方，我把尺寸更改为800像素，并且选择两次立方（较锐利）作为插值选项。依然勾选"嵌入颜色配置文件"以及"转换为sRGB"，这两点非常重要。

我非常喜欢使用这个命令来保存JPEG格式照片，不但因为它能简单地嵌入sRGB格式、方便地选择不同的压缩质量并更改照片大小，还因为它不影响我的整个Photoshop处理流程。由于图像大小命令是严重影响画质的命令，因此一般我不会对原始照片使用图像大小命令。更多的时候，我是在按照需要保存JPEG副本的时候调整输出尺寸的。这时候，存储为Web所用格式命令所带来的便利性简直是无法抗拒的。

图6-25　通过存储为Web所用格式命令存储适合网络使用的JPEG格式照片

6.6 裁剪与旋转照片

与图像大小类似，裁剪与旋转照片也是常用的图像处理步骤。裁剪与旋转不但可以修正照片拍摄时的一些错误，还能起到重新构图的作用，有时候是一个再创作的过程。在Photoshop中有多种不同的方法可以用于旋转照片，然而在Photoshop CC中，最简单的重新构图方法莫过于将旋转与裁剪功能整合在一起的裁剪工具。这是一个在Photoshop CS6中被充分改进的功能，可以说它足以改变整个Photoshop的照片处理流程。

要启动裁剪工具，可以单击相应的工具图标，如图6-26所示。但是最简单的方法是使用快捷键C，一个无论如何都应该记住的快捷键。启动裁剪工具后，照片四周会显示虚线以表示裁剪工具当前被激活。在画面上单击或者如图6-26那样拖动鼠标，都可以在当前照片上快速建立裁剪框。

图6-26 启动裁剪工具

裁剪框建立后，边线会由虚线变为实线，同时在照片上会出现叠加参考线。叠加参考线是一种辅助构图手段，可以根据自己的需求改变叠加参考线的样式。如图6-27所示，单击裁剪工具栏上的叠加参考线选项按钮将弹出叠加参考线菜单。请注意，必须激活裁剪工具才能看到这个按钮，因为不同工具所对应的选项是完全不同的。鉴于还处在入门阶段，所以再次提醒：对于使用任何工具选项都是如此。

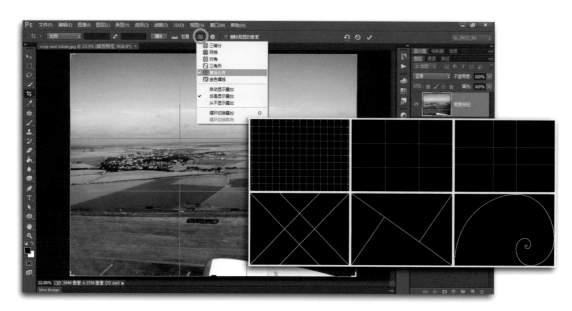

图6-27　裁剪叠加参考线选项

　　Photoshop提供了6种不同的参考线选项，本例中我选择黄金比例参考线。如果选择了具有方向性的参考线，比如三角形或金色螺旋，可以通过快捷键Shift+O来改变参考线的方向。也可以在不打开选项菜单的情况下使用O键来按照顺序切换6种参考线。可是，必须注意，使用O键切换参考线的条件是启动了裁剪工具并且在画面上建立了裁剪框。不然，使用O键将会切换到减淡工具或加深工具。

　　在默认情况下，只要建立了裁剪框就会看到参考线。我更喜欢在菜单中选择自动显示叠加。这样，只有在拖动裁剪框时才会显示叠加，而在放开鼠标后叠加会自动隐藏，这能够让我更清楚地查看裁剪以后的效果。

　　只要拖动裁剪框四角和四周的标记就能够对照片进行裁剪。直接在画面中拖动鼠标或者使用方向键都能够在裁剪框内平移照片。如果打开裁剪框选项菜单，第一个选项是使用经典模式。图6-28展示了Photoshop CC默认裁剪模式与经典模式的区别。默认模式与经典模式的不同主要体现在两个方面。第一，默认模式在拖动裁剪框时总是会自动将裁剪后的画面居中显示（如果没有取消勾选"自动居中预览"选项的话），而经典模式则不会移动画布。第二，在希望平移裁剪区域时，默认模式移动的是照片，而经典模式移动的是裁剪框。只要略加操作就会明白两者之间的区别。我更喜欢默认的裁剪框形式，因为这与Camera Raw的裁剪工具相一致。

　　裁剪框选项菜单中的其他一些选项用于控制被裁剪区域的屏蔽显示。在裁剪过程中，使用H键能够完全屏蔽外围区域，再次按H键则能显示外围被裁剪的区域。在启用裁剪屏蔽选项中可以控制屏蔽区域的透明度。图6-29演示了不同透明度的屏蔽情况。如果不想屏蔽被裁剪区域，取消勾选"启用裁剪屏蔽"即可。

图6-28　经典裁剪框模式（左图）与默认裁剪框模式（右图）的区别

图6-29　75%（左图）与15%（右图）的裁剪屏蔽显示

如果不希望应用当前的裁剪，按Esc键就能退出当前裁剪而回到裁剪之前的状态。对于这张照片，首要的问题是地平线没有放正，因此在裁剪之前首先要通过旋转来矫正地平线。裁剪工具提供了很方便的照片旋转方法。在照片上左键单击建立裁剪框，然后把鼠标指针放在裁剪框外侧拖动即可旋转照片，如图6-30所示。旋转的是照片，而不是裁剪框。Photoshop不但能旋转照片，而且会自动裁切以保证画布是一个矩形，这种功能通常被称为"锁定裁剪"。

图6-30　通过裁剪工具旋转照片

当旋转照片时会自动显示网格叠加，这有助于对齐照片上的地平线。但是，对于这类有明显水平参照物的照片，更简单的矫正方法是使用拉直工具。在裁剪工具选项中单击拉直按钮即可启动拉直工具，如图6-31所示。更常用的方法是按住Ctrl键来激活拉直工具，沿着画面中的水平参考直接拖动一条直线，Photoshop就会自动矫正地平线并且锁定裁剪。

图6-31　通过拉直工具矫正水平

这张照片是透过飞机舷窗拍摄的，吸引我的是广袤的农田和小镇，因此我希望将包括发动机在内的前景裁剪到画面之外，并且采用一个宽幅的构图。我尝试使用固定的长宽比，于是我在比例后面输入6与17，以采用6:17的比例，如图6-32所示。

图6-32　按比例裁剪照片

也许有人知道，6:17是一个经典的宽幅尺寸，尽管我没钱也没力气去负担林哈夫617相机——顺便说一句，我属于对画质没有任何感觉的人，所以这些事情离我很遥远——不过可以过家家一样来个拙劣的模仿。问题在于，这时候Photoshop给出的是竖幅的6:17，大概除了山水画家一般很少有人会使用类似形式的画幅。与重新输入17与6相比，单击长宽之间的双向箭头就可以很快切换画幅方向，如图6-33所示。如果希望更简单一些，那么记住快捷键：X。如果打开裁剪比例下拉列表，可以看到一些Photoshop的预设。单击"清除"按钮能够清除所有长宽设置而回到自由裁剪模式。

图6-33　更多裁剪长宽尺寸选项

将裁剪框设置到合适的大小，并且移动照片以获得最后的构图。在通过按Enter键或者单击工具选项右上角的√来应用裁剪之前，一定要注意一个重要的选项，也许是裁剪工具中最重要的选项。在工具选项中，有一个"删除裁剪的像素"复选框，如图6-34所示。如果勾选这个复选框，Photoshop在完成裁剪后将丢弃所有被裁剪的像素，这是Photoshop CS6之前的标准裁剪方式。保存照片之后，将无法回到未被裁剪的状态，也没办法再找回那些被裁去的部分。因此，这被我称为有损裁剪方式。

图6-34　选择无损裁剪方式

如果不勾选"删除裁剪的像素"复选框，那么裁剪工具并不对实际像素进行操作，只是记录裁剪步骤。你看到的是裁剪后的照片，然而只要重新启动裁剪工具，建立裁剪框，照片的所有像素都被完整保留，可以在原图的基础上任意重新构图，而不用担心在上一次裁剪后做错了什么。这种方式被我称为无损裁剪。

无损裁剪是Photoshop CS6最重要的改进之一，Photoshop CC完整地继承了这一功能。在大多数情况下，需要使用无损裁剪。记住，相当重要！只有在特殊情况下，例如在拼合照片做设计的过程中可能只需要照片中的某个部分，这时候也许删除裁剪的像素会更实用。但是，记得在每次裁剪照片前留意这个选项，以免错误地丢弃需要的照片像素。

比较一下图6-35与图6-25，裁剪与旋转对一张照片的改变是显而易见的，而以上就是在Photoshop中裁剪与旋转照片的基本方法。如果只使用过Photoshop CS5或者更早版本的话，你一定会为Photoshop CC崭新的裁剪工具感到惊讶。而且，可以在将来重做裁剪，如果你需要的话，这种无损裁剪方式对于摄影师来说是难能可贵的。

图6-35 照片裁剪的最终结果

6.7 本章小结

本章介绍了3个与照片修饰关系密切的基本概念和相关的操作，它们都是最基础的知识。

首先，关于数码照片一般会接触到Raw、JPEG、TIFF和PSD这4种文件格式。建议在相机内设置记录为Raw格式文件，而将Photoshop的处理结果保存为TIFF和PSD格式文件。将JPEG作为交流的通用文件格式，用于在线打印以及网络相册、电子邮件等在线交互服务。存储为Web所用格式命令（快捷键Ctrl+Shift+Alt+S）是保存JPEG格式副本的便捷办法。

其次，Photoshop具有缩放照片的基本能力。必须意识到，无论扩大还是缩小照片都是一个有损的操作，在这个过程中Photoshop会重写每一个像素。图像大小命令（快捷键Ctrl+Alt+I）是用于缩放照片的命令，其中最重要的设置是插值算法。在大多数时候，选择"自动"能够获得较好的效果。分辨率对于实际照片没有任何影响，通常只有在打印照片的时候分辨率才具有实际的影响。

最后，Photoshop的裁剪工具（快捷键C）提供了全面的照片裁剪、旋转与水平矫正功能。Photoshop CC裁剪工具最大的优点在于无损裁剪。在裁剪照片时不要选择删除裁剪的像素，这样就能够在不影响实际像素的情况下对照片进行裁剪，并且可以在今后重新进行裁剪构图。

中篇 · 数码照片基本处理技法

我一直觉得，在数码照片后期处理中，最为重要的概念是动态调整，而这或许是你在很多Photoshop教程中听都不曾听到过的名词。动态调整意味着使用调整图层替代普通的调整命令，使用智能滤镜替代一般的照片滤镜。因为它们看起来很复杂，因此大多数教材即使涉及也都将它们列在"高级"技术的范畴中。不！无论有多复杂，这都是你处理照片的基本技术——何况，一旦了解，你就会知道所谓复杂只是一个谎言，你会无法离开这些动态调整命令，原因是它们让你对照片处理变得游刃有余。

尽管这是一本针对初学者的书，但是我坚持在最开始就带着你养成动态调整的习惯。不用担心，你一定能够理解并掌握这些技术。我们先来认识Photoshop中最神秘的概念"图层"，然后进一步理解让更多人望而却步的"蒙版"。将图层与蒙版结合起来，加上Photoshop强大的选择工具，我们就已经为动态调整打下了坚实的基础。

接下来，我们将应用这些工具，来处理照片的影调、色彩以及细节等核心问题。在任何一本书中我都不会忘记黑白转换，更何况一本关于Photoshop的书——黑白转换绝对是你理解数码摄影核心问题的必由之路。看完中篇的所有内容，希望你能够得心应手地处理常见的照片。当你翻过中篇的最后一页，相信你已经走完了Photoshop数码摄影后期处理的入门之路。

第7章

如沐春风：Camera Raw与动态调整

如果从来没有听说过Camera Raw，那么做好准备，你得熟悉它，并且非常熟悉，因为你是一个摄影师，你是一个摄影爱好者。对于很多人来说，Camera Raw是一个可以完全被忽略的Photoshop插件，可是在数码摄影后期处理的领域里，Camera Raw非但不是无足轻重的角色，而且是舞台上绝对的主角。对于一个摄影师或摄影爱好者来说，Camera Raw绝不是什么插件，而是Photoshop最重要的组成部分之一。

尽管Camera Raw的设计初衷可能是作为Photoshop无法支持Raw格式的一种补充。然而，时至今日，Camera Raw绝不仅仅是为Raw格式文件而生的。考察一张照片的完整处理流程，一般来说总是从Camera Raw开始的，无论是Raw还是JPEG。Photoshop CC更把Camera Raw的应用扩展到任意图层，简直如沐春风，我现在简直无法想像没有Camera Raw究竟如何在Photoshop中处理照片。

Camera Raw是专业的照片处理工具，拥有强大的影调、色彩以及局部处理能力。与很多其他类似书籍不同，我不会在这里详细解释Camera Raw的每一个细节。我将把如何在实际照片处理中应用Camera Raw穿插在后续的章节里。而在这里，我倾向于介绍Camera Raw的全貌，让你了解如何把Camera Raw整合到Photoshop的处理流程中。

顺便说一句，如果希望系统了解Camera Raw用于照片修饰的所有细节，那么也许你会喜欢我的Lightroom高手之道系列书籍。在照片修饰方面，Camera Raw与Lightroom几乎是双胞胎兄弟。在关于Lightroom的书中，我对这些基本修饰功能做了相当详细的介绍。

本章核心命令：

Camera Raw——相机校准、镜头校正、预设、径向滤镜　　智能对象　　　　智能滤镜

7.1 在Camera Raw中打开照片

Camera Raw最初是为Raw格式文件开发的插件，因此所有Raw格式文件都会自动在Camera Raw中打开。在Bridge中双击Raw格式照片即可跳转到Photoshop并且在Camera Raw中打开这张照片，如图7-1所示。

图7-1　直接在Photoshop中打开Raw格式照片

　　可以在Camera Raw中同时打开多张照片。在Bridge中选中多张Raw格式照片，然后右键单击选择"打开"，这些照片将同时被发送到Camera Raw中，如图7-2所示。在Camera Raw窗口左侧会出现文件选择列表，仿佛竖起的胶片窗格。可以通过这个窗口来选择不同的照片进行编辑。如果希望同时编辑多张照片，可以使用Ctrl或者Shift键来选择照片，或者通过单击"全选"按钮选择所有照片，然后再进行编辑。这时候，编辑命令会同时被应用到多张照片上。

图7-2　在Camera Raw中打开多张照片

在Bridge中双击JPEG或TIFF格式文件会直接在Photoshop中打开，而不会启动Camera Raw。要使用Camera Raw编辑JPEG或TIFF格式照片有两种方法。最简单的是在Bridge中右键单击，选择"在Camera Raw中打开"，如图7-3所示。记住这个命令相应的快捷键：Ctrl+R，这是照片编辑中很常用的快捷键，尤其如果平时拍摄的都是JPEG格式照片的话。

图7-3　通过Bridge将JPEG或TIFF格式照片发送到Camera Raw

更标准的方法是在Photoshop中使用"打开为"命令。第5章中已经介绍过"打开为"命令。与纠正错误的格式相比，将JPEG等格式照片发送到Camera Raw可能是这个命令更实际的用途。在"文件"菜单中选择"打开为"，然后定位到需要打开的照片，从文件名后方的下拉列表中选择"Camera Raw"即可在Camera Raw中打开照片，如图7-4所示。

图7-4　使用打开为命令启动Camera Raw

7.2 Camera Raw的界面与基本操作

Camera Raw的基本界面如图7-5所示。最上方标题栏显示的是当前的Camera Raw版本以及照片拍摄使用的相机。目前，Photoshop CC搭配的版本是Camera Raw 8。与Camera Raw 7相比，Camera Raw 8增加了一些新功能，比如径向滤镜、改进的污点去除工具等。

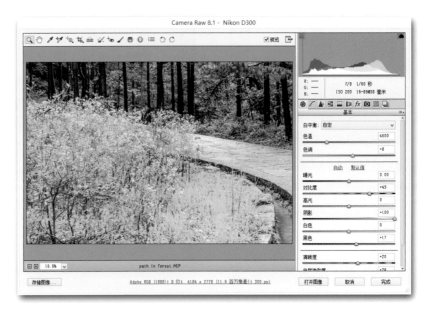

图7-5　Camera Raw的基本界面

图像显示区域上方是一条工具条，这里有许多照片修饰工具。这些工具的特点是都需要在照片上移动鼠标进行操作，本质上属于局部修饰工具。对于使用Lightroom的人，这些工具在Lightroom中的位置与Camera Raw中不同。在Lightroom中，这些工具都分布在相应的面板中，而Camera Raw则把它们汇聚到一个工具条上。

Camera Raw的工具条可大致被分为如图7-6所示的几个不同区域。工具条中间位置的一个类似列表的图标是首选项按钮，它的右边是两个90°旋转工具，分别允许逆时针和顺时针旋转照片。目前，绝大多数照片内嵌的拍摄信息都能够让Camera Raw读取照片的拍摄方位而自动旋转到合适的画幅。然而，如果照片没有显示为正确的方向，那么可以通过这两个按钮来把照片旋转到正确的方向。

工具条右侧的预览选项可用以切换修改之前与之后的状态。去除"预览"之前的√可以显示打开照片时的状态，可以通过这个方法评估照片修改的整体效果。使用快捷键P能够在预览与关

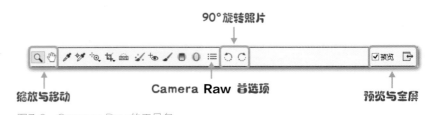

图7-6　Camera Raw的工具条

闭预览之间进行切换。单击最右侧的按钮能够将Camera Raw切换到全屏模式以增大图像预览区域的显示面积。

　　最左侧的两个按钮分别是缩放工具与抓手工具。它们的作用与操作都与在Photoshop中学习过的缩放与抓手工具一样，使用它们可以自由缩放和平移照片。也可以通过左下角的缩放按钮或者直接输入缩放比例来缩放照片。但是没有办法以细微缩放等需要OpenGL功能支持的形式来缩放照片，因此当你在画面中拖动鼠标时将以传统的方式放大某个显示区域，如图7-7所示。

图7-7　在Camera Raw中缩放照片

　　与Photoshop不同的是，可以通过快捷键Ctrl+0将照片缩放到合适大小，但是没法使用快捷键Ctrl+1将照片放大到100%。由于100%是很常用而且渲染最准确的预览方式，因此需要使用一个补偿的方式——通过双击缩放工具按钮来应用100%视图。

　　与Photoshop相同的是，当其他工具被激活时，依然能够通过Ctrl+空格键来临时切换到缩放工具，也可以使用空格键来临时激活抓手工具。

　　Camera Raw窗口右上方是一幅彩色直方图。直方图是评估曝光的重要工具，第9章中将会重点介绍直方图。直方图下方是工具面板，面板顶端有一排按钮，通过单击不同的按钮能够切换到不同面板。Camera Raw一共提供了10个面板，图7-8中列出了除预设和快照面板以外的8个面板。

这里不会解释这些面板，在以后的章节中你会逐渐了解这些面板的作用。我想说的是，对于照片处理，最经常使用的面板是基本面板。基本面板里的每一个命令都值得反复推敲、熟练掌握。对Raw格式文件来说，细节面板、镜头校正面板和相机校准面板是几乎每一次都要用到的工具。我们马上就会看到它们的作用。

Camera Raw工具面板的绝大多数命令都是以命令滑块的形式出现的。移动相应的滑块即可改变命令数值以获得相应的修饰效果。以上就是Camera Raw的基本操作。下一节中，将进一步介绍Camera Raw的工作方式，我想这是你必须完全掌握的内容。

图7-8　Camera Raw的主要工具面板

7.3 Camera Raw与无损修饰

打开随书光盘中第7章的练习文件夹，可以看到图7-9所示的文件列表。共有3张照片，其中一张为JPEG格式，两张为Raw格式。在两张Raw格式照片的右边都有一个XMP文件，而JPEG照片右侧则没有XMP文件。

切换到Bridge，在Bridge中打开相同的文件夹，却看不到XMP文件。除了看不到XMP文件之外，在图7-10所示界面中我希望你注意两点。第一，在这3张

图7-9　文件夹中的XMP文件

照片中，只有最右侧那张Raw格式照片右上角出现了两个小图标。第二，两张Raw格式照片在Bridge中显示的色彩和对比度与在操作系统文件夹中显示的显著不同。

图7-10　在Bridge中查看相同的文件夹

在Camera Raw中打开"leopard.jpg"文件。在Bridge中，可以使用快捷键Ctrl+R打开照片，也可以使用Photoshop的"打开为"命令来打开照片。在Camera Raw中，请跟着我做两件事情。

首先，单击工具栏选项图标左侧的椭圆形图标以启动径向滤镜工具。径向滤镜是Camera Raw 8新引入的局部调整工具，它的作用是在画面上建立一个椭圆形的调整选区。拖动鼠标，如图7-11那样建立一个覆盖豹子头部的椭圆形选区。拖动选区线上的4个控制点能够改变选区的形状，把鼠标指针放在选区中间则可以移动选区。

图7-11　使用径向滤镜工具模糊背景

在建立选区之后，要为选区设置一些效果。在右侧的径向滤镜面板中——一旦启动径向滤镜工具，径向滤镜面板就会自动打开——首先确定羽化值为100，并且在效果选项中选中"外部"。羽化是后期处理中经常被提及的名词，它代表的是边缘过渡。大的羽化值能够让边缘过渡更柔和，而选中"外部"将把效果应用于椭圆形选区以外的部分，也就是背景而不是豹子的脸，而这正是我们需要的。

然后，移动清晰度命令滑块到-50，移动锐化程度滑块到-65。通过这步调整，所实现的效果是进一步模糊背景，并且突出豹子的脸部，使得其脸部比身体的其他部位看起来更清晰——可以使用相似的方法对所有主体与背景分离的照片模拟大光圈镜头效果。

应用径向滤镜之后，单击工具栏上的裁剪按钮。按住鼠标左键不放将弹出裁剪菜单，选择1:1，如图7-12所示。Camera Raw的裁剪菜单用法与上一章中介绍过的Photoshop的裁剪工具非常类似，拖动裁剪框即可更改裁剪构图。也可以在下拉菜单中设置裁剪比例、显示叠加等，同样能够按住Ctrl键来启动拉直工具。在这个例子中，我只是简单地使用了一个1:1尺寸的居中裁剪，如图7-12所示。

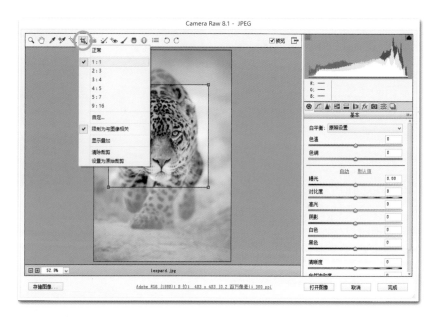

图7-12　在Camera Raw中裁剪照片

完成上述两步操作后，单击右下角的"完成"按钮，Camera Raw窗口会关闭。回到Bridge，从图7-13中可以很清楚地看到照片已经变成了修改之后的形态。同时，在照片右上角看到了之前出现在第3张Raw格式照片上的那两个标记。这时候，再次打开文件夹窗口看一看这张照片，会发现，照片依然是修改之前的状态，没有模糊，没有裁剪，并且在照片的旁边也并没有出现XMP文件。

图7-13　在Bridge中显示修改过的照片

为什么？让我来解释其中的原因，这是你无论如何必须了解的基础知识。

在文件夹中选择一个XMP文件，右键单击，使用一个文本编辑器来打开该XMP文件。可以使用最常用的文本编辑器，比如Windows的记事本或写字板，在这里我使用的是Notepad++。打开XMP文件后，可以看到它其实是一个包含很多命令行的文件，这些命令行是用于控制照片外观以及记录所有元数据的信息。如图7-14所示，照片的色温是4 600，色调是+8，锐化值是80，这就是这张照片所应用的相应命令数值。也就是说，所看到的照片外观其实是通过相应的XMP文件来渲染的。如果有兴趣的话，不妨滚动查看一个完整的XMP文件，你将看到许多有意思的信息，这也能够加深你对数码文件的认识。

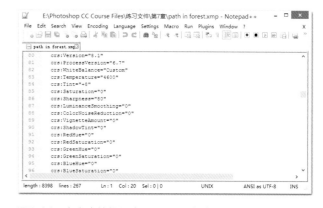

图7-14　在文本编辑器中显示XMP文件

每一个Raw格式文件边上都有一个名称相同但是扩展名不同的XMP文件，这是在Bridge中浏览照片时自动生成的。这些XMP文件不但记录了照片信息，也储存了修改设置。理论上，可以直接在文本编辑器中打开XMP文件，通过修改数值来完成照片修改。但是谁会这么做？我们需要一种可视化的编辑器来实际观察修改不同参数的效果，而Camera Raw正是这样一种可视化的XMP编辑器——Lightroom也是如此。

在Camera Raw中做的所有修饰都被储存在XMP文件中，Bridge、Photoshop、Lightroom等软件通过调用XMP文件来渲染照片，从而可以看到修饰之后的效果。同时，在这些软件的窗口中，不会默认显示额外的XMP文件。这就是在Windows资源管理器中会看到XMP文件却看不到调整之后效果的原因，因为Windows的图像浏览器并不支持XMP文件渲染。因此，如图7-9与图7-10所示，在文件夹与Bridge中看到的Raw格式照片外观是不一样的。

你一定会有疑问，为什么JPEG格式照片也看起来不一样呢？在资源管理器中并没有在JPEG格式照片边上出现XMP文件呀！道理其实是一样的。无论在Camera Raw中修改什么类型的文件，修改设置都会被存储到XMP文件中。之所以在资源管理器中看不到JPEG格式文件旁边的XMP文件是因为XMP文件会被自动嵌入JPEG格式文件内部。这大约是一个专利问题。

Raw是原始数码文件，并不是一个统一的格式，每个厂商都有自己的Raw文件格式，所以它们的后缀名也各不相同。表7-1列举了一些常见的Raw格式文件扩展名。由于这些Raw格式是不同厂商的专利，Adobe无法把XMP文件嵌入到Raw格式文件内部，所以只能以外置的形式出现，它们也常被称为Sidecar文件。

	佳能	尼康	奥林巴斯	索尼	松下	富士
扩展名	.CR2	.NEF	.ORF	.ARW	.RW2	.RAF

表7-1　常见的一些Raw格式文件的后缀名

对于JPEG、TIFF、PSD等文件格式，XMP文件将被直接嵌入数码文件内部，因此不会看到一个独立的XMP文件。这会让文件夹看起来更整齐一些。然而就功能而言，嵌入文件内部的XMP文件与外置XMP文件一样，也需要软件进行渲染。因此，即使XMP文件被嵌入了JPEG格式照片内部，对于不会渲染XMP文件的Windows资源管理器来说，它依然认不出这个XMP文件，而只能渲染原始照片。

通过上面这些描述，得出以下两个重要结论。

第一，Camera Raw基于XMP文件的照片修饰是完全无损的。Camera Raw的所有步骤都被记入一个独立的XMP文件中，它不会影响原始照片，不会改变照片上的任何像素，所以不会损害照片质量，并且是完全可逆的——最野蛮的方法是直接删除XMP文件，这可以保证照片恢复到"最初"的状态——当然，还有更好的办法。

第二，对于Raw格式文件来说，必须保证XMP文件与Raw格式文件位于同一文件夹并且名称相同。Camera Raw或者Bridge等软件会自动根据这一规则建立XMP文件，问题是不要随意搬动、重命名或删除XMP文件。在备份文件时，保证同时备份XMP文件是非常重要的。

如果在Camera Raw中对照片进行过修饰，Bridge就会在照片右上角显示相应的图标。如图7-15所示，左侧的图标代表照片经过裁剪，而右侧的图标代表照片经过其他命令参数的修饰。对于这些显示修饰图标的照片，只要在Bridge中双击，它们就会默认在Camera Raw中打开，而不用通过快捷键Ctrl+R来启动Camera Raw。

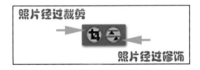

图7-15　Bridge所显示的修饰图标

在Camera Raw中打开之前修饰过的照片后，可以看到原来的所有调整命令参数，并且可以此为基础进行进一步调整或复位。在这个例子中，我在Bridge中双击打开之前的照片，然后单击径向滤镜图标。可以在画面上看到一个白色控制点。单击该控制点将再次启动之前的径向滤镜叠加。略微缩小选区大小，然后把锐化程度降低到-70，如图7-16所示。单击"完成"按钮保存了XMP文件修改，在Bridge中就可以看到经过微调之后的照片了。

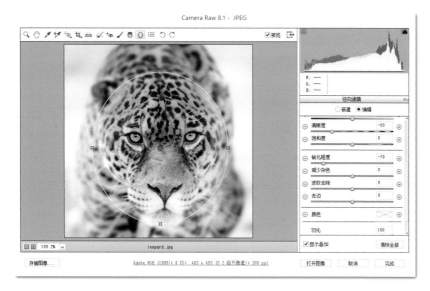

图7-16　在之前修饰的基础上继续调整照片

　　通过这个例子，希望你能理解Camera Raw的无损修饰。在Camera Raw中做的任何操作，包括裁剪，都不会损害照片，不会实际改写照片的像素。Camera Raw给予了用户反复对照片进行无损修饰的能力，无论Raw还是其他格式的文件，都能够利用Camera Raw的这个特点。这也就是Camera Raw在数码照片的后期处理中占据中心地位的原因。

　　但是，也正因为Camera Raw的这个特点，经过Camera Raw修饰的照片只有那些支持XMP文件的软件才能够读取，使用其他软件是看不到Camera Raw修饰结果的。由于在CC版本中，不再能通过Bridge批量导出照片，因此即使照片可以不依赖Photoshop而直接在Camera Raw中完成，可能也需要借用Photoshop导出JPEG格式照片以进行打印或者与他人分享。

流畅地衔接Camera Raw与Photoshop

　　在数码照片的处理过程中，一般总是先在Camera Raw中对照片做一些修饰，然后将Camera Raw修饰的结果发送到Photoshop中做进一步处理。因此，要熟练掌握Camera Raw与Photoshop的衔接。

　　在了解Camera Raw与Photoshop的衔接之前，先来看两个关于Camera Raw的设置菜单。在Bridge中双击在上一节中调整过的JPEG格式照片将打开Camera Raw，单击"选项"按钮可以启动"Camera Raw首选项"对话框，如图7-17所示。还有一些其他方法可以打开"Camera Raw首选项"对话框，比如在

Photoshop中，使用快捷键Ctrl+K打开"首选项"对话框，切换到文件处理选项卡，在文件兼容性区域中可以看到Camera Raw首选项按钮；你也可以通过Bridge的编辑菜单来打开"Camera Raw首选项"对话框。

图7-17　"Camera Raw首选项"对话框

在这个对话框中要注意两组选项。首先在常规选项中，选择将图像设置存储在XMP文件中。这是默认选项，只有选中这个选项Camera Raw才会把设置存储到XMP文件中。

其次，在最下方的JPEG和TIFF处理选项中，默认设置是自动打开设置的JPEG和TIFF，这也是我喜欢的设置。这个选项的意思是让Photoshop自动将经过修改的JPEG和TIFF格式照片在Camera Raw中打开，也就是在上一节中看到的那样。如果选择自动打开所有受支持的JPEG和TIFF，那么所有JPEG格式照片与TIFF格式照片都将首先在Camera Raw中打开。对于拍摄JPEG格式照片的摄影师，也许这是符合需要的选项。不要选择禁用JPEG和TIFF支持，这会让Bridge丧失对JPEG和TIFF的XMP支持，并且所有照片都将直接在Photoshop中打开。

设置首选项之后，请注意Camera Raw最下方的一行类似超链接的文字。单击这行文字将打开"工作流程选项"对话框，如图7-18所示。工作流程决定的是经Camera Raw处理的照片最终以怎样的形式在Photoshop中被打开。这里可以看到熟悉的色彩空间选项。Camera Raw默认的色彩空间是Adobe RGB，色彩深度是8位/通道。建议将色彩空间设置为ProPhoto RGB，把色彩深度设置为16位/通道，如图7-19所示。

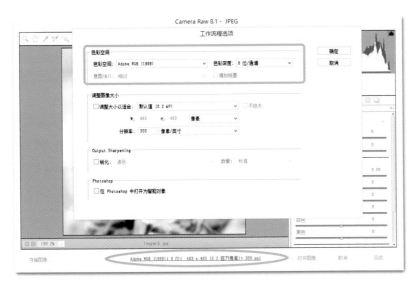

图7-18 Camera Raw的工作流程选项

　　设置为ProPhoto RGB之后，Camera Raw修改的照片将使用ProPhoto RGB在Photoshop中被打开，而这是在第4章中设置的默认色彩空间。目前大多数相机都可以记录12位和14位Raw数据，因此使用16位/通道对于数码照片处理，尤其是Raw格式文件拍摄者来说是比8位/通道更合适的选择，这能够提供较大的后期处理宽容度。

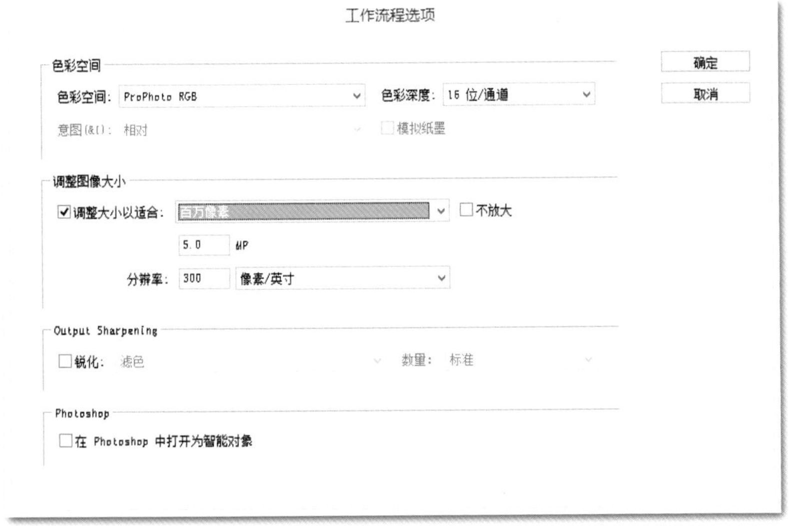

图7-19 推荐的Camera Raw色彩空间设置

色彩空间下方是调整图像大小选项。一般来说，不需要选中调整图像大小，因为通常总是在Photoshop中打开原始尺寸照片进行调整。但是，有些时候需要使用较小尺寸的文件。比如，在Photoshop中将多张照片合成为全景照片，又不确定使用哪种合成方式，这时可以选择较小的文件尺寸以加快软件的运行速度。在常规情况下，不要选中调整大小命令。

现在，如图7-20所示，可以看到修改之后的默认工作流程。ProPhoto RGB，16位，这正是我们需要的。后面是照片尺寸和分辨率，照片大小显示为0.2百万像素，并不是因为我调整了照片大小，而是因为这张照片确实只有20万像素。虽然现在2 400万像素以下的相机都不好意思宣传自己的像素总数，但是无论你信与不信，20万像素足够满足你发发微博的需要。无论如何，在Photoshop中打开图像之前要注意这一行文字，保证自己以正确的方式将照片发送到Photoshop。

图7-20　修改后的工作流程

在Camera Raw中完成调整后，单击右下角的"打开图像"按钮就能够在Photoshop中打开经过调整的照片。如果只希望单纯保存调整而不转到Photoshop，那么单击"完成"按钮，就好像在上一节中看到的那样。

如图7-21所示，在Photoshop的窗口中要注意两点。图像下方的文档配置文件显示ProPhoto RGB（16位/通道），这正是我们在Camera Raw中设置的色彩空间，Photoshop使用了我们的设置来打开照片。在图像上方的文件选项卡中，也可以看到RGB/16的字样，从这里同样可以看出目前Photoshop正工作在16位/通道的模式下。

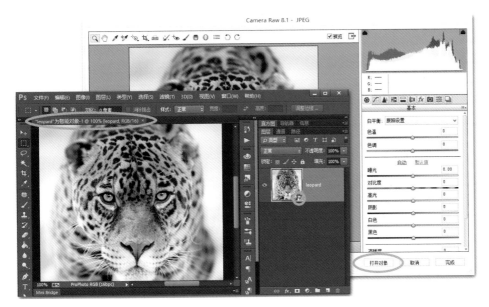

图7-21　在Photoshop中打开经Camera Raw修饰的照片

　　问题在于，虽然文件选项卡中显示为"leopard.jpg"，然而这其实是一张新照片。想象一下，在Camera Raw中做的调整被存储入XMP文件。单击打开图像之后，Photoshop读取XMP文件的信息并根据我们设置的工作流程选项来渲染照片，并且在Photoshop中将其打开。但是，Photoshop并不能把修改写入XMP文件。因此，在Photoshop中做进一步修饰之后——哪怕不做任何操作——只要保存照片，Photoshop就会弹出"另存为"对话框，让你另存文件。也就是说，对于采用Camera Raw+Photoshop方式修饰的照片，在硬盘上会出现"原始照片+XMP文件（JPEG与TIFF的XMP文件会被嵌入文件内部）+Photoshop调整后的最终照片"这样典型的"三联"结果。

　　最初使用Photoshop的人可能会对此不适应，不知为何在文件夹里出现了重复的照片，又是Raw又是TIFF，该如何整理这些照片？慢慢地你会习惯这种方式，重要的是要形成自己的习惯，比如如何给TIFF文件命名，是把TIFF格式文件放到Raw格式文件旁边，还是都集中到一个子文件夹里。养成系统化的命名与管理习惯，就不会为这些问题所困扰。毕竟，要熟练地运用Photoshop，这是迟早要迈过的一道坎。此外，Bridge的筛选功能可以让你简单地从文件夹中选出Raw或TIFF格式文件。

　　回到图7-21。这里有一个问题。现在我看到的是经过Camera Raw修饰的照片，可是如果我突然觉得有件事情忘记在Camera Raw中做了怎么办？例如，想重新裁剪一下照片，或者想调整一下径向滤镜。在Photoshop中打开经Camera Raw修饰的照片后，就没有办法再回到Camera Raw中进行修改。也就是说，必须保证自己在Camera Raw中干完并且正确干完所有事情后再进入Photoshop，这显然是一个压力很大的要求。

我喜欢轻松一些的生活，所以让我来教你另一种更好的衔接Camera Raw与Photoshop的方法。

关闭这张照片 —— 会看到警告对话框，选择"不保存"——然后通过Bridge再次在Camera Raw中打开照片。现在，按住Shift键，这时候下方的"打开图像"按钮变成了"打开对象"按钮。单击"打开对象"按钮，照片将再次在Photoshop中被打开，如图7-22所示。

图7-22　以智能对象的形式在Photoshop中打开照片

看起来没有什么不一样，但是请注意，这时候在上方的文件标签中可以看到"智能对象"的提示，表示Photoshop是以智能对象的形式打开照片的。在图层面板中，请注意图层图标右下角的小标记，这代表当前图层是一个智能对象。

这是本书中第一次接触智能对象。在以后的章节中会反复提及智能对象，这是动态调整的重要组成部分。使用智能对象打开照片与先前直接打开照片有什么不同？由Camera Raw链接过来的智能对象是Photoshop中一个有些特殊的智能对象，因为只要双击智能对象图标，就能再次在Camera Raw中打开照片，并且看到所有之前在Camera Raw中做过的调整！也就是说，通过智能对象，就获得了在Camera Raw与Photoshop中自由穿梭的能力。

在Camera Raw中完成调整，按住Shift键并单击"打开对象"，以智能对象的形式在Photoshop中打开照片；如果希望在原先Camera Raw调整的基础上做一些修改，简单地双击这个智能对象图标，就能再次回到Camera Raw进行修正。这是衔接Camera Raw与Photoshop的标准方法。在大多数情况下，推荐以打开对象而不是直接打开图像的方法将照片发送到Photoshop。这能够充分利用Camera Raw无损调整的特点，给予用户更大的处理空间，这确实是一项简单却让人受益无穷的技术。

7.5 使用Camera Raw对Raw格式照片进行基本修饰

许多人以为Camera Raw是用于Raw格式照片处理的软件，这是一种误解。尽管Camera Raw最初是作为Raw格式文件处理软件开发的，但是它既可以处理Raw也可以处理JPEG格式文件，前面已经使用Camera Raw为JPEG添加过径向滤镜和裁剪。在Camera Raw中处理Raw和JPEG格式文件的方式是非常类似的，只在白平衡、相机校准、镜头校正、降噪和锐化等几个细节方面有所不同。图7-23显示的是白平衡命令在Raw与JPEG格式文件处理过程中的差异。对于Raw格式文件，可以直接设置色温，而对于JPEG格式照片则不能。

在本节中，将介绍Camera Raw针对Raw格式文件处理的两个特殊功能。如果从来不拍摄Raw格式照片，可以直接跳过本节的内容，因为这与你无关。而对于Raw格式文件拍摄者，这是你必须掌握的技巧，甚至应该应用于每一张Raw格式照片。好在只要简单的三步，就能完成这些事情。

图7-23　Camera Raw的白平衡命令在Raw与JPEG格式文件中的差异

7.5.1 复位Camera Raw默认值

打开"path in forest.NEF"文件。这是一个已经处理过的Raw格式文件，所以首先要把它复位到原始状态。在面板标题栏上单击右侧的下拉菜单按钮弹出菜单，选择"Camera Raw默认值"，如图7-24所示。

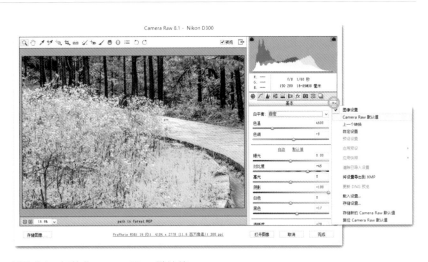

图7-24　复位Camera Raw默认值

如果你希望回到打开时的状态，那么按住Alt键，这时候下方的取消按钮会变成复位按钮，如图7-25所示。单击复位按钮即可将照片恢复到照片打开时的状态。所以，复位并不能恢复到未经处理的状态，而是让照片恢复到打开Camera Raw时的状态。希望回到未经处理的状态，那么使用图7-24中的方法。

值得注意的是，即使使用
Camera Raw默认设置，也并不
是回到"未经处理"的状态，而
是回到Camera Raw的默认渲
染设置。由于Raw本身是原始数
据文件，必须通过一定的渲染才
能将数据还原为照片，因此对于
Raw来说，并没有真正所谓"未
经处理"的状态。对于Camera
Raw，所谓的未经处理，就是
Camera Raw的默认设置。

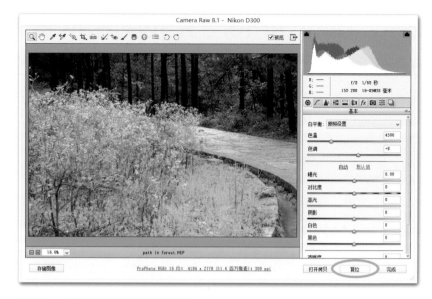

图7-25　将照片复位到打开时的状态

7.5.2 **加载相机配置文件**

　　Camera Raw绝大多数命令的默认值都是0，对于Raw与JPEG格式是一样的。但是有一些命令对于
Raw格式的默认值不是0。如果切换到细节面板，会看到Camera Raw为Raw格式文件默认应用了一定程度
的锐化和颜色降噪。现在，单击相机图标切换到相机校准面板，来设置一个相机配置文件。

　　拍摄Raw格式文件的人最初遇到的问题经常是无法获得与液晶屏看起来相同的色彩。当照片在Camera
Raw中打开或者在Bridge中显示时，外观明显平淡，色泽不够鲜艳，对比不够充分，与相机上看到的存在显
著不同。在相机中设置越是鲜艳的配置文件（比如使用鲜艳、风景等拍摄设置），这种差别就越大。两者之间
的区别源于配置文件的差异。

　　6.1节中已经介绍过数码照片成像的基本原理。要将Raw格式文件转换为可以观赏的照片，必须使用一定
的方法进行渲染，而配置文件是一组渲染条件的组合，决定了照片的对比度和色彩等重要信息。以尼康相机为
例，把优化校准设置为鲜艳和自然，分别对同一场景拍摄照片，获得的结果大相径庭。然而，无论设置何种优
化校准，在Camera Raw中打开照片后看到的都是一样的情景。这是因为，Camera Raw不会读取拍摄时使
用的配置文件，而会用自己的默认配置文件进行渲染，这个配置文件被称为Adobe Standard。

　　解决这个问题的方法很简单。在相机配置文件区域中，打开名称下拉列表，会看到一组配置文件列表，如
图7-26所示。这是Adobe为用户模拟的相机配置文件，不同相机品牌所显示的列表也不一样。单击相应的配

置文件，照片就会变得与使用该配置文件拍摄的JPEG格式照片非常相似。这是解决照片外观与拍摄设置区别问题的基本方法。对于钟情"原厂风格"的人来说这是强大的心理慰藉；而站在照片处理的角度上，这能够让你根据照片情况的不同灵活地设置一个处理的基础。我在尼康相机中只使用自然这一种配置文件，所以在这里我把配置文件设置为"Camera Neutral v4。"

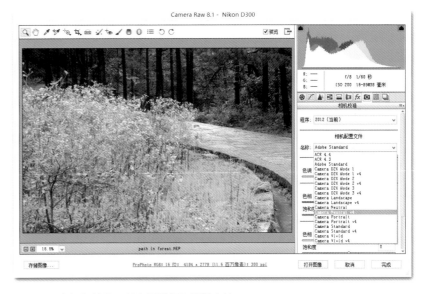

图7-26　在相机校准面板中设置相机配置文件

7.5.3　自动校正镜头

完成相机校准之后，单击镜头结构图标转到镜头校正面板。镜头校正面板共有3个选项卡，首先在配置文件面板中勾选"启用镜头配置文件校正"，如图7-27所示。Camera Raw将读取拍摄照片使用的镜头，并且自动加载配置文件，以校正镜头的畸变和暗角。

图7-27　启用配置文件自动校正镜头畸变与暗角

大多数数码相机目前都内置了镜头校正功能，然而这些功能只能应用于JPEG而无法直接用于Raw格式文件。使用原厂软件打开相机拍摄的Raw格式文件，软件会自动加载镜头校正。如Camera Raw这样的第三方软件一般无法读取相机设置（道理与无法读取配置文件是一样的，因为这都是Raw格式文件下游的步骤），但是通过在镜头校正面板中启用配置文件校正，就能让Camera Raw自动实现镜头校正。

相机内部的镜头校正通常还会对边缘色散进行一定程度的修正。边缘色散会引起高反差边缘出现紫边、绿边等颜色伪迹。在Camera Raw的镜头校正面板中，切换到颜色选项卡，勾选"删除色差"，如图7-28所示，Camera Raw就会自动删除色散，效果与相机的自动色散消除类似。

图7-28　在镜头校正面板中自动消除色散

简单总结一下，对于Raw格式照片来说，要在Camera Raw中做两件相机为JPEG格式照片做的事情：加载相机配置文件以及加载镜头校正配置文件。通过Camera Raw的相机校准面板和镜头校正面板，可以非常方便地让Camera Raw自动完成这两步工作。而这是我建议你在处理所有Raw格式文件之前首先需要做的事情。

7.6　使用预设简化Raw格式文件的基本修饰流程

Camera Raw提供了简单的Raw格式文件基本校正方法，但是如果仍然嫌这些操作麻烦的话，还有一个更方便也更实用的方法。

以在上一节中的设置为基础，打开面板标题右侧的下拉菜单，选择"存储设置"，如图7-29所示。

图7-29 存储Camera Raw修改设置

Camera Raw会弹出"存储设置"对话框，可从中选择需要存储的命令。默认情况下，Camera Raw会勾选所有命令。打开子集下拉列表，选择"相机校准"，如图7-30左图所示。这时候，只有相机校准命令被勾选。依次勾选进程版本、镜头配置文件校正和色差命令，如图7-30右图所示。在设置预设时，我一般建议勾选进程版本，因为不同进程版本往往在图像处理上会有比较大的区别。当前默认的进程版本是2012，可以在相机校准面板中查看版本。

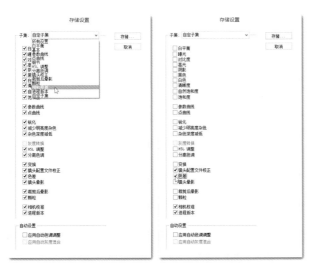

图7-30 选择需要存储的命令

单击"存储"按钮会打开文件夹窗口,在文件名输入框中键入"D300 - Neutral",如图7-31所示,代表这是用于D300拍摄照片的自动设置,配置文件是Neutral。单击"保存"按钮后将完成存储设置的过程。

图7-31 命名预设

现在,在Camera Raw中单击右数第2个按钮打开预设面板。在预设栏中可以看到刚才建立的D300 - Neutral预设,如图7-32所示。这个预设包括文件版本(2012)、相机配置文件(Neutral v4)、镜头配置文件自动校正以及删除色差。对于任何Raw格式照片,只需要单击这个预设就能将这些设置应用到照片上!更重要的是,可以同时在Camera Raw中打开多张照片,全选照片,通过一次单击来为所有照片应用这些基本Raw格式修正。这就是通过预设简化Raw格式照片基本修正过程的方法。

图7-32 通过预设面板调用存储的设置

7.7 智能滤镜：随时随地使用Camera Raw

在7.4节中已经介绍过，在Camera Raw中完成调整后，通过打开对象的方法能够在Photoshop中依然具有回到Camera Raw继续修饰的能力。然而，如果面对的是一张最开始就没有在Camera Raw中处理的照片，或者说文件中根本就没有用于链接Camera Raw的智能对象时，是否还能使用Camera Raw？

在Photoshop中打开"golden minute.tif"文件。如图7-33所示，可以看到右侧的图层面板包含上、下两个图标，说明当前文件由两个图层组成。首先对照片做一些影调和局部修饰，形成了background图层（为了看起来简单一些，我合并了所有图层，所以这不符合动态调整的规范）。然后，把这个图层复制一遍，进一步做了色彩调整，这就是现在所看到的照片。

图7-33　一张包含两个图层的照片

现在，我觉得处理后的照片阴影似乎太暗了一些，因而希望对阴影做一些提亮。在我看来，提亮阴影最简单有效的方法是在Camera Raw的基本面板中调整阴影命令。但是，如何对一个在Photoshop中生成的图层调用Camera Raw？在Photoshop CC之前，完全没有办法。然而，在Photoshop CC中可以，而且是以一种惊人简单的方法。

选中需要应用调整的图层——本例中是apply lab图层。打开滤镜下拉菜单，可以看到Camera Raw滤镜，如图7-34所示。单击这个命令即可将当前图层在Camera Raw中打开。Photoshop为此提供了一组快捷键：Ctrl+Shift+A。

图7-34　启动Camera Raw滤镜

图层将被发送到Camera Raw，而这时候看到的Camera Raw界面与之前所熟悉的Camera Raw是完全一样的，如图7-35所示。有所不同的是，这时候在Camera Raw标题栏中显示的不再是照片的拍摄设备，而是当前文档的名称。但是这对于操作没有任何影响。将阴影滑块提高到38以略微提亮阴影部分，单击"确定"按钮就能应用调整，并且返回Photoshop。

图7-35　在Camera Raw中调整图层的阴影

通过滤镜，可以为任意像素图层应用Camera Raw调整。它的意义有多大，任何真正了解数码摄影后期处理的人都会知道，尤其对那些习惯使用Lightroom或Camera Raw作为主要调整手段的人来说。问题是，Camera Raw的设置被嵌入了当前图层，没有办法再改变Camera Raw调整参数。这与在7.4节中讨论过的问题是一样的。有没有可能像先前那样，也通过一些方法将静态调整转变为动态调整？答案是可以的，依然通过智能对象。

首先，单击历史记录图标以打开历史记录面板。历史记录面板记录了在Photoshop中的每一步操作。如图7-36所示，可以看到我在Photoshop中对当前文件做的两步操作：在Photoshop中打开照片，然后应用了Camera Raw滤镜。单击打开，就能够复位刚才的Camera Raw调整，把照片复位到打开时的状态。也可以使用快捷键Ctrl+Z来复位刚才的步骤。

图7-36　在历史记录面板中返回到上一步

接下来，在apply lab图层上右键单击。注意，不能在图标上右键单击，而要单击图标右侧的空白处，不然将看到不同的右键菜单。在弹出的右键菜单中，选择"转换为智能对象"选项，如图7-37所示，即可把当前图层转换为智能对象。如果加载了我的快捷键，则可以使用快捷键Ctrl+/来实现相同的效果。因为这是一个使用频率相当高的命令，所以我给了它一组比较特别的快捷键。

图7-37　转换为智能对象

当图层被转换为智能对象后，其右下角会出现一个小标记，代表当前图层是智能对象，如图7-38所示。智能对象可以被简单理解为文件中的文件。如果双击智能对象图标，就能在一个新窗口中打开智能对象并且进行操作，就如同一张照片一样。对于照片修饰来说，智能对象的主要作用体现在两个方面：一是保护图层，二是加载智能滤镜。在这个例子中，我要做的是第二件事情。

　　使用相同的方式为图层应用Camera Raw调整。通过滤镜菜单启动Camera Raw滤镜，或者使用快捷键Ctrl+Shift+A。看到的是相同的Camera Raw界面，把阴影命令设置为+38，单击"确定"按钮以返回到Photoshop。所实现的效果是相同的，但是请注意图层面板，如图7-39所示。现在，可以在智能对象下方看到为当前智能对象所添加的滤镜，本例中是Camera Raw滤镜。这种添加在智能对象上的滤镜被称为智能滤镜。

图7-38　智能对象与普通图层的缩览图图标

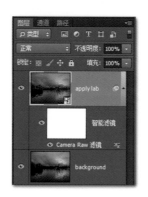

图7-39　智能滤镜的显示方式

　　就如智能滤镜的名称所提示的，这是一种"智能的"滤镜。第一，它是完全无损、完全可逆的操作。智能对象不会直接改写当前图层的像素，而是以一种"滤镜"的方式来显示效果。把鼠标指针放在智能滤镜左侧的眼睛图标上单击取消眼睛图标，就将看到应用智能滤镜之前的图层。通过这种方法，根本不必担心以后的问题。因为在任何时候，都可以简单地返回到未加载智能滤镜的状态。

　　其次，智能滤镜是一种完全动态的调整方式。请尝试双击Camera Raw滤镜（注意，不要双击右侧的小图标，而要双击Camera Raw滤镜），图层将自动在Camera Raw中打开，可以继续在上一次的基础之上进行调整，就好像7.4节中曾经介绍过的那样。也就是说，Camera Raw调整非但不会被嵌入当前图层，而且在任何时候都可以回顾一下自己到底在Camera Raw里对当前图层干了什么，并且根据自己的心情来决定是否要做些微调。

　　最后，智能滤镜拥有更多创意选择，比如不同的混合模式、透明度以及滤镜蒙版等。这些都会在后面的章节中加以介绍。

　　智能滤镜是动态调整的关键步骤，好在应用智能滤镜只需要两步：将当前图层转换为智能对象，为智能对象添加相应的滤镜。Photoshop CC带来的巨大改变是，不但可以将Camera Raw作为滤镜应用于图层，还可以把Camera Raw应用为智能对象。

对于数码摄影来说，这可是Photoshop CC最重要的新功能！通过智能滤镜，可以随时随地对任何图层应用Camera Raw调整，而且是以动态调整的方式。如果谁说Photoshop CC和Photoshop CS6比没有什么不一样，那么，请使用智能滤镜！请使用Camera Raw！它们绝对是珠联璧合的完美搭档。对于数码摄影后期处理来说，它们可以成为最为强大的常规武器。那些已经习惯了Lightroom却总向我抱怨不会使用Photoshop的人：请用Camera Raw！其实只需要理解智能滤镜与Camera Raw，再加上一些图层与蒙版的基础知识，就已经没有什么东西能够阻挡你熟练使用Photoshop了！

7.8 本章小结

Camera Raw只是Photoshop的一款插件，但是对于摄影与照片的后期处理来说，Camera Raw是Photoshop的核心元件。Camera Raw包含了丰富的影调与色彩调整工具，可以解决绝大多数摄影后期中的问题。

要充分理解Camera Raw的工作方式。Camera Raw通过修改XMP文件来修饰照片，一方面它对照片的修饰是无损的，另一方面也需要支持XMP的软件来读取Camera Raw的照片处理结果。这意味着，当想分享Camera Raw的修饰结果时，需要通过Photoshop或者其他软件来导出JPEG格式照片。

作为一款原本为Raw格式文件开发的插件，Camera Raw可以帮助用户很简单地解决Raw格式文件的基本修饰。为每一个Raw格式文件应用相机校准与镜头校正应该变成你的习惯。使用预设将大大简化Raw格式文件处理流程。

Camera Raw与Photoshop能够轻松实现无缝交互。在交互之前，需设置合适的工作流程选项，主要是色彩空间与色彩深度。对于照片修饰，从Bridge到Camera Raw再到Photoshop的流水线是你要熟悉的。建议通过打开对象的方法来衔接Camera Raw和Photoshop，因为智能对象能给你充分的自由。

Photoshop CC对于摄影师来说最大的改变在于，可以将Camera Raw作为滤镜应用于Photoshop的图层，而且是以智能滤镜的形式。智能对象与智能滤镜是动态调整中的关键元素，它们能够提供极大的操作灵活性，是必须掌握的Photoshop基本概念。

第8章

开门三件事：图层、选区与蒙版

毫无疑问，有许多强大而独特的功能让Photoshop成为一款专业而几乎无可替代的软件。但是，如果要在所有这些功能中选择出一个，只能选择一个，那么我的答案绝对是图层。图层是Photoshop之所以是Photoshop的理由，也是Photoshop几乎所有神奇功能的载体。

对于会使用Photoshop的人来说，图层是他们最为有力的武器；对于还站在Photoshop门外的人来说，图层却只是一种传说。很多人都听说过图层，然而大多数人只是听说，只是觉得它很神奇而已。然而，要评选传说的话，那我觉得蒙版绝对要比图层更贴切。就我自己来说，在很长一段时间里，我非常了解图层，可是却不明白蒙版是什么。一旦看到蒙版，就觉得是一件不可理喻的高深的事情。觉得很可笑？确实如此，但谁都是这样一步一步走过来的，不是吗？

本章将简单但是清晰地讲解图层和蒙版——这两个对于摄影来说最重要的Photoshop元素。当然，一说到图层与蒙版恐怕就离不开选区。谁都知道那个神奇的魔棒工具，但是你真的会使用它吗？更进一步，如果我告诉你我从来不使用魔棒工具，那是因为魔棒工具早已有了更好的后继者，你信吗？学完这一章，你就会相信。学完这一章，你就可以很骄傲地说：我会用Photoshop了！

和大多数Photoshop基础教程不同，我不会在这里分门别类地介绍图层的操作以及逐一介绍选择工具，这是一件有点无聊的事情。我会给出两个例子，希望你从中学到这几样Photoshop的核心知识。由于本书篇幅的限制，我没有在本章中对图层和选区的某些基本操作做过多描述。不过没关系，还有补习班。记得观看本章的视频教程，尤其是以前从来没有好好学过Photoshop或者对Photoshop原本一窍不通的人，我相信这是你必须要上的补习课——好在这是免费的补习课。

本章核心命令：

图层的基本操作	图层蒙版的基本操作	移动工具
矩形选框工具	变换选区命令	套索工具与多边形套索工具
自由变换命令	快速选择工具	魔棒工具与色彩范围命令
调整边缘命令与调整蒙版命令		画笔工具
修边命令		

8.1 将两张照片作为图层载入同一个文件

在Photoshop中打开如图8-1所示的两张照片，可以在本章的练习文件中找到这两张照片。左侧是一张窗户的小照，右侧是我在杭州江湖汇观亭拍摄的吴山与西湖风景——只要用心发现，即使如杭州这样的城市，在人流如织的长假期间找到一个安静的地方也是易如反掌的事情——我的目标是让城隍阁的身影出现在这扇相当简洁而漂亮的窗户里。为了实现这个目标，首先要将这两张照片合并到一个文件中。

图8-1　要合成的两张照片

为了看清楚两张照片，我在图8-1中浮动了窗口。但是在大多数情况下我喜欢以标签形式显示照片：打开"窗口"菜单，在排列子菜单中选择将所有窗口合并到标签中。这样做的目的是演示在Photoshop中将两张照片合并到一个文件中最常用也是最简单的方法。

为移动照片，要启动移动工具。单击左侧工具栏最上方的箭头按钮可以启动移动工具，也可以使用V键——Photoshop中必须记住的快捷键之一——单击杭州照片的文件标签以显示该照片。在照片上单击并按住鼠标左键，然后将鼠标移动到窗户照片的文件标签上。由于在当前照片文件内只有一个背景图层，因此不会看到照片的实际移动。在文件标签上静置鼠标指针片刻，窗户的照片会在窗口中被显示出来。将鼠标指针拖到照片内，会看到整个窗口周围亮起一圈白框，同时鼠标指针会变成如图8-2所示的形状。

这时候，放开鼠标左键，就把之前那张风景照片移动到了当前文件中。但是，在放开鼠标前应再做一件事情：按住Shift键。按住Shift键能够让Photoshop在完成移动的同时再多做一步事情：在置入照片的同时居中对齐。记住，要先释放鼠标再释放Shift键，不然Photoshop是不会将照片居中的。

图8-2　将一张照片移动到另一张照片文件中

8.2　图层基础

现在，在窗口中看到的是杭州的照片。请观察右侧的图层面板，在图层面板中出现了两个图层，上面的是"图层1"，也就是移过来的杭州照片，而下面的则是本来的背景图层。图层事实上就是不同的图像，在Photoshop中可以将这些图像一层一层重叠起来，因此将它们称为"图层"。想象一下，有两张打印出来的照片，一张是杭州风景，另一张是一扇窗。现在把两张照片叠在一起，杭州的照片在上方，于是你看到的就是杭州的照片而看不到下方的窗。图层的原理与此相同。看到的永远是上方的图层，因为下方的图层被遮盖了。如果仔细看的话，在上下两边都能够看到一条细细的白边。这是因为这张杭州照片在高度上要略小于窗户的照片，所以在上下两边露出了后面照片的白色底色。

在每一个图层的左侧都有一个眼睛图标，如图8-3所圈出的那样。单击该图标眼睛会消失，这代表当前图层被隐藏。如果单击杭州照片左侧的眼睛图标隐藏图层，就能看到下方的窗户照片。在眼睛右侧是图层缩览图——我经常习惯性地称它为图层图标——它是当前图层内容的反应。如果在3.3节中跟我一起设置过图层缩览图尺寸，那么你应该看到相对较大的缩览图。我喜欢大缩览图，因为这能够让我看清楚当前图层。缩览图右侧是图层名称，双击图层名称可以重命名图层。如图8-3所示，将"图层1"重命名为"field of view"，与之前的照片一致。

建议用有意义的字词来重命名图层，尤其是当文件中有很多图层时，这会带来许多方便。你不能保证自己在下一次打开照片时还能够记得某个特定图层的作用，如果不喜欢英文的话也可以使用中文名称。我之所以习惯用英文是因为中文输入法经常会影响Photoshop的快捷键，为了减少麻烦我就使用一些简单的单词来命名图层。不求多准确，自己能够知道意思就可以了。

图8-3　图层面板与重命名图层

在图层面板中有一个不透明度选项。默认情况下不透明度被设置为100%，即当前图层100%不透明。单击右侧的小三角可以打开滑块，向左边拖动滑块能够降低图层的不透明度。如图8-4所示，将杭州图层的不透明度降低到50%，这时候可以"透过"杭州图层依稀看到后面的窗户图片。在实际生活中，无法透过一张照片看到下方的照片，但是在Photoshop中却可以。如果把不透明度降低到0，当前图层将完全透明，其效果与隐藏当前图层（去除那个眼睛图标）是相同的。

图8-4　控制图层透明度

有一组快捷键可以用于直接控制图层的不透明度。在不选中画笔工具组中的任何工具的前提下，按数字键1能将不透明度设置为10%，按2则是20%，以此类推。如果快速连按两个快捷键，比如连续按2和5，则能设置不透明度为25%。要设置为100%，按一下0；要设置为0，连续按两下0。这里我不需要透明，因此将不透明度设回100%。

由于需要在窗口中显示风景，所以应该把杭州照片图层放到窗口图层的后面。要改变图层顺序，在图层面板中选中该图层，再按住鼠标左键直接拖动即可。但是，当拖动杭州照片图层时，Photoshop会给出一个取消符号告诉你当前操作不可用。这是因为，目前窗户图层还是背景图层。可以看到，它的名字是斜体的"背景"两字，并且在图层的右侧有一个小小的锁形按钮。

背景图层是一种特殊的图层。打开一张JPEG格式照片时，照片将被Photoshop作为当前文件的背景图层。想象有一面喷有图案的背景墙，可以在墙上悬挂不同的照片，但是无法改变墙面本身的图案，因为这是背景。同样，在Photoshop中，有许多操作是无法用于背景图层的。比如，背景图层必须被放在最底层，没有其他图层可以被放在它的下面——不能把照片贴到墙后面。要把其他图层放到背景图层下面，唯一的方法是让背景图层不再是背景图层——将它变成一个普通图层。

要将背景图层转换为普通像素图层，双击背景图层右侧的锁定按钮，如图8-5所示。在弹出的"新建图层"对话框中输入"window"来命名图层，单击"确定"按钮后背景图层就变成了一个普通图层。直接用鼠标在图层面板中将上方的图层拖动下来就可以更改图层顺序了，如图8-5右图所示。

图8-5　将背景图层转换为普通图层并改变图层顺序

8.3 矩形选框工具与多边形套索工具

现在，窗户图层在上方，风景图层在下方，要透过窗户看到风景，需要打开窗户，也就是让中间那部分白色的窗户变成透明，这样下方的照片就能够显现出来了——把两张照片叠在一起，如果在上面一张照片上挖一个洞，那么就能从被挖去的那个部分看到下面的照片。要实现这个目标，首先要选出需要挖去的那个部分。

由于窗户的形状很规则，所以我使用选框工具。单击移动工具下方的矩形工具图标可以启动选框工具。如果右键单击，将看到工具选择列表，包含4个不同的选框工具。矩形选框工具和椭圆选框工具都是非常常用的选择工具，它们的快捷键是M。在这里，我当然选择矩形选框工具。直接在照片上单击鼠标并拖动，就能建立选框，如图8-6所示。选区与未选择区域之间会以虚线显示，这有时候也被称为"蚂蚁线"。

图8-6　使用矩形选框工具建立选区

要熟练使用矩形选框工具，必须记住一些修饰键。在拖动选框的过程中，按住Shift键能够保持选框为正方形，按住Alt键将从中央向四周建立选框。如果在开始的时候鼠标单击的地方不正确，因而希望移动选框，那么按住空格键能够在建立选框的同时移动选框。记住，可以同时使用这些修饰键，但是无论使用什么修饰键，都必须先释放鼠标再释放修饰键。椭圆选框工具的使用与此类似。

要是建立了选区之后再发现选区不够好，希望调整选区怎么办？首先，在选择工具激活的时候，将鼠标指针放在选区内单击并拖动，即可改变选区的位置。如果激活了移动工具（V键），那么移动的不是选区，而是选区中的图像。图8-7演示了两者之间的区别。请注意，当激活不同工具时，在选区内鼠标指针的显示是不同的。

图8-7　移动选区与移动图像

其次，如果需要改变选区的大小或形状，可以打开"选择"菜单，启动变换选区命令。我为这个命令添加了一个自定义快捷键：Ctrl+Shift+Alt+W，因为我常常使用变换选区命令。此时在选区四周会出现一个变形框，可以拖动标记来改变选区的形状与尺寸。

如果仔细观察图8-6中所示的选区，会发现在窗户右上角留下了一条比较明显的白色边缘。这是因为窗户其实不完全是长方形的，在边缘有一些倾斜，因此导致了使用矩形选框工具无法完全选中这些区域。无法通过变换选区来把它们加入选择。如果希望获得一个更准确一些的选择，得换一种选择工具来重新选择。

按快捷键Ctrl+D可以取消刚才的选区——也可以打开"选择"菜单然后单击取消选择，不过记住Ctrl+D，就不需要打开菜单来做这种事情——右键单击选框工具下方的工具图标，选择多边形套索工具。利用多边形套索工具能够选择一个多边形的区域。用鼠标在窗户的左上角单击，释放鼠标，将鼠标移到窗户的右上角，再次单击，再释放鼠标，依此方式沿着窗户的轮廓在需要转角的地方单击即可完成多边形选区，如图8-8所示。

选框工具与多边形套索工具是Photoshop最传统的选择工具，也是相对简单的选择工具。我习惯将这些工具称为几何选择工具，因为它们选择的是几何形状区域。尽管与后面将要用到的一些选择工具相比，它们没有什么神奇的力量，然而这些几何选择工具有一个很大的优点：平滑的边缘。与那些"高级"选择工具经常带来锯齿状的边缘不同，几何选择工具的边缘非常光滑。因此，在面对这种形状规则的几何图形时，应尽可能使用矩形、椭圆形选框工具而不要使用快速选择工具，以便带来最好的选择效果。

图8-8　使用多边形套索工具建立选区

8.4　理解图层蒙版

现在已经选择了窗户，要透过窗户看到风景，最简单的办法是按Delete键来删除这一部分像素——注意，在图层面板中必须选择窗户图层。Photoshop的绝大多数操作都是基于图层的，选择了哪个图层，操作就会作用于哪个图层，无论在窗口中看到的是否是当前图层。

如图8-9所示，可以看到在删除选区之后，下方的风景照片马上就从窗户中显现出来了。观察图层面板，上方的窗户图层中间出现了一个空白区域，里面填充的是白色和灰色相交的网格图案。Photoshop用这种网格代表透明。透明的意思就是，什么都没有！当看到透明图案的时候，代表这个地方没有实际图案，这只是Photoshop对透明的演示。所以，不要害怕保存照片后会出现这样的格子图案——我知道，有这个疑惑的初学者不止一个人，包括曾经的我自己。

虽然这是很简单的方法，有许多人都是这么做的，然而这不是我想要介绍的。使用快捷键Ctrl+Z返回到上一步，然后来尝试一种更好的方法。如果删除某个图层的像素，那么它就永远从文件中消失了。假如今后想重做选择，或者只是想看看最初的图像是什么样子的，就没有任何办法可以实现了。所以，这属于一种静态调整——只能做一次，无法改变决定。

图8-9　删除上方图层的相应区域以显示下方图层

　　我们需要的是动态调整，因此我选择为窗户图层添加图层蒙版。单击图层面板下方第3个按钮，也就是添加图层蒙版按钮，将看到如图8-10所示的情况。理解图层蒙版的意思了吗？图层蒙版控制的是当前图层的透明度，仿佛给图层添加了一块"蒙版"以决定哪些区域是透明的，哪些区域是不透明的。白色蒙版代表当前图层完全不透明，黑色蒙版代表当前蒙版完全透明。那么灰色呢？灰色代表部分透明。灰色的深浅可以用于控制透明的程度，类似于调整图层的不透明度。

　　如图8-10所示，窗户图层右侧出现了图层蒙版缩略图。在这块蒙版中，中央部分是白色的，而周围是黑色的。反映在照片上，就是中间的窗户被显示了，而周围的其他部分则被隐藏了。在默认情况下，当图像上存在选区的时候，单击添加图层蒙版按钮将为选区添加白色蒙版，而为选区以外的部分添加黑色蒙版。

　　与直接删除选区内的像素相比，图层蒙版是一种完全动态的调整方法。首先，图层中的内容全部被保存下来。如果按住Shift键同时单击图层蒙版缩略图就能看到不添加蒙版的图层，在蒙版缩略图上会出现一个红色的×。也可以在蒙版缩略图上右键单击，并选择删除图层蒙版以去除蒙版，这样就回到了未添加蒙版之前的状态。

　　其次，可以通过修饰蒙版改变不同区域的透明度，因此这是一种可反复修饰的动态调整。在这个例子中，我的蒙版显然与目标相反，我们需要的是隐藏窗户而不是隐藏图层的其余部分。不用担心，通过蒙版这是非常容易解决的问题。单击蒙版缩略图——非常重要，必须单击蒙版缩略图以保证操作是针对蒙版进行的。如图8-11所示，可以看到蒙版缩略图周围出现了一个淡淡的双层框线，代表蒙版被选中。要是单击图层缩览图，这个选框就会移动到图层上。这是在开始接触图层与蒙版时经常忽略的问题，但是很快你就会熟悉。请记住，在整本书中，一旦我说"请确认选中蒙版"，就意味着要单击图层蒙版缩略图，并且保证在缩略图周围看到一个选中框。

图8-10　为窗户图层添加图层蒙版

图8-11　反相图层蒙版

打开"图像"菜单，在调整子菜单中选择"反相"，或者使用快捷键Ctrl+I。我很少使用调整菜单中的命令，因为它们大多是静态调整命令。但是，反相命令是一个例外。对图层或蒙版应用反相命令的原理是以不同通道为基础翻转亮度值，这是一个无损操作。可以对一个图层应用反相无数次，它不会对图像产生任何损害。对于这个蒙版，使用反相命令之后，黑色变成白色，而白色变成黑色，于是获得了如图8-11所示的效果。

8.5 使用自由变换命令调整图层大小

在通过窗户能够看到杭城美景之后，我还有一个过分的要求，即想要将吴山景色尽收眼底——美景总是不嫌多的。由于这张风景照片的高度要大于窗户的高度，所以我能够通过缩小风景图层来显示照片的更多部分。如前所述，缩小一张照片的最好方法是使用图像大小命令，而缩小文件中某个图层的最好方法是使用自由变换命令。

要启动自由变换命令，需要选中需要变换的图层，然后打开"编辑"菜单选择"自由变换"，如图8-12所示，或者通过快捷键Ctrl+T打开自由变换命令。这时，图层边缘会出现变换框，框线上有8个锚点，通过移动这些锚点能够自由地改变图层的形状，把鼠标指针放在变换框内则能够移动图层。

图8-12 自由变换

如果任意拖动这些锚点，照片会变形，这不是我需要的。为了保持长宽比，我按住Shift键然后向右下方拖动左上角的锚点，以保持比例并将图像缩小。可以看到，如图8-12所示，我将照片缩得很小。现在我想请你做两件事情。第一件事情：将照片缩小到远小于在图8-12中所看到的大小。比如，把它缩小到右下角白色空白处那一小块地方，按Enter键应用自由变换。第二件事情：再次启动自由变换工具（快捷键Ctrl+T）。同样，按住Shift键并用鼠标拖动左上角的标记，但是这次往左上方拖动以放大照片，一直将它放大到原来的大小。这时，将看到如图8-13所示的情况。

图8-13　自由变换的有损操作特性

不用惊讶，这是自由变换命令的特性。当按Enter键应用自由变换之后，整个图层就将被完全重写，就好像对文件采用图像大小命令并且保存退出文件一样。当下一次再对该图层应用自由变换时，Photoshop就将以上一次自由变换的结果为基础进行缩放。所以，尽管只是将照片重新放大到原来的大小，然而对于Photoshop来说，它是把上一次缩小后的图层放大，而不是以原始图层为参照。在自由变换工具选项中，可以看到在横向与纵向中显示的都是1000%，而不是100%！将一个图层放大10倍，结果可想而知。

因此，在对一个图层应用自由变换命令的时候必须非常当心。在按Enter键退出自由变换之前，任何操作都是无损的，也可以按Esc键取消自由变换。然而，一旦应用自由变换，一切就变得不可逆了。如果以后想重做自由变换，只有通过历史面板回到之前的步骤进行重做。假如已经保存并且退出了文件，那么你将毫无办法。

这显然不是一个让人省心的方法，所以我们要重做这个步骤。请连续按快捷键Ctrl+Alt+Z几次，直到回到自由变换之前的状态——若要撤销上一步操作，使用快捷键Ctrl+Z；若要撤销多步操作，就多按几次快捷键Ctrl+Alt+Z。在启动自由变换之前，做一件事情：右键单击风景图层，然后选择"转换为智能对象"，或者使用我的快捷键Ctrl+/。在每一次进行自由变换操作之前，都要将需要变换的图层转换为智能对象，这将有助于保护原始图层。

对智能对象进行自由变换不会重写像素，而是可以完整保留原始像素。可以依照之前的步骤试一下缩小然后放大，现在不会看到马赛克，而且当重新将图层放大到原始大小后，在自由变换工具栏上将看到宽和高的显示都是100%，如图8-14中所示的那样——Photoshop保留了所有图层数据。

图8-14　对智能对象应用自由变换

如果比较一下图8-14和图8-13的话，可以发现两个区别。第一，当对智能对象应用自由变换时，在变换框内会出现两条对角线，这能在一定程度上提示变换的是不是智能对象。第二，对像素图层进行变换时，在工具选项栏上可以看到一个差值选项，而在变换智能对象时则没有。希望你还没有忘记插值选项的作用，它是Photoshop决定在放大和缩小时如何重写像素的算法。对于智能对象，由于Photoshop不会改变任何像素，所以也就没有必要使用插值算法。

最后，来完成自由变换。按住Shift键和Alt键，然后向右下拖动左上角的锚点。Shift键能够保持长宽比，而Alt键的作用是以中心为参照变换，这样我就可以同时将图层从四周向中间收缩。记住，先释放鼠标然后释放

Shift键和Alt键，将看到如图8-15所示的情况。

图8-15　按住Shift+Alt键进行自由变换

　　风景图像的上方留下了一条透明像素，这是因为经过缩小之后，图层不再能够占据整个窗户的区域。从图层面板中，能够很清楚地看到在风景图层周围出现了一圈透明像素。在没有退出自由变换的时候，可以直接在照片上移动鼠标来拖动图层，也可以使用方向键来移动图层。但是，为了最后演示一个常用的功能，我选择应用自由变换。

　　如果没有进行过其他操作，那么现在选择的应该是多边形套索工具。移动图层最简单的方法是使用移动工具，但是不要单击移动工具图标或者使用V键，而是按住Ctrl键，这将临时激活移动工具。将图层移动到合适的位置，获得更好的风景并且遮盖透明像素，再释放鼠标和Ctrl键即可完成图层的移动操作。

　　这是在Photoshop中移动图层的最常用方法。不过需要注意两点。第一，在选中图形工具时按Ctrl键不会激活移动工具，而是会激活路径选择工具。第二，在移动工具已经被激活的时候，Ctrl键的作用会不同。这时候，按住Ctrl键将允许拖动当前位置位于最上方的图层，无论之前是否选中了该图层。

　　可以尝试做这样一件事情：在图层面板中选择下方的风景图层，按V键激活移动工具，按住Ctrl键，然后在风景左侧的窗框上拖动鼠标，此时移动的并不是下方的照片，而是上方的窗户图层，尽管之前并没有选中该图层。如果在当前位置右键单击，将看到当前位置下的所有图层，如图8-16所示。

图8-16　移动图层完成最终构图

　　图层是一个并不复杂的概念，图层的操作也不难，然而Photoshop中有许多小诀窍，对于了解的人来说会让事情变得方便，对于不了解的人来说有时候就是灾难。要是突然碰到了自己没有预料到的情况，那么按快捷键Ctrl+Alt+Z或者利用历史记录面板都能回到之前的步骤，所以不用很担心。时间长了，你自然会了解并且掌握这些最基本的操作。

8.6　万能的快速选择工具

　　来看一个新的例子。与上一个例子相同的是，也要遮盖上方图层的一部分以显示背景图层。如图8-17所示，可以看到文件中有两个图层，上方是白色背景的模特图层，下方是一个绿色的背景。这是Photoshop中很多人都看到过或者使用过的功能：将人像从一张照片中选择出来，并且置入另一个背景。将两张照片载入同一个文件的方法与8.1节中说过的一样。这两张照片的尺寸是一致的，因此按住Shift键移动之后可以完全对齐。

图8-17　女孩与背景

　　与上一个例子不同的是，这里需要选择的对象是人。她不是几何图形，因此无法使用几何选择工具完成选择。更糟糕的是，这个选择对象包括头发，而头发经常是在选择的时候最富挑战性的元素。通过这个例子，将介绍两种不同的人像选择方法。我希望你不但能学会如何选择，而且要学会建立一个相对完美、没有瑕疵的选区——对，与在一些案例教程中看到的那种糟糕的、边缘不平的、丢失许多头发的选区不一样。相信我，这不是很难实现的目标。

　　首先，启动快速选择工具。从理论上来说，在选择头发的时候，快速选择工具可能并不是最好的选项。然而，确实可以使用快速选择工具完成选择，并且获得相当好的效果。

　　在左侧工具栏中右键单击套索工具下方的图标，这个工具组包括快速选择工具和魔棒工具两个工具。单击快速选择工具，它的图标是一支画笔。快速选择工具实际上就是一支用以选择的画笔，只需要在要选择的部位涂画就能建立选区。

　　下面来看一下快速选择工具的选项。打开画笔设置下拉菜单，可以在这里设置大小和硬度，如图8-18所示。其实，在这里唯一需要设置的参数是大小。在快速选择工具中，一般总是将硬度设置为100%以便更精确地进行选择，因此可以忽略这个在画笔工具中很重要的选项。更改画笔大小更方便的方法是，使用[键缩小画笔，或者使用]键增大画笔。

图8-18　使用快速选择画笔建立选区

快速选择画笔虽然是Photoshop中最直观的万能选择工具，但是它的缺点是边缘往往显得不够平滑。Photoshop提供了一个"自动增强"选项以优化边缘，我一般会勾选这个选项。

快速选择工具会识别照片的色彩，所以在色彩反差越大的边缘选择效果会越好。在这个例子中，我从下往上拖动画笔以选择模特。对于大片的区域，比如这里模特的皮肤，使用较大的画笔并且快速拖动，往往会获得比较好的边缘效果。而在比较复杂的区域，可以缩小画笔后再进行选择。不用沿着边缘走，Photoshop常常会自动寻找边缘。在释放鼠标以后，经常会看到选区会发生轻微的改变，这是Photoshop的计算结果。

如果不当心选择了不需要的部分，按住Alt键然后涂抹这些部分就能够去除这些选区。在快速选择工具选项栏上有3个画笔标记，左侧的标记代表新建选区，中间标记表示为当前选区添加新区域，而右侧的标记则表示从当前选区中减去部分区域。如图8-19左图所示，可以看到当按住Alt键之后，右侧的减去选区标记被点亮。而如果减去太多选区，又可以将部分选区重新添加到选区内。不需要为添加选区使用任何修饰键，快速选择工具的默认选项就是添加选区。

不必一笔完成选区——一般也很难这么做——在使用快速选择工具的时候，经常需要切换添加或者减去选区，并且不断调整画笔大小以获得一个最终满意的选区。在这里，我的要求是选择大部分主体，但是不要将选区过多地扩展到空白区域。如果企图选中所有发丝的话，快速选择工具会把很多白色背景区域纳入选区。在这里请忽略这些发丝，只选择大致的头发轮廓，如图8-19右图所示。

图8-19　减去选区与添加选区

　　在使用快速选择工具时，如果反复在一个区域内添加和减去选区，并且使用较小的画笔，那么边缘的锯齿会非常明显。在遇到这种情况时，我一般会取消一块较大区域的选择，然后使用相对大一些的画笔重新选择，这有助于保持选区边缘的平滑。

　　但是，无论怎样操作，快速选择工具的结果往往都需要进一步的修饰。因此，几乎在每一次通过快速选择工具选定区域之后，都要打开调整边缘对话框。

8.7　必须掌握的调整边缘命令

　　调整边缘是Photoshop中一个非常强大的功能。从某种程度上来说，如果没有调整边缘命令的话，通过选择工具所能选择的对象要少很多——比如，几乎没法通过选择工具来选择头发。调整边缘命令是快速选择工具的最好助手，它就好像催化剂，能大大增强快速选择工具的效力。

　　要看到调整边缘命令，需要在照片上保存有一个活动的选区，并且激活了一种选择工具。这时候，就能够在工具选项栏上看到调整边缘选项。也可以使用快捷键Ctrl+Alt+R来启动调整边缘命令。

启动调整边缘命令后会弹出一个对话框，这是一个相对传统的命令对话框。调整边缘命令比较仁慈的地方是，可以使用图像窗口进行预览以查看在"调整边缘"对话框中更改参数的效果。同时，可以在对话框打开的情况下拖动窗口并缩放图像，这让效果观察变得相当简单而灵活。

在"调整边缘"对话框的最上方是视图模式。打开视图模式下拉列表可以选择不同的模式。视图模式将现有选区叠加在不同的背景上以方便观察选区边缘。一般来说，需要选择一个与照片边缘产生最明显反差的背景。本例中选择黑底，这会在黑色背景上显示选区，如图8-20所示。

图8-20　在黑色背景上叠加显示选区

如图8-20所示，可以看到快速选择工具带来的锯齿样的边缘。虽然已经选择了自动增强，然而在人物脸颊的边缘以及头发边缘依然可以很清楚地看到它们是多么粗糙。这显然不是一个优秀的选区边缘。同时，还丢失了很多头发。对于一个刚刚接触Photoshop的人，获得这样的选区可能已经会很惊喜，而且我也知道有不少人一直都满足于这样的选区。然而，这不是我们的目标。尽管是一本入门教程，我们的任务仍然是要制作一个完美的选区，这是从最开始就应该养成的习惯。

要解决选区的边缘问题，将使用边缘检测区域中的命令，这是调整边缘命令的神奇所在。在边缘检测中，只有一个可设置数值的滑块：半径。半径的意思是，让Photoshop以当前选区为中心向两侧分别扩展一定的范围，在这个范围内来选择边缘。如果当前选区的边缘不够平滑，那么让Photoshop往边缘两侧查找一下，看一看是否有更合理的反差能被定义为边缘。

如图8-21所示，将边缘命令设置为100像素，这代表让Photoshop在当前选区两侧各100像素的范围里去重新定义边缘。可以看到非常明显的改变。首先，人物脸颊和头发的轮廓都变得很光滑。其次，那些原来没有被选中的发丝重新出现在了选区里。这是因为，在Photoshop向外扩展100像素的过程中，它侦测到了这个区域中存在头发——黑色与白色的明显反差——所以在这里设置边缘并且扩展选区。最后，边缘命令的副作用是，它将一些需要的部分排除到了选区以外。模特左下颌、左手以及背部都被部分从选区中去除了——因为使用的是黑色背景，所以如果透过皮肤看到黑色的话，就说明部分皮肤没有被选中，或者说没有被完全选中。Photoshop修饰选区的方式并不是建立生硬的边缘，而是经常会部分选中某个区域而形成半透明的效果——回想一下前面说过的关于不透明度的概念。

图8-21　使用"半径"选项调整边缘

在视图选项旁边可以看到一个"显示半径"复选框，勾选这个复选框就能很直观地看到Photoshop沿着选区边缘扩展的半径范围。半径的扩展一方面把那些原本没有被纳入选区的部分包含进选区，另一方面也把一部分原来需要的部分放到了选区以外。一般来说，所建立的选区虽不精确但大致上是准确的，所以通常不要将半径设置得太高，这是为了避免产生副作用。

半径的大小与照片尺寸有关系。本例中，我把半径设置到20像素，这样已经可以相当好地起到平滑边缘的作用。在设置好半径之后，要尝试一下"智能半径"选项。什么是智能半径？顾名思义，智能半径是一种由Photoshop来"智能"决定半径的方法。我设置了20像素半径，Photoshop将向当前选区边缘两侧延伸20像素来侦测边缘。当勾选"智能半径"之后，Photoshop会多一点主观决定的权利。如果Photoshop向一侧延伸10像素之后检测到了明显的边缘，它认为这是一个非常明确的分界，那么在这个方向上它就会停下来，不再继续往前走剩下的10像素。也就是说，在所设置的半径范围里，Photoshop能够依照自己的判断来决定是否确实要完整检测这些区域。

图8-22中，左侧图是勾选"智能半径"后的情况，而右侧图是未勾选"智能半径"的选区。可以在模特左侧脸颊和左手的边缘看到比较明显的不同。在勾选"智能半径"之后，选区被进一步局限在脸颊的边缘；而在没有勾选"智能半径"的情况下，有比较多的皮肤被排除在选区以外。相应地，在头发的边缘也可以看到这样微弱的改变。

图8-22　"智能半径"选项对选区的修饰作用

要判断是否需要勾选"智能半径"最直接的方法是勾选它，然后看一看效果，毕竟Photoshop提供了实时显示。理论上，如果选区边缘非常规则，通常不需要使用智能半径——不要过度相信软件的所谓智能，有时候它们会帮倒忙——而假如选区边缘很不规则，比如是毛茸茸的毛发，或者像这里的头发，那么勾选"智能半径"经常会带来较好的效果。本例中，保留勾选"智能半径"以获得相对满意的边缘。

结合半径和智能半径命令，已经让原本粗糙的选区边缘变得很光滑，接下来要把那些飘散开来的头发加入选区。之前已经看到，通过增加半径值就能够选中这些头发，但是这也会破坏皮肤的选区。解决办法是在建立一个满意的皮肤选区之后，通过调整半径工具这一局部选区工具来完成这项任务。

单击边缘检测区域左侧的画笔按钮能够启动调整半径工具。这时候工具选项栏上会显示调整半径工具的选项。调整半径工具其实就是一支画笔，能够通过大小命令来改变画笔大小。在使用调整半径工具的时候，我比较喜欢将视图切换为"闪烁虚线"，如图8-23所示。该视图会用普通选区的方式显示图像，它的好处是不但能看到选区，而且能够看到整体图像。而在黑色背景叠加时，会看不到那些头发究竟在哪里。对比图8-22和图8-23，就会明白我的意思。

图8-23 使用调整半径工具选择头发

接下来，只需要用画笔涂抹那些没有被包含进选区的头发就可以了。我在涂抹了画面左侧的头发区域之后，又在模特的左侧脸颊从上到下使用了调整半径工具，这将选中脸颊旁边的几簇发丝。在视图中看起来把所有需要的部分都包含进选区之后，再次将视图切换回黑色背景，这能帮助我们更好地评估选区的情况。通常来说，总会发现这样或那样的问题。比如，画面左侧的部分头发没有被很好地完全选中。于是再次使用调整半径工具涂抹这簇头发来将它加入选区，如图8-24所示。注意接近头发下缘的地方，即使是非常细的一根头发，都已经被选中了。如果没有调整边缘命令，不可能通过任何左侧工具栏上的选择工具来完成这样的任务。

图8-24 通过调整半径工具进一步修饰选区

　　如果将一些不需要的部分添加进了选区，可以通过抹除半径工具来进行修正。如图8-25所示，可以看到在模特左侧颈部旁边有一部分背景被选中了。这是使用调整半径工具经常碰到的问题。在调整半径工具选项栏中，单击画笔旁边的橡皮擦图标可以将调整半径工具切换为抹除半径工具。抹除半径工具也是一支画笔，在画面上能看到的直观变化是画笔中的加号图标变成了减号图标。抹除半径工具的作用与调整半径工具相反：它能够去除Photoshop在这一区域通过调整半径工具所建立的边缘，将它恢复到未使用调整半径工具时的选区。

图8-25 使用抹除半径工具与调整半径工具微调选区

使用抹除半径工具，将这部分选区恢复到原来状态（如图8-25中图所示），但是这时候有一些头发没有被选中。于是我切换为调整半径工具，缩小画笔半径，然后再次仔细地涂过模特脸颊左侧区域，以找回需要的部分，并且避免选取不需要的背景（如图8-25右图所示）。在调整边缘的时候，可以反复使用调整半径工具和抹除半径工具来修饰选区边缘，这是完全可逆的操作。

关于这两个实用的工具，还有两个小技巧。首先，可以像操作快速调整工具一样通过[和]键来更改画笔大小，这也几乎是Photoshop中所有画笔工具的通用大小设置方式。其次，不用单击图标切换工具。在调整半径工具被激活的时候，按住Alt键就能立刻将调整半径工具切换为抹除半径工具，放开Alt键后又能恢复为调整半径工具，这会让操作变得更快捷，更方便。

勾选视图模式旁边的"显示原稿"，可以显示未应用调整边缘命令之前的选区。如图8-26所示，可以很清楚地看到原来的选区边缘相当粗糙，而经过调整之后，不但选区边缘变得光滑，而且所有发丝几乎分毫不漏地被添加进了选区。

图8-26　应用调整边缘命令前后的效果比较

在"调整边缘"对话框中做的最后一件事情是将羽化设置到0.5像素。羽化的作用是在选区与选区以外产生一定的过渡。如果没有羽化，选区边缘就会很硬。如果羽化值很大，在选区与选区以外就会产生一条半透明的过渡带，在这个区域中图像会逐渐完成从不透明到透明的过渡。对于常规选区，添加少量的羽化值有助于平滑边缘。羽化数值与图像大小有关，我一般在0.5~1像素的范围内设置羽化——在上一个例子中没有做羽化，因为这是接下来要介绍的内容。应该为上一个例子的选区添加一步羽化，这才是正确的做法。

按"确定"按钮退出"调整边缘"对话框，单击图层面板下方的添加蒙版按钮为图层添加蒙版（记住，必须选中模特图层）。被选中的人像区域将被添加白色蒙版（不透明），而其余区域则是黑色蒙版（透明）。这样，就可以透过白色背景看到下方的绿色图层了。目前看来这已经是一个相当好的效果，但其实还有不少事情要做。

图8-27所示为放大显示了添加蒙版之后的状态。首先，模特手指间有很小一块区域被错误地添加进了选区——这可能是利用快速选择工具选择时发生的问题，也可能是调整边缘命令带来的副作用。其次，在模特的手与背景交界的边缘可以看到淡淡的绿色，这是因为手被部分剔除出了选区。如果按住Alt键单击蒙版查看的话，会发现在这条边缘的手的部分不是纯白的，而是带一点点灰色。最后，发丝依然不够连续，看起来有很重的选区痕迹。

图8-27　将选区转换为蒙版并查看蒙版存在的问题

这些问题都是可以解决的，后面将会介绍方法。通过这个例子的学习，我希望你能够初步掌握快速选择工具和调整边缘命令这对黄金组合的基本用法。尽管有时候这并不是最好的选择方法，然而它们确实是Photoshop中最简单、通用性最强的方法。在数码摄影的后期处理中，除了一些商业摄影需求，真正需要用到选择工具的机会其实是不多的。而每当想到选择工具的时候，我相信快速选择工具经常会是你的第一选择——尽管有时候用其他工具也许会获得更好的效果——因为它确实足够简单、快速！

8.8 通过Alpha通道保存选区

在开始讨论另外一种选择思路之前，先来学习一个很重要的技巧：如何保存选区。为建立选区，可能做了很长时间的操作，包括在"调整边缘"对话框中完成种种设置，因此保存选区显得很重要。图层蒙版本身也是一种可保留的选区，但是接下来要继续针对图层蒙版进行修饰。一旦修饰得不理想，要有一种方法可以回到建立图层蒙版时的选区——始终记住，动态调整的要义是能够尽可能保留关键步骤，并且在需要的时候回到那个步骤。

Photoshop中并没有保存选区命令，这可能是很多人都有过的烦恼。Photoshop保存选区的方法很特别，它被称为Alpha通道。

按住Ctrl键将鼠标指针指向上一节中建立的图层蒙版缩略图，这时候手型鼠标指针下方会出现一个矩形选框图标。单击缩略图可以把当前蒙版载入为选区——上一节中是通过选区来建立图层蒙版，这是一个反向的过程。然后转到通道面板，单击通道面板下方4个按钮中的第2个按钮。这个按钮与图层面板中添加图层蒙版按钮的外表相同，但是它的功能是将当前选区建立为Alpha通道。单击该按钮即可在通道面板中看到一个新的Alpha通道，默认命名为"Alpha 1"，如图8-28所示。可以在通道名称上单击来为Alpha通道重命名。

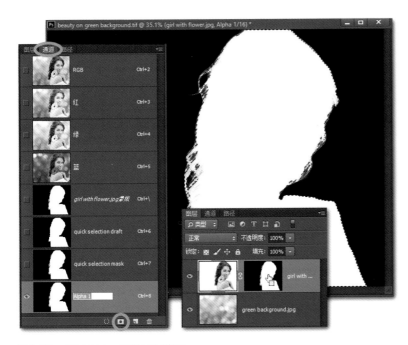

图8-28 通过Alpha通道保存选区

在通道面板中可以看到其他几个Alpha通道，这都是我事先保存的选区。最上方那个名称为斜体字的Alpha通道是Photoshop建立的临时通道，它表示的是当前选择图层的图层蒙版。如果不选择这个图层，就看不到这个临时Alpha通道。

虽然Alpha通道的名称听起来有点高深，但是将它理解为Photoshop保存选区的方法就容易理解了。它的逻辑与蒙版相同：白色代表被选中的区域（不透明），黑色代表没有被选中的区域（透明），而灰色则代表部分被选中的区域（半透明）。选区以Alpha通道的方法保存下来，就不用担心丢失选区了。当需要使用该选区的时候，按住Ctrl键然后单击Alpha通道的缩览图就能将该Alpha通道载入为选区，并且加以使用。因此，Alpha通道其实就是一种可以保存的选区，既可以将选区保存为Alpha通道，也可以把Alpha通道转换为选区，这个过程是完全可逆的。

8.9　传说中的魔棒工具

对于这个模特与背景的例子，我想尝试一种不同的方法。这是一张在白色背景上拍摄的模特照片，我的目的是去除所有白色的背景。是不是可以把白色的背景选择出来，而不是把模特主体选择出来？因为看起来选择白色背景要简单一些。

这显然是一种合理而且正确的想法。顺着这个思路，很容易会想到魔棒工具。魔棒工具是Photoshop一个广为流传的传说。与它一同流传的可能还有魔术橡皮擦工具。其实，魔棒工具、魔术橡皮擦工具以及油漆桶工具的工作原理是相同的，因此它们的工具选项栏也非常相似。这些工具都可以查找颜色和亮度的差别，从而对于画面中某一个色彩与亮度范围的区域进行操作。魔术橡皮擦工具是一种静态调整工具，它将擦去像素，所以我从来不使用它。通过魔棒工具和图层蒙版的组合，可以实现完全动态的调整，因此我没有理由去怀念魔术橡皮擦。

魔棒工具与快速选择工具位于一个工具组内，所以它的快捷键也是W。启动魔棒工具之后，鼠标指针会变成动画片里经常出现在公主手中的小魔棒的形状。在使用小魔棒之前，先来了解几个很重要的选项。

在魔棒工具的选项栏中，从Photoshop CS6开始出现的一个选项是"取样大小"。魔棒工具的工作原理是以鼠标单击的点为基础来寻找画面中颜色相似的区域。如果选择"取样点"，那么工具以当前鼠标单击的像素点作为参照；如果选择"11×11平均"，工具的计算参照则是以当前点为中心的11×11像素区域的平均颜色和亮度作为参照。对于这个例子中的纯白背景，取样大小的影响不大。但是对于背景不是很均匀的区域，设置一个平均区域可能要比单一取样点更合适。

容差决定的是Photoshop将哪些颜色区域添加进选区。容差设置为0时，只有与当前取样点颜色完全一样的区域会被选中。容差设置得越高，被选中的范围就会越大。如图8-29所示，设置容差为0，只需要单击一次，左侧的白色背景就几乎被完全选中。但是，也请你注意，选区并没有贴合到头发的边缘。这是因为，这些区域已经与所取样的区域有所区别，尽管肉眼可能看不出来，但是Photoshop能够非常准确地识别出来。一般来说，拍摄获得的背景在色彩上是不太可能完全均一的。

图8-29　魔棒工具

同时，还要注意一点：同样是白色背景，右侧的背景却没有被选中。这是因为勾选了"连续"复选框。连续的作用是只允许魔棒工具选择与当前取样点在空间上连续的区域。右侧的白色背景因为被模特隔断，所以无法被选中。可以在右侧再次单击一次，这样就能把该区域加入选区。对于魔棒工具来说，在未选中的区域单击可以把该区域加入选区；而如果在已经选中的区域里单击，则会取消选择。

在这个例子中，将容差设置为40——比默认的容差值32略微高一些——取消勾选"连续"，然后在空白背景上单击就能获得如图8-30所示的选区。总体上来看这是一个相当不错的选区，基本选中了背景区域，并且比较清晰地勾勒出了发丝。

图8-30　改变参数以完善魔棒工具的选区

　　如果要继续完成这个选区，需要使用套索工具对它做一些修饰，并且像之前介绍过的那样打开调整边缘命令进行边缘设置。然而，我想就此打住，因为在实际的选区操作中，很少使用魔棒工具来做这样的选区。

　　魔棒工具是很神奇，然而魔棒工具有两个很明显的问题。第一，不能在选区建立以后更改容差。很多时候，你不知道到底怎样的容差是合适的，所以需要尝试。然而，必须先设置容差然后建立选区，这显得很麻烦。第二，魔棒工具的选区边缘有时候显得过于生硬。Photoshop依照容差进行检查，当行进到符合容差标准的地方就会停下，从而形成锐利的选区边缘。有时候，略有过渡的选区看起来会更真实。

　　在Photoshop中有一种可以解决上述两个问题的"新魔棒工具"，为什么还要使用这个"老魔棒工具"呢？

8.10　色彩范围：高级魔棒工具

　　毫无疑问，色彩范围命令就是Photoshop中更高级的魔棒工具，只是它的知名度远远比不上魔棒工具，很大的原因也许在于无法在工具栏中找到色彩范围命令。要启动色彩范围命令，需要打开"选择"菜单，然后单击色彩范围，即打开"色彩范围"对话框。这看起来有些麻烦，因此我提供了一组快捷键。如果安装了我的快捷键，就可以使用快捷键Ctrl+Alt+Shift+O来启动色彩范围，如图8-31所示。

图8-31　启动色彩范围命令

　　色彩范围命令的对话框是Photoshop比较传统的对话框，只有一个很小的缩览图。但是，可以在图像窗口实时查看色彩范围命令的效果，并且直接在图像中取样，这方便了色彩范围命令的使用。一般来说，让对话框的缩览图和图像显示窗口分别显示选择范围和原始图像是合理的选择。我习惯在缩览图中查看原始图像，因此在缩览图下选中"图像"；然后打开选区预览下拉列表选择"灰度"，以使用整个图像窗口以蒙版的形式显示选区——白色代表选中，黑色代表未选中——这有助于更清楚地看到选区细节。

　　只需要在需要选择的部分单击，Photoshop就会智能选中相似区域。色彩范围的工作原理与魔棒工具相同，Photoshop以单击点为取样参照，然后选择颜色相近的区域加入选区。所不同的是，色彩范围命令的容差选项是动态的。

　　如图8-32所示，在白色背景上单击鼠标，然后调整容差。随着容差滑块的移动，选区将实时发生改变——而在魔棒工具中，调整容差后必须重新建立选区才能使用新的容差。我将颜色容差设置为132，这是一个比较高的数值。在截图能够清楚地看到，利用色彩范围命令建立的选区是非常柔和的过渡，蒙版的显示几乎就是一张浓淡丰富的黑白照片，也就是说，在选择与未选择的区域中有大量程度不同的部分透明区域。

图8-32 通过高容差设置理解色彩范围的柔和选区过渡

这是色彩范围命令的另一个好处。与魔棒工具和快速选择工具不同，色彩范围命令可以获得非常平滑的边缘过渡，避免粗糙的边缘。除此以外，在色彩范围命令中选择不同的取样点也很容易。

在对话框的右侧可以看到3个吸管按钮，中间的吸管按钮是添加选区，右侧的是减去选区，如图8-33所示。不必单击这些按钮，按Shift键就能切换为添加选区工具，这时候吸管的下方会出现一个加号按钮，而按Alt键则能切换为减去选区工具。

图8-33 添加选区与减去选区

举例来说，如果背景色并不均匀，可以先在背景的某个区域单击，然后按住Shift键直接在背景区域拖动鼠标以对更多背景颜色取样。Photoshop将把这些区域都加入选区，这要比使用魔棒工具简单很多。在完成取样之后，还可以实时调整颜色容差来获得更好的效果。

本例中，只是在背景上单击一次，然后将容差设置为32，即获得了如图8-34所示的选区。考虑到这是一个只需要单击鼠标两次的操作，我觉得这可以算非常完美的选区。但是请注意，模特的脸上有几点白点，我想这是眼白以及脸部的高光区域被选中了。同时，白色的衣服显然也不是我们需要的，因此在应用色彩范围命令之后，需要对选区做一些调整。

图8-34　通过色彩范围命令建立选区

8.11　修饰选区

对于这个选区，首先要解决的问题是反向选区。当前所选中的是背景，但我其实要选择的是模特。如图8-34所示，其实在"色彩范围"对话框中有一个"反相"复选框，只要勾选这个复选框就能够在色彩范围命令中进行反向。问题是现在已经应用了色彩范围命令，所以必须在Photoshop的窗口中进行反选。

反选是关于选区的一个常用操作，打开"选择"菜单并"反向"命令，如图8-35所示，但是如果能够记住快捷键Ctrl+Shift+I的话会更好。要判断到底哪个部分是选中的有时候会很困难。这时候，只需要激活一个选择工具——比如选框工具——然后把鼠标指针指向画面。当鼠标指针位于选区内的时候，会看到箭头变成如图8-35所示的情况——小箭头下方出现一个选框，这代表当前区域是被选中的。此外，8.4节关于蒙版的讨论中介绍过一个"反相"命令——快捷键Ctrl+I，其作用是反相颜色和亮度，而反向选区的作用只是交换选区与未选择部分。初学者很容易混淆这两个命令，但它们事实上是完全不同的。

接下来，要把模特脸上一些高光区域和白色的衣服都加入选区。这里使用套索工具。套索工具与多边形套索工具位于一个工具组内，快捷键也是L，它是一个自由选择工具，用鼠标在照片上可以任意套出需要的选区。但是，也因为它是自由轨迹工具，往往不是很好控制。如果要使用套索工具非常精确地套出选区，要么对鼠标的掌控炉火纯青，要么购买一块手绘控制板，通过感应笔来画选区可能要比鼠标好控制很多。

选择套索工具后，如果在选区内单击鼠标，Photoshop会取消之前的选区。在刚开始接触选区的时候，这是常常会碰到的困扰。好在可以使用快捷键Ctrl+Z来找回选区，因此问题并不大。在套索工具的选项栏上，可以看到4个小按钮，如图8-36所示。这4个按钮从左到右分别代表新建选区、添加选区、减去选区以及交叉选区。默认情况下，新建选区的按钮是点亮的，因此在照片上单击鼠标后，Photoshop会认为要新建选区从而取消之前的选区。

图8-35　反向选区命令

图8-36　通过套索工具和多边形套索工具将画面区域添加到选区

然而，我很少去单击这几个非常小的按钮。在修饰选区的时候，按住Shift键能够添加选区，按住Alt键则能够减去选区，和之前在色彩范围命令中看到的一样。在添加选区的时候，箭头边上会出现一个小小的加号，而在减去选区的时候，箭头旁边会出现一个减号，这都有助于判断是否激活了正确的工具选项。

使用套索工具套取了模特的眼睛和嘴唇，并且在花瓣上做了一个很小的套索后，把这些区域都添加到选区。对于衣服，我切换到多边形套索工具。一般来说，在能够使用多边形套索的时候我都会使用多边形套索，因为控制这个工具相对比较简单。在画面底部建立一个三角形套索，以把衣服包括在选区内。可以套到画面的外侧，这不会影响选区的结果。

在完成这些区域的套索之后，单击图层面板下方的添加图层蒙版按钮将选区添加为蒙版。可以看到，在模特手指的部分区域依然有一些没有被选中的地方。完全可以继续使用套索工具解决这些问题，并且还没有做调整边缘，也没有做羽化。但是，我想把这些问题留给蒙版解决。并不是因为这样做更好，而是因为……这是一本Photoshop教材，我不但要让你看到最好的结果，还要尽可能多地把命令和技巧通过这个过程介绍出来。所以，不要重复已经掌握的知识，而是了解一些不同的方法。

8.12　使用画笔工具修饰蒙版

画笔工具是Photoshop中一个很常用的工具。画家使用画笔绘画，艺术家应用不同的画笔实现特殊的效果。而对于照片处理来说，画笔工具经常被用来修饰蒙版。通过在蒙版上涂抹相应的白色、黑色和灰色控制图层透明度，是画笔工具在照片处理中最主要的用途。本节就来介绍这一基本的Photoshop技巧。

在左侧工具栏中单击画笔图标即可启动画笔工具，它的快捷键是B。画笔工具选项栏并不复杂，然而这些选项却很重要，尤其是画笔笔尖。如图8-37所示，打开的笔尖选项菜单下方是不同的Photoshop预设画笔。大多数时候都会使用标准的圆形画笔笔尖，也就是第一行画笔预设。笔尖选项菜单左上角的靶形图标用于更改画笔的圆度和方向。

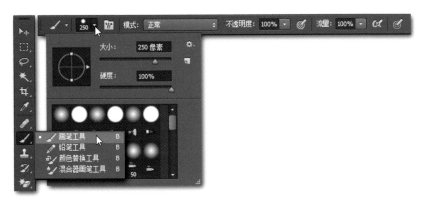

图8-37　画笔笔尖预设

这个菜单中最重要的两个设置是大小和硬度。顾名思义，大小影响画笔笔尖占据画布的尺寸。需要提醒注意的是，这个数字是针对屏幕的像素值。也就是说，无论如何缩放照片，同样大小的画笔占据屏幕的比例是一定的。因此，放大照片可以相对缩小笔尖，而缩小照片则能相对放大画笔笔尖。

硬度控制的是画笔边缘，类似选区的羽化设置。硬度设置为100%时画笔边缘很硬，而硬度设置为0则过渡最柔和。图8-38中最左侧所示为硬度100%时在画布上单击鼠标形成的画笔图像，而它的旁边则是把硬度降低到0之后的情况，差别显而易见。

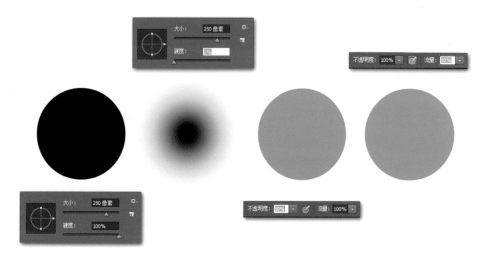

图8-38　硬度、不透明度和流量对画笔的影响

画笔的另两个重要选项是不透明度和流量，它们所控制的都是画笔的浓淡。图8-38右侧两图分别是不透明度和流量设置到50%的情况。我使用的画笔颜色是黑色，但是在这里看到的是50%灰色。不透明度和流量的区别在于，当一笔涂画时前者无法叠加，而后者可以叠加。可以尝试一下，降低不透明度，在一块白色画布上用黑色画笔涂画，只要不放开鼠标，无论来回重叠多少次，看到的依然是灰色。而降低流量，同样来回涂画，很快颜色就会加深。也就是说，流量控制的是每一笔的浓淡，而不透明度控制的是一次单击鼠标并拖曳后总的浓淡上限。

关于这4个重要选项，如果可能，请记住以下快捷键。

更改画笔大小：[键和] 键。

更改硬度：Shift+[键和Shift+] 键。

更改不透明度：采用和更改图层透明度相同的方法，按一次数字键或者连续按两个数字键。比如，按7设置为70%，按77设置为77%；按0可以恢复为100%，按00则设置为0。

更改流量：与更改不透明度相同，但是请同时按住Shift键。

可以改变画笔的颜色，画笔使用的是前景色。在左侧工具栏偏下的位置可以看到两个相叠的正方形，如图8-39所示。这个图标表现的是前景色与背景色，上方的是前景色，下方的是背景色。可以把背景色理解为画布的颜色，而把前景色理解为画笔的颜色。Photoshop默认的背景色是白色，前景色是黑色——就好像在白色画纸上用黑色铅笔画图。

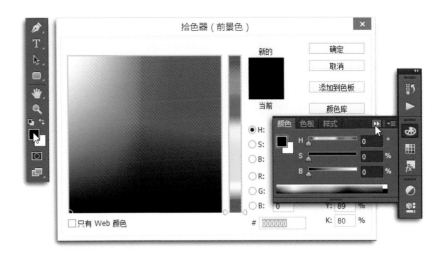

图8-39　前景色与背景色

可以改变前景色和背景色。在相应的正方形上单击，打开"拾色器"对话框，即可在其中设置颜色。关于设置色彩的最好方法会在第10章中介绍。

如果和我一样设置了Photoshop工作区，那么在右侧面板中可以看到颜色面板——也可以通过"窗口"菜单打开该面板。打开颜色面板，可以看到与左侧工具栏一样的前景色和背景色图标。单击相应的方块就能直接通过输入数值来设置颜色。

关于前景色和背景色，有两个非常重要的快捷键：按D键能够将前景色与背景色恢复为默认值；按X键可以交换前景色与背景色。

当选中图层蒙版之后，默认的前景色会变成白色，而背景色会变成黑色。因为在默认情况下，蒙版是白色的——代表不透明，所以Photoshop会自动更改默认值。无论如何，要注意自己使用的前景色以避免误操作。

如图8-40所示，可以看到模特指甲上有一些高光区域没有被选中，如果按住Alt键单击图层蒙版缩略图让整个窗口显示蒙版的话会看得更清楚，这是评价蒙版的常用方法。在模特手指之间有一个很小的三角形区域，这是快速选择工具没有分辨出的间隙。而在这里色彩范围命令将其选择了出来，因此这块区域不需要涂白——始终记住，白色蒙版代表不透明，在这里意味着看到模特；黑色蒙版代表透明，在这里意味着穿透上方图层看到绿色背景。

打开画笔工具，将前景色
设置为白色。请确保单击图层蒙
版图标选中了图层蒙版，而不是
选中图层缩略图。在画面的任何
位置右键单击鼠标即可打开画笔
笔尖设置菜单。根据区域设置大
小，把硬度设置到100%，从而
可以更精确地控制画笔。毕竟，
要修饰的区域距离边缘还有点
距离。

图8-40　通过蒙版视图查看需要修饰的地方

模特的脸颊上有部分区域
略微带一点点灰色。由于色彩范
围所建立的选区往往带有柔和的
过渡，所以在这些明暗层次比较
丰富的区域经常会出现这样的情
况。选择一支相对比较大的画
笔，直接在这些区域涂抹白色即
可将它们完全添加进选区，如图
8-41所示。

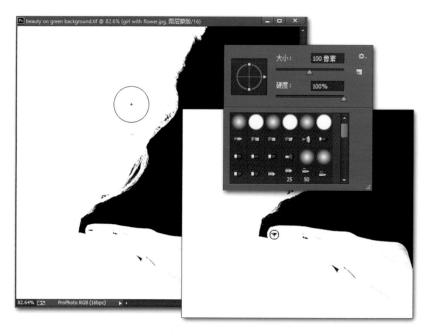

图8-41　使用画笔修饰蒙版

对于下方模特指尖以及指间的一些区域，将画笔缩小，然后涂抹这些区域。注意，和边缘保持一定的距离可以避免破坏边缘。也可以按住Alt键单击图层蒙版图标，调出原始图像来看一看效果。如果不当心涂到不想涂的地方，使用快捷键Ctrl+Z或Ctrl+Alt+Z退回即可。

在模特手的边缘与背景交界的地方，也会看到一些灰色的区域，如图8-41最右侧的关节处所示。不要去碰这些区域，因为很难使用画笔精确地描画出这条边缘。稍后会采用其他方法来解决这里的问题。

8.13 调整蒙版边缘

接下来要修饰蒙版边缘。选择图层蒙版，然后按快捷键Ctrl+Alt+R，将弹出"调整蒙版"对话框，这个对话框与8.7节中介绍过的调整选区对话框几乎完全一样。当图像上存在选区时，快捷键Ctrl+Alt+R将用于调整选区边缘，而当选中蒙版时，这组快捷键用于修饰蒙版边缘。它们的实际作用是一致的。

如图8-42所示，依然选择黑色背景的视图，因为这样看起来更清楚。所有的操作都是在边缘检测命令组中完成的，设置半径为15像素，勾选"智能半径"。然后，使用调整半径工具勾勒出发丝的边缘。如果觉得这里不好理解，请回到8.7节去看一看详细的解释。调整之后，蒙版边缘与未调整时的区别是非常明显的。

图8-42 调整蒙版边缘

在应用调整边缘命令之后，原来被保留的模特指间空隙被填满了。这是Photoshop自以为是寻找边缘的结果。所以，当应用调整蒙版之后记得再查看一下蒙版，看是否有需要进一步修饰的地方。可以使用魔棒工具来很简单地解决这个问题。注意勾选魔棒工具的"连续"选项，这会让魔棒工具的取样范围局限在这个很狭小的区域里，然后像图8-43那样在这个白色区域单击，就能选中这块区域。

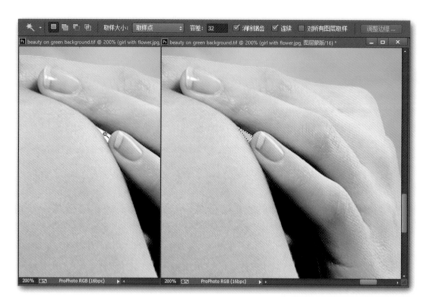

图8-43　通过魔棒工具和填充背景色命令修饰蒙版

我的目的是将这个区域的蒙版填充为黑色。请选中蒙版，确认背景色是黑色——蒙版的默认情况——然后按快捷键Ctrl+Backspace（Mac上是Command+Delete）将该区域填充为黑色。Ctrl+Backspace是用背景色填充的快捷键，而如果希望使用前景色填充的话，使用快捷键Alt+Backspace（Mac上是Option+Delete）。

如图8-43所示，将照片放大到200%显示，可以看到在模特手指、手背和背景的交界边缘处有一些淡淡的绿色，这就是上一节中提到过的那些灰色蒙版区域。将在下一节中解决这个问题。

8.14　使用叠加画笔勾画蒙版边缘

本节中将介绍一种在选区边缘勾画中非常实用的技巧。过于明显的边缘过渡会带来比较粗糙的边缘，可是柔和的过渡又往往会在选区交界区域出现不准确的选择。用普通画笔在选区边缘描画是很难的——要是真能准确画出选区的话，还要那些选择工具干嘛？这时候要让Photoshop自动选出边缘。

在画笔工具选项栏中，可以看到模式选项。默认情况下使用的模式是"正常"，正常意味着与日常使用画笔完全相同的经验，涂什么颜色就看到什么颜色。打开模式下拉菜单，会看到一长串可用的模式选项，如图8-44所示。它们所控制的其实是画笔与图像的混合模式。

图8-44　选择叠加画笔模式

关于混合模式将会在第14章中详细讲解，在这里只需要选择"叠加"，不要问过多的为什么。选择"叠加"之后，用画笔喷涂蒙版与使用正常画笔是不同的。假如使用白色画笔在蒙版上涂抹，理论上任何比50%灰更浅的区域都将变得更白，而比50%灰更深的区域则基本不受影响。这意味着，使用白色画笔在选区边缘涂抹，可以将选区内的部分涂白而保留选区外的区域不受影响。

以蒙版的形式将照片放大到200%，如图8-45的左图所示，可以看到模特从左侧脸颊一直到颈部的边缘都留下了不够准确的边缘。确认前景色是白色，设置合适的画笔大小，将硬度降低到0，然后沿着这条边缘在脸颊内侧涂抹，将获得如图8-45右图那样的边缘效果。不必担心画笔可能会涂到黑色蒙版的地方，因为使用了叠加模式，所以偶尔几次涂抹不会影响到黑色的区域。

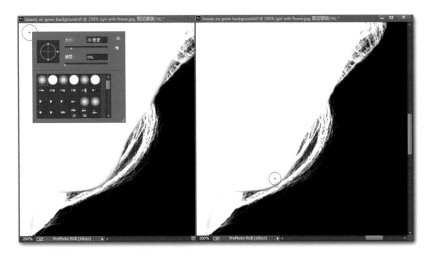

图8-45　通过叠加画笔勾勒模特脸颊边缘

然后转到右下方模特手与背景交界的地方。在本例中，这一部分边缘是在实际的构图中最容易被看出问题的。同样，使用白色画笔在选区内涂抹。手的右侧边缘基本是一条直线。这时候，可以在上方单击一次，然后按住Shift键在下方再次单击，这样就可以沿着边缘画出一笔直线，如图8-46所示。这是画笔使用中的一个常用技巧。通过图8-47可以看到，经过修饰后的选区边缘变得更清晰，原来略微泛出绿色的手指边缘完全呈现出正常的色彩。这是因为，这些区域的不透明度被显著提高了。

图8-46　沿边缘勾画直线

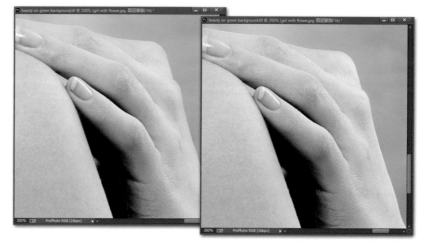

图8-47　使用画笔调整之后的边缘效果（右侧）

最后，使用同样的方法在画面左侧模特背部与背景的交界处勾画边缘。这是在蒙版边缘修饰中相当常用的技巧，也可以说是一种相对高级的技巧，我希望你能够掌握它，因为在很多时候这是获得优秀选区边缘的捷径。需要指出的是，虽然叠加模式能够将对边缘的影响降到最低，但是如果不断在深灰色区域涂抹白色，或者在浅灰色区域涂抹黑色，最终依然可能破坏边缘。因此，控制好画笔，通过1~2次涂抹就解决问题，尽可能避免反复在同一个边缘位置来回涂抹。

完成蒙版修饰之后，我突然想起似乎在整个过程中都没有对选区做过羽化。可以通过羽化蒙版来实现与羽化选区相同的效果。选择蒙版，单击属性图标以打开属性面板。属性面板是用于显示当前蒙版状态以及调整图层状态的面板，今后会反复接触该面板。由于选择的是蒙版，因此将看到图层蒙版属性。这里将羽化设置为0.5像素，如图8-48所示。

当然，我并不是真地忘记在之前做羽化，而是为了介绍不同的羽化方式。可以在不同的步骤中实现羽化，比如调整边缘命令，或者这里使用的蒙版属性面板。既能够羽化选区，也可以羽化蒙版。对于选区来说，最常用的羽化步骤是在建立选区后打开"选择"菜单，选择"修改>羽化"直接进行一步羽化。Ctrl+U是我提供的快捷键，可以让羽化选区变得更方便。与羽化选区不同，通过蒙版属性面板实现的蒙版羽化可以在将来进行更改，这提供了相对更大的灵活性。

图8-48　羽化蒙版

8.15　通过修边命令改善发丝边缘

　　至此，已经基本完成了蒙版。回顾一下之前做的事情：首先使用色彩范围命令或快速选择工具建立一个选区，然后通过添加选区或者减去选区对明显的问题做修饰，接下来打开调整边缘命令调整选区边缘以获得相对完整的选区并建立图层蒙版，查看蒙版并使用画笔工具将一些区域加入选区，最后将画笔模式切换为叠加来勾画选区的边缘。几乎所有图像选择和蒙版建立、修饰都遵循这样的步骤。总是从粗到细，先通过选区解决主要矛盾，再精细修饰蒙版。发现问题，解决问题，这就是在Photoshop中抠选图像的简单逻辑。

　　对于这个例子，最后要做的事情是修饰发丝边缘。毫无疑问，头发是最难选择的对象之一，无论如何调整选区边缘，往往依然会留下一些亮边或模糊的痕迹，让最后的构图看起来不完美。解决这些问题通常需要不同的构图技巧，这里介绍一种最简单的方法。很多时候，它可以获得相当不错的效果。

　　这需要使用"图层"菜单中的修边命令，然而修边命令无法应用于添加了图层蒙版的图层。选择添加了蒙版的模特图层，打开"图层"菜单，会看到最下方的修边命令是灰色的。因此，需要把模特选择出来，然后单独建立一个图层。

选择模特是很简单的，因为已经把她存储为图层蒙版。只要按住Ctrl键单击图层蒙版就能将蒙版载入为选区。单击图层缩略图以选择图层。记住，这一点很重要，必须选择图层，而不是图层蒙版。

接下来要复制图层。打开"图层"菜单，会看到"复制图层"命令，但是请不要选择这个命令。在Photoshop中，当需要在一个文件中复制图层的时候，绝大多数时候使用的都不是"复制图层"命令，而是"通过拷贝的图层"命令，如图8-49所示。我知道这个命令的名称很不好理解，然而这确实是最简单、最灵活的图层复制命令。

图8-49　复制图层

我几乎从不打开菜单使用这个命令，因为可以使用快捷键Ctrl+J来实现复制。相对来说，我更喜欢快捷键Ctrl+Alt+J，因为可以弹出"新建图层"对话框，这样就能够在复制的同时重命名图层。完成复制之后，可以看到在最上方出现了一个名字为"matting"的图层，它只包括了之前选区内的部分，而没有包括选区外的白色背景。

当使用"通过拷贝的图层"命令时，如果图像上存在选区，Photoshop会把该选区内的像素复制到新图层；如果图像上不存在选区，Photoshop将复制整个图层。如果使用"复制图层"命令，那么即使存在选区，Photoshop也会复制完整的图层，包括图层蒙版。假使在按快捷键Ctrl+J的时候没有选中图层而是选中了蒙版，那么效果与复制图层一样，Photoshop将复制完整的图层和图层蒙版。

完成图层复制之后，模特发丝边缘的白边看起来会更明显一些。因此，要取消原来那个带蒙版的图层。单击模特图层之前的眼睛图标以隐藏该图层。接下来，选择刚刚复制的matting图层，打开"图层"菜单，可以看到最下方有一个"修边"命令，如图8-50所示。

图8-50 图层修边

　　打开修边子菜单，可以选择修去黑色杂边或者修去白色杂边。对于这个例子，选择修去白色杂边，这能够让Photoshop根据自己的判断来移去图层边缘的白色亮边。如图8-51所示为修边前后的效果对比，修边命令显著改善了亮边，效果相当明显。

图8-51　修去白色杂边后的效果

至此为止，为模特替换背景的工作就全部完成了。如果查看这个模特与绿色背景的构图，几乎是完美的。然而，我想用更苛刻一些的条件来评价一下我们的工作。由于是从白色背景中抠选出的图像，所以放在黑色背景上查看是最容易发现问题的。要为照片添加一个黑色背景，需要新建一个图层。

在图层面板中选择最下方的绿色背景图层，这样可以在这个图层上方新建图层。新建空白图层有多种方法，在图层菜单和图层面板菜单中都有新建图层命令。我最喜欢的两个方法，一是单击图层面板下方的新建图层按钮，如图8-52所示；二是使用快捷键Ctrl+Shift+N。使用快捷键组合会弹出"新建图层"对话框，而直接单击新建图层按钮则不会。如果希望通过单击按钮弹出"新建图层"对话框，应在单击的时候按住Alt键。

图8-52　新建空白图层

将该图层命名为"black"。最后要做的事情是用黑色来填充这个图层。是否会用到油漆桶工具？没有必要。要为图层填充颜色，使用填充前景色或填充背景色命令就可以了。选择刚刚新建的空白图层，确认前景色是黑色——如果不是的话，按D键将前景色恢复为黑色——然后使用快捷键Alt+Backspace（Mac上是Option+Delete）就可以把该图层填充为纯黑色，如图8-53所示。

现在，以更严格的目光来审视一下之前的工作。这个选区可能不能算完美，在模特部分发丝的边缘，尤其在脸颊左侧依然留有一些高光的痕迹。如果在调整边缘命令和蒙版中再做一些耐心修饰的话，也许会更好。然而，更多是因为白色背景所带来的边缘高光导致选择困难，这是在白色背景图像选择中经常发生的问题。尽管如此，我觉得我们依然完成了一项非常出色的工作。可以把这个分离的模特放到任何背景上，哪怕是深色的背景，而不用太担心出现什么明显的问题。这得益于我们的努力。通过本章所获得的远远不止是这么一个选区结果，而是关于选区、图层和蒙版的所有基础知识和技能。

图8-53　在黑色背景上查看蒙版效果

8.16　本章小结

　　本章中演示了两个关于选区与图片混合的例子，然而通过这两个简单的例子可以学习到关于选区、图层和蒙版的所有重要操作，所以不要被这两个简单的例子迷惑。

　　图层是Photoshop的灵魂，然而图层的概念很好理解，就好像把照片一张一张叠起来一样。本章虽然没有像大多数教材那样逐一介绍图层的基本操作，然而事实上在这些例子中能够看到如何新建图层、复制图层、调整图层位置、图层透明度、自由变换图层等针对图层的操作。在以后的章节中，将会不断巩固并深化关于图层的知识。

蒙版是与图层相互联系的概念。通过蒙版，能够让图层的不同区域表现出不同的透明度——显示某些区域，同时隐藏另外一些区域，或者让不同区域表现出不同的穿透性——关于蒙版，只需要记住这一点：白色代表不透明，可以看到当前图层；黑色代表透明，可以透过当前图层看到下方图层。当前图层的不透明度随着白色到黑色之间的渐变而呈现100%~0的渐变，这就是蒙版的基本原理。

选区常常是蒙版的前戏。选择图像上的某个区域，然后将它转换为蒙版以控制图层的不透明度。Photoshop拥有丰富的选区工具。总体来说，几何形选区工具包括矩形选框工具、椭圆选框工具和多边形套索工具；识别颜色和亮度的智能选择工具包括快速选择工具、色彩范围命令和魔棒工具；而套索工具是一个充分自由的选区工具。当然，在Photoshop中还有很多目前没有涉及的选区方法，比如钢笔工具、计算命令和磁性套索工具等。

然而，对于选区我有一个针对初学者的建议：学会那些最基本的工具，并且掌握它们。比如，如果能够非常好地使用快速选择工具和色彩范围，加上几何选区工具，这几乎足以满足照片处理需求。因此，在初学Photoshop的时候，不要过度分散精力。事实上，在照片处理过程中，对选区命令的需求并不多。绝大多数针对蒙版的操作都是基于画笔的。所以，熟练掌握画笔的基本设置和操作显得更为重要。

关于模特和背景的例子看起来很复杂，其实并非如此。我在这个过程中演示了3种不同的选区方法，并且介绍了许多关于选区边缘、蒙版和画笔的基本操作。这是一个只需要几分钟就可以相当精确地选择出来的选区，所以不要被看起来很复杂的表象迷惑。这也是我的一个学习建议：使用不同的选区方法对同一个案例进行操作，这对掌握选择工具非常有帮助。由于纤细的头发是Photoshop中最难选择的对象之一，因此假如能够掌握这个例子，就基本掌握了Photoshop选区操作。

第9章

南拳：调整照片的影调

武林中素有"南拳北腿"的说法，一个人若能兼得"南拳"、"北腿"之长，想来必定是武林高手。在数码照片的后期处理中，若想修炼成为高手，必得掌握影调与色彩的修饰。它们仿佛照片处理中的"南拳"与"北腿"，是最为有力而强大的工具。

本章将介绍影调的基本修饰。影调这个概念听起来有点专业，其实它所指的无非是照片不同区域的明暗分布而已。有时候它也被称为"色调"。一张照片曝光过度看起来太亮，曝光不足看起来太暗，或者看起来对比度不足、反差太大等，这都是常见的影调问题。

Photoshop提供了许多强大的影调处理工具。先从直方图开始了解影调评估，因为直方图是数码摄影中最实用而直观的影调评价工具，只是很多人对它并不了解。接下来，要打开Camera Raw进行基本的影调修饰。Camera Raw具有最为均衡的影调调整工具，它可以解决大多数照片的影调问题。当然，如果需要更复杂和精细的控制，就打开Photoshop的图层面板，添加不同的调整图层、智能滤镜和图层蒙版。当曲线和色阶这些原本已经很出色的工具与图层蒙版相结合，就离修炼成Photoshop高手不远了。

本章核心命令：

直方图面板	Camera Raw——基本面板	亮度/对比度调整图层
阴影/高光命令	曲线调整图层	色阶调整图层

9.1 影调与直方图

在屏幕上观看照片自然是评价照片亮度，或者说影调的最直观方法。然而，在影调的评价过程中，往往需要借用一种非常有效的辅助工具——直方图。如果依照第3章的内容设置了Photoshop界面，那么在右侧面板的最上方就能看到直方图面板，如图9-1所示。我喜欢把直方图放在这个地方，不但因为它是最常用的面板之一，而且因为无论在Camera Raw还是Lightroom中，这都是可以看到直方图的位置。

在直方图面板右上角常常会看到一个小小的警告符号，基本上在每个操作步骤之后这个警告符号都会出现。伴有警告符号的直方图可能不是最准确的，所以可以单击这个符号来更新直方图。

图9-1　直方图面板

　　直方图是用数学化的图形显示照片明暗与色彩变化的工具。先来简单了解一下Photoshop计算照片影调的方法。如果用数字来表示明暗，那么将最暗的，也就是纯黑，定义为0；将最亮的，也就是纯白，定义为255；所有亮度都在0~255的范围内分布，总共是256个色阶。对于照片上的任意一个像素，它总是取0~255的值。值越接近0，相应区域就越暗；值越接近255，相应区域就越亮。对于影调区域，人们习惯把相对较暗的区域称为阴影，将较亮的区域称为高光，而把亮度居于中间的区域称为中间调。

　　直方图本质上是如图9-2所示的二维直角坐标。横坐标代表亮度，纵坐标代表像素数。虽然看起来直方图是下方填充颜色的折线图，然而可以把直方图单纯地理解为一条曲线。任意一个亮度的横坐标都对应一个确定的纵坐标，表示在照片上占据当前亮度的像素总数有多少。由此可以推论，一张曝光不足的照片的直方图会向左侧偏移，而一张曝光过度的照片的直方图会向右侧偏移。

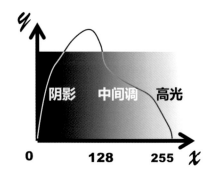

图9-2　直方图与影调

你在Photoshop中看到的直方图面板可能与图9-1中显示的有所不同，这是因为你没有和我设置相同的直方图面板显示选项。如果不反对的话，我希望你使用图9-3中所示左上方的直方图面板形式——只需要简单的两个步骤：第一，打开直方图上方的通道下拉列表将通道更改为"颜色"；第二，在面板组右侧的下拉菜单中，选择"扩展视图"。

图9-3　直方图面板选项

虽然直方图表现的是0~255亮度的像素分布，但是由于数码照片是由R、G、B3个颜色通道构成的，每一个通道都有自己对应的直方图，所以当选择颜色之后，能够在同一直方图上看到所有3个通道的叠加，不同的通道以颜色区分。这样，直方图其实变成了一个三维坐标。

可以在选项中选择"扩展视图"以充分展开直方图，如图9-3中右侧的直方图所示。虽然看得很清楚，但是占据了很大的屏幕空间。事实上，通过将通道设置为颜色，已经可以在一幅直方图上观察到所有3个通道的组成情况。如果在同一位置红、绿、蓝3个通道叠加在一起将显示为灰色；如果缺乏蓝色，则显示为黄色（红色+绿色）；假如只有红色，就表现为红色。在这个例子中，中间调的黄色和绿色主要对应照片中大片的树林，而高光区域的红色与黄色尖峰则应该对应前景的红色亭子。

默认情况下的RGB通道直方图如图9-3中左下方直方图所示，这是一幅单色的直方图。建议学会看彩色直方图，这非但更准确，而且在评价曝光的时候能够带来一些实际的好处。如果对色彩通道不是很理解，不要惧怕，第12章中将会对此做进一步阐释。

扩展视图的直方图下方有一些数据，右侧的一列需要将鼠标指针指向直方图上的特定位置后方能显示，类似于直角坐标系的坐标。其中，色阶是横坐标，代表当前点在0~255中的位置；数量是纵坐标，表示与当前亮度值对应的像素总数有多少。

来看图9-4所示的照片和直方图。这张照片显然处于强烈的背光之下，前景的山峰非常暗，天空则非常亮，可以从直方图中读出这些信息。这幅直方图在阴影（左侧）区域和高光（右侧）区域出现两个峰，而且在直方图两侧终点处峰达到最高，直方图中间部分的数值则相当低。可以这样解释这幅直方图：大多数区域都落在阴影与高光的范围内，照片反差极大，缺乏中间调。

图9-4　反差极大的照片及其直方图

在这张直方图中，请注意右侧的高光部分。这里的直方图是不光滑的，中间出现了断裂。直方图断裂表示在某些地方颜色不连续，这是潜在的画质问题。在做后期处理时，如果发现直方图断裂，可能意味着处理过度了，在相应的区域，尤其是单色区域应注意是否出现色带。在这个例子中，我想是因为逆光太强，导致感光元件在感光时无法正确捕捉这部分的细节，也可能是在转换为JPEG格式时发生的问题。相机成像质量的优劣，以及Raw格式文件的好处，在这种极端情况下可以获得体现。

这个例子引出的另一个问题是关于阴影与高光剪切的。直方图的横坐标范围是0~255，那么如果照片上的某个点亮度低于0呢？确切来说，对于数码照片，不存在低于0这个命题，因为0是最低亮度，而255是最高亮度，不能超越。实际的情况是，假如拍摄的场景亮度差别很大，最暗的部分是0，最亮的部分是300。这时候，实际场景的明暗反差就超出了相机所能表现的范围。必须做出选择。假设针对阴影曝光，255~300的亮度范围就无法被表现出来。对于数码照片，它们都将被记录为"最亮"，也就是255。眼睛可以区分的255~300亮度范围在照片上将表现为一色的、没有细节的白，仿佛把高光部分"剪切"掉了一样，所以这被称为高光剪切，也称为高光溢出——高光部分溢出了直方图右侧，或者说溢出了数码照片的表现范围。

如果对高光曝光，将最亮的部分放在255的位置，那么0~45的区域就将比直方图上的0更暗。同样，由于数码照片无法表现这些比0更暗的区域，它们也会被表现为纯黑，没有任何细节，因此称为"阴影剪切"。在直方图上，阴影剪切表现为直方图左侧紧贴边缘的高峰，而高光剪切则表现为直方图右侧紧贴边缘的高峰。

由于阴影剪切与高光溢出的部分没有细节，只是一片纯黑和纯白区域，在照片处理方面要尽可能避免——当然，这是指一般的情况，有时候为了营造效果是不需要遵循这一原则的。Photoshop的直方图比较糟糕的一点是没法直观地看到阴影剪切与高光剪切。需要利用色阶或曲线命令来更好地观察阴影与高光剪切。

使用快捷键Ctrl+L可以打开"色阶"对话框。在色阶的左下角有一个黑色滑块，右下角有一个白色滑块，分别代表黑点（0）与白点（255）。按住Alt键单击黑点滑块即可显示当前的阴影剪切，如图9-5所示。所有没有发生阴影剪切的区域显示为白色，黑色代表红、绿、蓝3个通道都溢出了直方图左侧，有颜色的区域表示某一个或两个通道溢出直方图左侧。如果按住Alt键单击白点滑块，则将显示高光溢出区域。所不同的是，高光溢出的部分以白色显示。

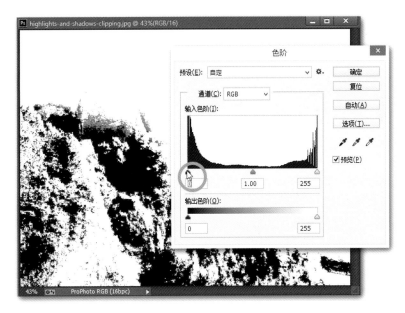

图9-5 通过色阶命令显示阴影剪切

与Photoshop相比，在Camera Raw中查看阴影与高光剪切似乎更容易一些。在Camera Raw窗口的右上方可以看到与Photoshop中非常相似的直方图，不同之处在于，Camera Raw用白色替代了Photoshop直方图中的灰色。在Camera Raw直方图的左、右上角分别有一个三角形按钮，代表阴影剪切与高光剪切。单击这两个按钮就能在照片上查看阴影剪切与高光溢出，前者以蓝色表示，后者以红色表示，如图9-6所示。

图9-6　在Camera Raw中查看阴影剪切与高光剪切

Camera Raw中的阴影剪切与高光剪切分别对应快捷键U和O，使用这两个字母切换显示状态是评估阴影与高光的便捷手段。

应可以逐步养成观察直方图的习惯，结合直方图可以让照片的影调评价变得更简单，尤其是阴影与高光剪切能够提供额外的参考。当一张原始照片存在大量曝光不足的阴影或者曝光过度的高光区域时——尤其是后者——就要注意了，这些失去的细节是不可能通过Photoshop找回来的。按照我的观念，不要浪费时间处理这样的照片，比如上面看到的那张。记住，后期处理并不是用来弥补拍摄时所犯错误的。

9.2　使用Camera Raw修饰基本影调

说到Photoshop，很多人自然会想到色阶或曲线。但是，在Photoshop中，修饰影调的最好工具只有一个，那就是Camera Raw。把主要影调修饰工作交给Camera Raw，尤其是在Photoshop CC中，即使"忘记"了从Camera Raw开始打开照片，依然能够通过智能滤镜对任意图层调用Camera Raw。因此，学好Camera Raw显得比任何时候都更重要。如果已经熟练掌握Lightroom就更轻松了，因为Camera Raw与Lightroom的修改照片模块是如此相似，你事实上已经会使用Photoshop中最强大的照片处理工具了。

关于如何在Camera Raw中打开不同类型的文件，第7章中已经介绍过，这里不再赘述。一般来说，总是先通过Camera Raw打开照片，进行基本处理，然后再进入Photoshop。对于大多数照片，主要修饰往往都是在Camera Raw中完成的。而在Camera Raw中，最强大的影调调整工具莫过于基本面板中的6个影调调整命令。

9.2.1　在Camera Raw中修正曝光

图9-7显示的是一张曝光不足的照片，由于背景的天空非常亮，造成主体曝光不足。无论相机拥有多么先进的场景识别系统，尽可能保证高光区域不曝光过度依然是绝大多数相机的基本逻辑，所以这是常常会碰到的情况。在校正这张照片之前，先来了解一下基本面板中的这些命令。

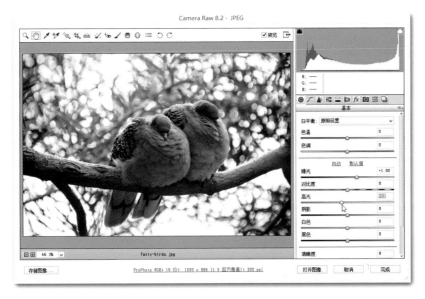

图9-7　曝光不足的照片与Camera Raw基本面板

基本面板由上到下包括白平衡、影调调整以及清晰度与饱和度三个区域。这里要关注的是中间的影调调整区域。这个区域中一共包含曝光、对比度、高光、阴影、白色和黑色6个命令滑块。要准确解释这些命令的作用可能有点难，但是如果借助直方图的话或许会更容易理解。

将鼠标指针放在直方图上，会看到直方图下方会显示出相应的命令。从直方图的左侧向右移动，会看到相继出现5个命令，与在基本面板中看到的除对比度以外的5个命令一一对应，如图9-8所示。简单来说，这5个命令分别控制不同的影调区域，而每一个命令所主要影响的影调区域在直方图上被高亮显示。事实上，如果在直方图上拖动鼠标，就能够直接更改相应的命令值——前提是升级到Camera Raw 8.2或者更高版本。

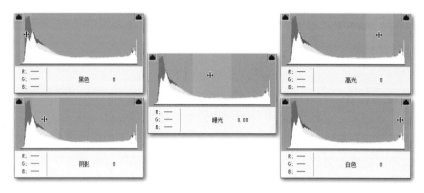

图9-8　基本面板的影调控制命令

对于这个简单的例子，只需要将曝光提高到+1.0，相当于增加1EV的曝光量，就能够获得非常好的校正效果，如图9-9所示。曝光是亮度校正的基本命令，它可以影响全局亮度，但是对于中间调的影响会相对明显一些。同时，请注意直方图的变化，原本紧贴直方图左边缘非常尖锐的峰现在移向了右侧，而且坡度缓和了不少。

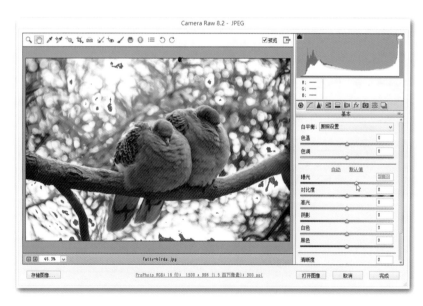

图9-9　利用曝光度命令校正亮度问题

当照片被提亮之后，有一些高光区域溢出到直方图右侧。在图9-9所示的直方图中可以看到那些红色的溢出区域（按O键可以切换高光剪切显示）。无论在拍摄照片时还是处理照片时，高光溢出都是需要格外留心的部分。在Camera Raw中，高光命令经常是解决部分区域高光溢出的最佳方法。将高光滑块略微向左移动就能够挽回这部分高光细节，如图9-10所示。高光命令控制画面上最亮的那部分区域，与之相反的是黑色命令。然而，与高光命令主要被用于解决高光溢出问题不同，黑色命令常常被用来增加照片的对比度。

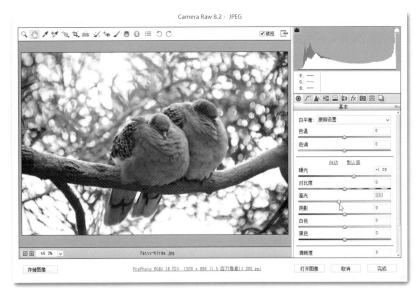

图9-10　解决高光溢出问题

在基本面板中处理照片影调

再来看一个略微复杂一些的例子。图9-11所示也是一张曝光偏暗的照片，其原因是为了保留门缝中强烈的高光。直方图明显偏向左侧，提示我们首先要考虑通过增加曝光度来提亮全局。如图9-11所示，当打开的照片包含拍摄信息时，在直方图下方会显示主要的拍摄参数，包括镜头、焦段、光圈、快门以及感光度，都是相当实用的信息。

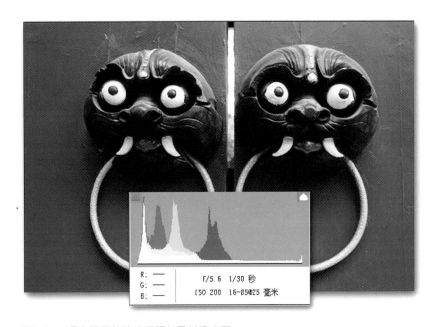

图9-11　曝光不足的待处理照片及其直方图

将曝光度提高到+0.75，如图9-12所示。曝光度的问题在于它主要影响中间调。因此，最明显被影响到的其实是红色的大门，两只神兽被提亮的程度有限，尤其是下方被遮挡的部位以及眼眶等无法直接被照亮的部分依然很暗。然而，尽管直方图主要影响中间调，但这不代表它完全不影响其他区域。如果继续增加曝光，在神兽头顶以及门环的下半部分被光照到的部位就会太亮，并且可能溢出到直方图右侧。

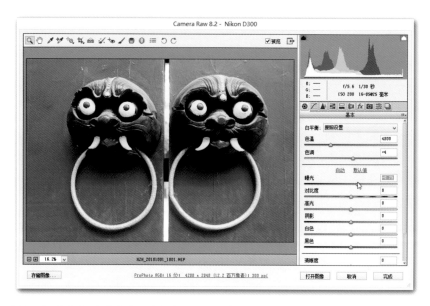

图9-12　通过曝光度命令无法解决阴影与高光的反差

虽然乍一看只是一张曝光不足的照片，但是由于光线的关系，阴影与高光部分之间明显的反差无法完全通过曝光度命令解决。这时候，就要使用局部影调工具来分别处理阴影与高光。

我做的最主要一件事情是将阴影滑块移动到+80，以显著提亮阴影部分。阴影命令是Camera Raw中一个极为有用的命令。几乎对每一张照片我都会向右移动阴影滑块以找回部分阴影细节。如图9-13所示，可以看到阴影部分的细节是如何被清晰地刻画出来的。

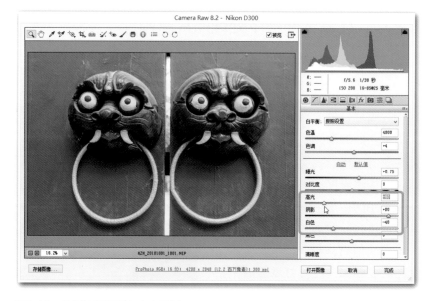

图9-13　分别处理阴影与高光区域

虽然阴影命令主要影响阴影区域的亮度，但是它对于中间调甚至高光区域也会产生极为微弱的影响。在这个例子中，+80的阴影设置会使得高光看起来略微亮了一些，并且将一小部分区域推到了直方图的右侧边缘。

所以，我向左侧移动高光与白色滑块来进行补偿。白色命令所影响的区域相比高光更接近中间调。一般来说，我总会先考虑高光，在发现高光命令影响的范围过于局限之后，再略微调整白色滑块。

　　提亮阴影，压暗高光，最后带来的结果往往是对比度的降低。照片看起来细节很丰富，然而显得反差不足。尤其在使用白色命令后，照片常常会有点发灰。这时，可以增加对比度。很多人觉得对比度强烈的照片好看，所以会在一开始就移动对比度滑块。其实对比度是一把双刃剑，对图9-11所示的原始照片调节一下对比度试试就明白了。通过阴影和高光控制找回足够多的细节，然后再调节对比度在我看来是最为合理的逻辑，也是最常用的影调处理手段。将对比度设置到+31，获得如图9-14所示的最终效果。

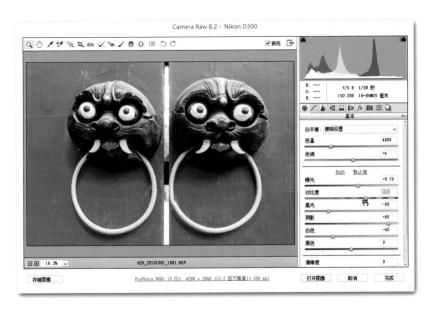

图9-14　增加照片的对比度

　　Camera Raw的影调控制命令是非常强大的。毫不夸张地说，它们是在Photoshop中调整照片亮度与对比度的最主要工具，胜于传说中的色阶与曲线。如果从没接触过它们，那么你需要一些实践来熟悉这些命令。打开不同的照片，将这些命令设置为极值然后观察效果是理解它们的有益尝试。将这6个命令组合起来，能够获得极为丰富的影调控制。

9.3　调整图层与Photoshop影调调整工具

　　虽然Camera Raw是调整照片影调的基础工具，然而有时候也会需要在Photoshop中来做相似的事情。

传统的调整照片影调的主要工具位于Photoshop"图像"菜单下的调整子菜单中。可是，早在第3章中就说过，这不是我喜欢的方法，我甚至取消了这个菜单中绝大多数命令的快捷键。

"调整"菜单中的命令多数属于静态调整，它们被应用于某一个图层，然后被固定在图层中。既没有办法改变已经设置的参数，更没有办法在重新打开文件之后取消调整的效果。我们需要的是动态调整。所以，在Photoshop中的主要影调和色彩调整工具不在"图像"菜单里，而是在"图层"菜单下。

9.3.1 调整图层

打开"图层"菜单，在"新建调整图层"弹出菜单中可以看到这些调整命令，我为大多数常用命令添加了快捷键，如图9-15所示。如果安装了我提供的快捷键，就可以通过这些快捷键来快速打开这些命令。大多数命令的快捷键都是Ctrl+Shift+一个英文字母。

图9-15 新建调整图层的方法

除此以外，还有两种常用的方法用于新建调整图层。单击右侧面板的新建调整图层按钮将弹出调整面板，可以在这个面板中选择需要的调整图层。不认识这些图标？没关系，慢慢就会认识的。或者，单击图层面板下方最中间的那个按钮，这将弹出新建填充或调整图层菜单，选择需要的调整图层即可。无论使用哪种方式，在单击时按住Alt键，可以在新建时弹出对话框以供命名等操作。

在添加调整图层之前，先来做一步简单的设置。打开图层面板下拉菜单，单击面板选项以打开面板选项对话框。在第3章中曾经在这里将缩览图设置为大缩览图。现在，再做两件事情，去除"在填充图层上使用默认蒙版"和"将'拷贝'添加到拷贝的图层和组"之前的√，如图9-16所示。

在默认情况下，Photoshop会为每一个填充图层添加蒙版。我不喜欢这样，我喜欢在需要的时候再添加蒙版，所以我取消勾选"在填充图层上使用默认蒙版"选项。至于最后一个选项，Photoshop会自动为复制的图层添加"拷贝"两个字。如果复制5遍，就会出现"拷贝 拷贝 拷贝 拷贝 拷贝"。我不需要Photoshop提醒，如果有必要的话，我会重命名我的图层。这是我喜欢的方法。如果你不喜欢，可以保留Photoshop的默认选项。

另一个需要更改的选项在调整面板中。打开调整面板下拉菜单，可以看到Photoshop默认选中"默认情况下添加蒙版"。取消这个选项，如图9-17左图所示。原因与上面说过的一样，只是这个选项作用于调整图层，而图9-16中所示的选项则作用于填充图层。

关于填充图层与调整图层，如图9-17右图所示为新建填充图层或调整图层菜单。最上方的纯色、渐变和图案被称为填充图层，因为可以用不同的颜色或图案来填充这些图层；而下方的所有图层都是调整图层。这些图层本身是"空白"的，它们的作用是用于调整下方图层的影调和色彩，这也就是"调整图层"名称的由来。

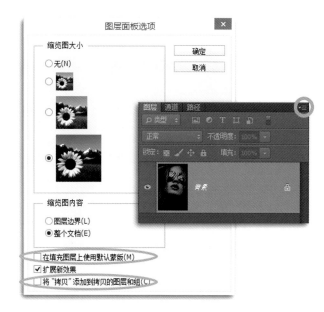

图9-16　图层面板选项

图9-17　填充图层与调整图层菜单

9.3.2 简单的亮度与对比度调整

曝光度与对比度是照片影调中最重要的两个因素。在Camera Raw中，可以使用曝光度和对比度滑块来控制这两个参数，而在Photoshop中我习惯使用亮度/对比度命令。按住Alt键并单击调整面板中左上角第一个图标，新建一个亮度/对比度调整图层并弹出"新建图层"对话框，如图9-18所示。我设定的快捷键是Ctrl+Shift+B。

图9-18　新建亮度/对比度调整图层

可以在这个对话框中重命名图层——说实话，我很讨厌Photoshop默认在名称后面加上"1"的做法。单击"确定"按钮之后，在原来的背景图层上方会出现一个新的图层，图层缩览图与刚才单击的亮度/对比度图标一致，如图9-19所示。这就是调整图层的工作方式：在当前图层上方建立一个图层，以此来控制下方图层的影调和色彩。需要注意的是，调整图层影响的是下方的图层复合，也就是不添加调整图层时所看到的整体图像，而不是单纯影响紧靠其下方的单一图层。

图9-19　自动设置亮度/对比度调整图层

新建调整图层后，Photoshop会自动打开属性面板。从Photoshop CS6开始，在调整面板中唯一能做的事情是选择需要的调整图层，所有参数设置都在属性面板中完成。可以在属性面板上方看到"亮度/对比度"标题。属性面板是一个非常有用的面板，因为调整图层和蒙版的参数设置都是在属性面板中完成的。

亮度/对比度调整图层包括亮度和对比度两个命令。在移动这两个滑块之前，不妨试一试自动命令。个人觉得亮度/对比度调整中的自动命令可能是Photoshop中最实用的自动调整了。图9-19所示为应用自动调整以后的结果。Photoshop增加了照片的亮度，但是降低了照片的对比度。显然，这也是我所想的，至少在方向上没有任何问题。

对于这张照片，进一步将亮度提高到130，并且只是略微降低对比度到-20，这样可以获得如图9-20左图所示的带点LOMO风格的色彩浓郁的结果—— 在Photoshop中有无数方法可以实现各种各样的"效果"，哪怕只是使用最简单的调整工具。先掌握好最基础的图像处理工具，然后再去追求"效果"，不要本末倒置。

如果想知道如图9-20右图所示的照片是怎样实现的，勾选"使用旧版"复选框，然后像左图所示那样设置亮度与对比度。由于旧版的亮度最大值是100，因此无法设置到130。所以，不要勾选"使用旧版"复选框，因为这会让亮度/对比度命令变得毫无用处——除非喜欢的是像图9-20右图那样的结果。

图9-20　"使用旧版"复选框对命令的影响

如果打开调整面板，在第一行中还会看到一个曝光度调整图层，也就是在图9-21中圈出来的那个图标。因为它的名称是"曝光度"，所以在需要调整曝光的时候，可能首先会考虑这个命令。

图9-21　曝光度调整图层

我的建议是，使用亮度/对比度来代替曝光度，因为我觉得亮度命令的算法要更好一些。与曝光度相比，亮度命令最大的不足是它的调整空间相对有限。如果需要极大地提升或者降低曝光，亮度命令给出的范围可能会不足。在这些时候，使用色阶或曲线等更高级的工具往往是更合理的选择。

9.3.3　阴影/高光动态调整

在Camera Raw的基本面板中，除了曝光度和对比度命令之外，还有针对阴影与高光等不同区域的影调调整命令。这是Camera Raw强大的地方。在升级到Photoshop CC之后，当我需要对图层做一些补光的时候，常常会想到打开Camera Raw滤镜来完成这件事情。当然，在Photoshop中依然有传统、但是同样出色的方法，那就是阴影/高光命令。

问题在于，在调整图层中找不到"阴影/高光调整图层"，只能通过图像菜单来调用阴影/高光命令，而这是一个静态调整。好在Photoshop提供了解决方法，因为和Camera Raw滤镜一样，阴影/高光命令也可以作为智能滤镜应用到图层中。因此，在使用阴影/高光命令之前，需要将相应的图层转换为智能对象。右键单击背景图层，选择"转换为智能对象"，如图9-22所示，或者使用我设定的快捷键Ctrl+/。

打开"图像"菜单，如图9-23所示，调整菜单中的绝大多数命令都是暗的，因为这些命令都无法被应用到智能对象上。而阴影/高光命令是仅有的两个可选择的命令之一，我给它分配了快捷键Ctrl+Shift+S，这样就可以更方便地直接启动这一常用的命令。

图9-22　转换为智能对象

图9-23　启动阴影/高光命令

顺便说一句，与阴影/高光命令同一组的变化命令是可以作为智能滤镜使用的，在这里之所以无法选择是因为当前我工作在16位模式下，而变化是一个只能用于8位模式的命令。好在有更好的工具来替代变化命令，所以我完全不在乎它。

阴影/高光命令看起来很简单，只有一个控制阴影的滑块和一个控制高光的滑块。默认情况下，Photoshop会应用一定的阴影补偿，而将高光命令设置为0。但是，这只是冰山一角。在对话框下方勾选"显示更多选项"将打开如图9-24所示的高级选项，这才是阴影/高光命令的真实面目。

图9-24　阴影/高光命令的高级选项

Photoshop中，不少命令都有隐藏的高级选项。许多命令的高级选项经常可以忽略，但是阴影/高光属于少数必须打开高级选项的命令。首先来看最下方的调整区域。阴影/高光命令通常被用来提亮阴影或者压暗高光，饱和度下降、对比度降低经常成为由此带来的副作用。在上一节的第二个例子中也已经看到过类似的情况，只不过是发生在Camera Raw中而已。于是，Photoshop在阴影/高光对话框中设计了一组命令，用来补偿这些副作用，提高画面的对比度与饱和度。

建议不要去调整这些命令。Photoshop为颜色校正设置了默认值+20，这可以增加照片的饱和度。把这个命令复位到0，然后单击下方的"存储为默认值"按钮覆盖Photoshop的默认值。在阴影/高光命令中解决的是阴影与高光的影调问题，所有其他问题应留给其他那些更合适的命令——术业有专攻，何况在Photoshop中每一方面都有相应的专家。

解决了调整选项组，剩下的就是阴影和高光两个区域了。这两个区域分别有3个命令滑块：数量、色调宽度和半径。

数量命令的作用很简单，在阴影区域中向右移动数量滑块将提亮阴影产生补光效果，类似在Camera Raw中向右移动阴影滑块；在高光区域中向右移动数量滑块将压暗高光，类似在Camera Raw中向左移动高光和白色命令。Photoshop会默认应用一定程度的阴影补偿，这是因为补光确实是阴影/高光命令最大的用途。如图9-24所示，可以明显看到模特的右侧脸颊已经从黑暗中跳出来了。

色调宽度是用于定义阴影或高光的标准。移动阴影数量滑块的目的是提亮阴影，那么如何定义阴影呢？设置为50%，阴影调整将影响比50%灰更暗的区域；设置为20%，则只影响比20%灰更暗的区域，也就是局限在更小的范围里；如果设置为100%，相当于对整张照片应用亮度调整。

半径命令有点抽象，它是Photoshop计算阴影区域与高光区域的方法。一般来说，半径很小，过渡会比较生硬；半径很大，调整会倾向于影响更广的影调区域。个人觉得这两个命令的设置没有参考，唯一的办法是拖动滑块查看效果。以下是我的经验：将半径设置到最小值，然后中速向右移动滑块，当发现移动滑块时画面的改变很不明显的时候放开鼠标，大致就是需要的数值。

在这个例子中，我把阴影数量设置为80，因为这确实是反差很大的照片。阴影的半径设置为80像素。高光命令的主要作用是降低模特额头的高光区域亮度，将数量设置为70%，半径设置为60像素，获得如图9-25所示的效果。

图9-25　阴影/高光命令的设置参数与效果

单击"确定"按钮之后，阴影/高光以智能滤镜的方式被添加到图层中。可以在任何时候双击智能滤镜来重新调整阴影/高光命令的参数。由于阴影/高光调整确实带来了对比度的下降，所以我通过添加一个亮度/对比度调整图层来进行补偿——当然可以使用曲线、色阶甚至图层混合来做更精细的补偿，但这是后面才会介绍的内容。将亮度提高到30，对比度提高到55，获得如图9-26所示的效果。原本处在阴影中的模特的右脸颊被明显提亮，同时照片依然保持了一定的反差。

图9-26　使用亮度/对比度调整图层补偿阴影/高光命令的副作用

9.4 图层与蒙版在影调调整中的基础应用

第8章中详细介绍了图层与蒙版，这是Photoshop最强大的武器。如果单纯考虑影调与色彩调整，很多时候甚至没有理由离开Camera Raw——这事实上也是我经常建议从Lightroom开始学习数码后期处理的原因——因为在Camera Raw中有足够丰富的影调与色彩控制手段。考虑简单与均衡的话，在某种程度来看Camera Raw的基本面板甚至是Photoshop "原生的" 命令所不能比拟的。然而，因为有图层与蒙版，Photoshop变得如此无法挑战。

图层与蒙版的作用绝不单纯在于做图像混合以及创意构图，它们在影调与色彩调整中发挥了决定性的作用。利用图层与蒙版能够非常出色地控制某种效果的强度与范围，并且具有无与伦比的灵活性，而这恰恰是在Camera Raw中无法完成的——当然，包括Lightroom。

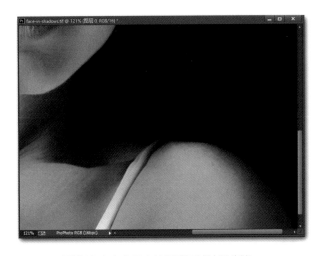

图9-27 阴影/高光命令带来的阴影区域处理痕迹

先来看看上一节中使用阴影/高光命令调整之后的照片存在什么问题。如图9-27所示，将照片放大到120%，注意观察模特的左侧颈部与左侧肩部，很容易看到非常明显的马赛克样图像。模特左侧从阴影中轻微浮现出来的发丝也有类似迹象。

出现这样的问题是因为，对于非常暗的区域使用了比较极端的阴影补光。由于这些区域几乎完全处于阴影剪切中，图像并不包含细节，使用Photoshop将其强行提亮之后，Photoshop没有可用的参照，只能给出这样的结果。其实Photoshop已经做得非常好，毕竟它不能 "无中生有"。记得我反复强调的——Photoshop不能变出原来不存在的细节。如果这个区域的细节在拍摄时就没被完整记录下来，那么Photoshop也无能为力。

比较强的阴影和高光补偿都可能造成类似的结果，所以在应用命令之后要将可疑区域放大看一下。我们没有办法让Photoshop做得更好，唯一的方法是让阴影补偿不要影响这个区域——最需要补光的部分其实是脸颊。

在添加智能滤镜之后，Photoshop会自动建立一块白色的滤镜蒙版——比较糟糕的是，没法像调整图层那样要求Photohshop不要自说自话地建立滤镜蒙版——滤镜蒙版的原理与图层蒙版类似，唯一不同的地方在于滤镜蒙版用于控制滤镜。白色蒙版代表对整个当前图层应用智能滤镜，可以通过给蒙版添加黑色和灰色来限定智能滤镜的作用范围。

在这个例子中，如果阴影/高光命令不影响到模特的左颈与左肩，就不会出现上述的情况。所以，启动画笔工具（B键），将硬度设置到0，前景色设为黑色，选中滤镜蒙版，然后在这些区域涂抹，如图9-28所示。由于黑色代表透明，相当于滤镜对这部分图层是"透明"的，因此在蒙版上用黑色涂抹的区域就不再会受阴影/高光智能滤镜的影响。

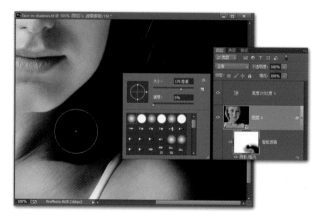

图9-28　通过滤镜蒙版控制智能滤镜的作用范围

在这种情况下，将画笔硬度降低，使用略微大一些的画笔能够平滑边缘过渡，让效果显得自然。有时候，在调整与未调整区域之间还需要中间区域的缓冲。将画笔不透明度降低到40（按数字键4），略微降低模特左肩部分的阴影以提亮效果。请看滤镜蒙版右下方那块灰色区域。通过设置不同区域蒙版的浓度来控制效果强弱是在Photoshop中最常用的局部调整手段，你需要一段时间的练习，并且熟练掌握。

这张经过阴影/高光调整的照片的另一个问题是模特左右两边脸的色彩存在明显差异。这个问题也来源于比较激进的阴影补光。对于数码照片来说，越是暗的区域往往信噪比越差，在提亮以后色彩这些区域的表现肯定不如那些曝光准确的区域。这也是后期处理，尤其是阴影提亮过程中常见的副作用。尽管这是一本关于Photoshop的教材，但是在这里我想提醒你：在拍摄照片时，尽可能对重要区域做到合理曝光。好好拍照片与好好做后期处理是完全不矛盾的两件事情。只有曝光最准确的照片才能通过Photoshop获得最佳的效果。

由于这是照片本身存在的问题，所以这个问题并不是很好解决。我想到的办法是通过将提亮之后的图像与原始照片混合来缓和两侧的差异。因为文件中已经没有本来的背景图层，因此需要重新"建立"原始照片。这时候就能体会到动态调整的好处了：随时随地回到最初的状态。

使用快捷键Ctrl+J，复制智能对象。Photoshop在复制智能对象的同时会复制智能滤镜。我只需要删除智能滤镜，也就是阴影/高光命令就能够将照片恢复到最初的状态。右键单击下方图层的智能滤镜，选择"清除智能滤镜"，如图9-29所示。如果单击的是滤镜蒙版，那么看到的菜单可能会略有不同。

图9-29　复制智能对象并清除智能滤镜

现在，有两个图像图层，上方图层是经过阴影/高光处理后的图层，而下方是原始照片。我需要做的事情是将两个图层混合起来。非常简单，选择上方图层，然后将不透明度从100%降低到45%，如图9-30所示。这样，看到的就是阴影/高光调整版本与原始版本的混合，既提亮了模特右侧面部，也缓解了过度提亮阴影所造成的颜色反差。要指出的是，单纯在阴影/高光命令中降低阴影补偿值是无法达到相同效果的，而这正是Photoshop图层带来的巨大能量。

图9-30　混合图层以实现效果

还需要做一件事情。应用阴影/高光调整之后，在上方建立了一个亮度/对比度调整图层以补偿阴影/高光带来的副作用。现在，在亮度/对比度图层下方有两个图层，它们以一定的比例混合，亮度/对比度命令作用的对象是这两个图层的复合。我不希望亮度/对比度的调整影响原始照片，而只希望它影响使用过阴影/高光调整的那个图层。

为此，我要建立剪贴蒙版。剪贴蒙版在某种意义上来说确实是蒙版，然而它与之前看到的图层蒙版和滤镜蒙版都不太一样。按住Alt键，把鼠标指针指向亮度/对比度图层与下方的图层之间，会看到鼠标指针变成一个带折线的黑色小箭头，同时旁边出现一个白色的蒙版图标，如图9-31所示。此时，单击鼠标即可建立剪贴蒙版。

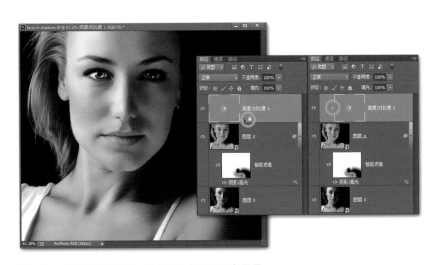

图9-31　将调整图层作为剪贴蒙版应用于下方图层

对于调整图层，剪贴蒙版的理解非常简单：当没有应用剪贴蒙版时，调整效果作用于下方所有图层构成的复合图像；当应用剪贴蒙版后，调整效果仅作用于紧邻调整图层下方的单一图层。

由于先对阴影/高光图层应用了亮度/对比度命令，然后才混合原始照片，所以图像明显变得柔和——因为亮度/对比度效果只显示了40%。现在，照片看起来非常平滑而自然，实现了提亮阴影的效果，却没有引入其他问题。

这张照片的处理到这里就可以停下了。不过我想多做一步。再次新建一个亮度/对比度调整图层，将它放在最上层，并且把亮度设置为10，把对比度设置为-20，这样可以进一步平滑阴影与高光之间的过渡。

如图9-32所示，有几点需要注意。首先，现在有两个亮度/对比度调整图层，一个图层以剪贴蒙版的形式影响下方的阴影/高光图层，而另一个亮度/对比度调整图层则影响复合图像。图层与蒙版的多样组合是在Photoshop中处理照片最有力的武器。

图9-32　实现最终效果的图层与蒙版组合

其次，可以看到我重命名了所有图层。也许有点小题大作，但是我希望你能养成重命名图层的习惯，用自己能记住的名称，至少重命名那些最重要的步骤。如果从上往下依次重命名图层，在键入名称之后不要按Enter键，使用Tab键移动到下一个图层即可连续命名。

最后，在不知不觉间，图层面板中已经拥有了两个智能对象、一个智能滤镜、一块滤镜蒙版和两个调整图层。不要犹豫，告诉自己：我已经入门了，而且已经开始处理复杂的问题。在这个简单的例子中所介绍的思路，在Photoshop所有影调与色彩处理中都是一以贯之的——建立动态化的智能滤镜与调整图层，然后通过蒙版来限定效果影响的范围。

9.5　理解曲线

只要对数码后期处理有一点点了解，大概没有不曾听说过曲线的人。一直以来，曲线都是一个声望卓著的命令，因为它强大的功能，也因为它有点复杂的操作，更因为它看起来高深的原理。毫无疑问，曲线是Photoshop中最强大的影调乃至色彩调整工具之一，不过前提是确实得明白曲线如何影响照片。单纯知道拉S

形曲线是不够的。有时候S形曲线能够带来好处，在另一些时候它却会帮倒忙。

可以在两个不同的地方打开曲线命令。首先，Camera Raw提供了曲线面板。在Camera Raw的色调曲线面板中，有两种操作曲线的方法。一种被称为参数模式，而另一种被称为点曲线模式，如图9-33所示。

参数曲线模式依靠高光、亮调、暗调和阴影4个滑块分别控制相应的曲线区域来实现调整。这种模式比较容易上手，曲线平滑，但是调整空间相对有限。点曲线模式通过在曲线上添加锚点实现调整，与Photoshop中的曲线调整完全相同。

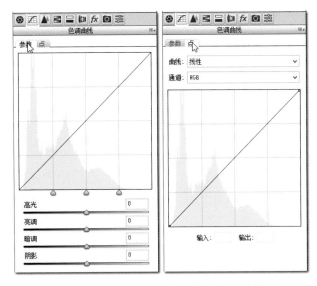

图9-33　Camera Raw的参数曲线模式与点曲线模式

在Photoshop中，依然通过调整图层的方法来添加曲线。单击新建填充或调整图层按钮，在弹出菜单中可以看到"曲线"命令。我设定的相应快捷键是Ctrl+Shift+M，当然这会弹出自动"新建图层"对话框以允许重命名图层。

与其他调整图层相似，也需要在属性面板中调整曲线参数。曲线命令的属性面板如图9-34所示。如果看不到曲线的全貌，或者曲线看起来非常小，移动属性面板的边框，Photoshop即会自动适应面板大小。

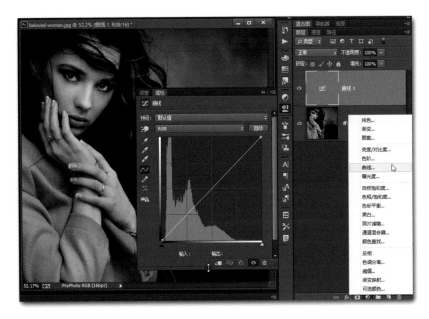

图9-34　新建曲线调整图层

在曲线下方可以看到一个输入值和一个输出值。把鼠标指针指向曲线图上的任意一点，都会显示对应的输入值和输出值。这两个值非常重要，因为曲线其实就是描述输入和输出亮度的函数图像。

尽管曲线图上没有给出坐标轴，但这实际上是一个直角坐标系。因此，把横坐标看作是x轴，把纵坐标看作y轴，就可以用一个函数$y=f(x)$来描述曲线。x轴和y轴表示的都是亮度，它们的单位和坐标间距相同，可以把x轴和y轴都看作从原点0到255的平均分布，其中0代表黑，而255代表白。x轴表示的是输入亮度，而y轴表示的是输出亮度，这两者之间的对应关系将决定某一个像素点的亮度。

举个例子来说，某个点的亮度原来应该是50，那么它对应的输出值也应该是50。现在，通过调整曲线，把这个点从（50, 50）调整到（50, 100）。也就是说，输入值没变，输出值提高，直观的感受就是这个点变亮了。

如果你依然不理解，那么更简单一些，把输入值看作原始值，而把输出值看作调整以后的值。在默认情况下，曲线是一条直线，输入值和输出值相等。在任意一点上，如果输出值大于输入值，那么这一点就变亮了；如果输出值小于输入值，那么这一点就变暗了。只需要把修改以后的曲线和$y=x$进行比较，就能得出它到底如何影响照片。

要更改曲线的形状，在曲线上单击鼠标添加锚地，然后拖动锚点就可以了。如图9-35所示，在坐标系中央，也就是（128, 128）的地方建立锚点，向下拖动形成左侧的画面，而向上拖动形成了右侧画面。

图9-35　在曲线上添加锚点并改变曲线形状

先来分析一下图9-35左图所示的曲线。将输入值为128的点经过调整后输出值变成了62，所以这个点的亮度降低了。观察曲线的变化，除了（0，0）和（255，255）以外，所有点的输出值都降低了，因此这条曲线压暗了整体曝光。

但是，进一步观察会发现，越是靠近阴影与高光部分，所受的影响越小，越是靠近中间调，与原始输入值的偏离就越大。也就是说，曲线对不同区域的影响是不同的，是非线性的。除此以外，如果分析曲线的斜率，那么与原始的45°直线相比，左侧曲线的切线斜率小于1，而右侧曲线的切线斜率大于1。切线斜率直观地对应于图像对比度，所以说，阴影部分的对比度降低了，而高光部分的对比度增加了。

这就是曲线的实际作用：通过改变输入值与输出值的对应关系影响局部区域的亮度以及对比度。可以用同样的方法来分析图9-35右侧图所示的曲线：整体提亮了照片，对中间调影响更明显，增加了阴影区域对比度，降低了高光区域对比度。对于这个例子，我觉得这条曲线的效果非常漂亮。由于人的皮肤位于高光区域，因此这条曲线在提亮画面的同时却降低了皮肤的对比，使皮肤看起来更为光滑，带有一点梦幻的色彩——如果把曲线进一步拉高，这种效果会更明显。

再来看一下图9-36。图9-36左图所示是一条标准的S形曲线。在曲线大约25%和75%的地方各添加一个锚点，将左侧的锚点向下拉，将右侧的锚点向上拉，从而形成一条外形类似字母S的曲线。观察该曲线与y=x的区别，得出以下结论：在阴影区域亮度降低，在高光区域亮度提高，整个中间调区域对比度增加，而在最暗与最亮的区域对比度降低。

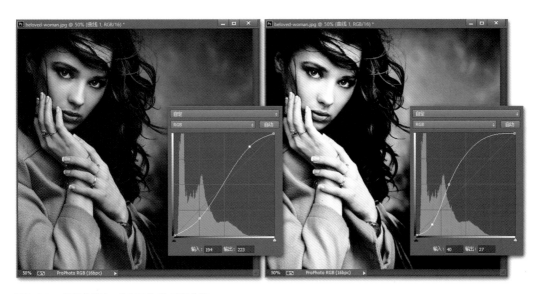

图9-36　S形曲线与"变异"的S形曲线

S形曲线的主要作用是增加中间调对比度。由于曲线限制了（0，0）与（255，255）这两个端点，因此理论上不会造成更多的阴影剪切与高光剪切。因为照片主体往往位于中间调的范畴内，所以S形曲线能够起到突出主体的作用。但是，S形曲线也有副作用，它会降低阴影与高光区域的对比度，让这些区域的细节显得模糊。如果注意看模特左脸与左手边发丝的细节，就会发现，这些在原始照片上看起来依然有层次的区域经过S形曲线调整后基本变成了漆黑一片。

此外，假如照片主体不在中间调，那么标准的S形曲线可能需要调整。这显然是一张暗调照片，从曲线上叠加的直方图就可以看到，直方图分布明显偏向阴影。对于这样的照片，如果目的是提高主体反差，那么需要像图9-36右图那样略微改变这两个锚点的位置，使得曲线以最大斜率穿过直方图的高峰，这样就能够保证主体的反差。

比较一下图9-36右图与图9-35右图。同样是大幅提亮了皮肤，但是因为在图9-36右图所示中，阴影部分添加了一个锚点，使得照片的反差加大，眼睛、头发以及嘴唇的阴影等部分显得浓郁，高光的亮度也更大，整张照片显得更加漂亮。

简单做一个总结。如果需要将某个区域变得暗一些，在这个地方添加一个锚点，然后向下拖动；如果需要某个区域变得亮一些，在这个地方添加一个锚点，然后向上拖动；如果想降低某个区域的对比度，让曲线以较平的斜率穿过这个区域；如果想增加某个区域的对比度，则让曲线以较陡的斜率穿过这个区域。不知道要控制的区域对应曲线的哪个位置？让Photoshop来告诉你！

在曲线面板的左上角有一个手形按钮，可以用于启动曲线目标调整工具。单击该图标，鼠标指针在画面上会变成一支吸管。单击即可在该区域对应的亮度值上建立一个锚点，然后向上或向下拖动鼠标即可移动锚点，如图9-37所示。

我并不经常使用目标调整工具来添加锚点，但是会用它来查看某个区域的亮度值。将目标调整工具划过画面而不单击鼠标，会在曲线上看到一个移动的点，这个点即代表当前区域的影调，这是相当有用的参考。

还有一件我必须告诉你的事情是：假如想删除曲线上已经存在的某个锚点，只要直接把这个锚点拖动到曲线坐标外面，Photoshop就会删除这个锚点。

图9-37　通过目标调整工具修改曲线

最后，让我们来完成这个例子。对于这张本来就很好看的照片，我想获得的是类似图9-36右图那样的高反差效果。对于图9-36右图中所示的效果，我唯一不满意的是在头发上似乎失去了过多细节。该怎么做？当然，使用阴影/高光命令是合理的。但是，我发现如图9-35右图那样的曲线效果已经获得了不错的头发细节。所以，就像在上一个例子中所做的那样，把这两种效果混合起来，充分利用Photoshop图层与蒙版的优势。

先制作一个高反差的主要版本图像，然后制作一个保留头发细节的辅助版本图像。这两个图像是独立的。为了实现这个目的，首先复制背景图层，形成两个相同的图像图层。接下来，为这两个图层分别添加一个曲线调整图层——以剪贴蒙版的形式，这一点非常重要。如图9-38所示，可以看到图层面板中的排列。

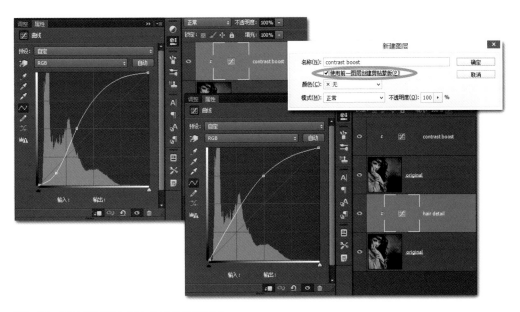

图9-38　通过图层建立两个不同的图像版本

如果已经决定要使用剪贴蒙版，在新建曲线图层的时候即可在对话框里勾选这一选项，而不必在建立图层之后再通过单击Alt键创建剪贴蒙版。

最后，为上方的图层添加一块白色蒙版。这是主要效果，只是需要在那些头发细节丧失严重的区域略微看到一点点下面的图层。选择图层蒙版，将前景色设置为黑色，使用硬度为0的画笔，将画笔不透明度设置为20%~30%，然后在几乎纯黑的头发上根据需要涂抹，建立如图9-39所示的蒙版。这会让发丝细节从这些极暗的区域中微微透出来。不要使用不透明度很高的画笔，因为只是需要一点点细节，而不是要影响画面的整体对比度。

你需要一些练习来熟悉在这种情况下使用画笔，包括画笔的不透明度以及来回涂抹的次数、边缘等。不同的不透明度设置可能会带来完全不一样的结果。耐心一些，多试几次，以找到合适的效果。鉴于画笔与蒙版是照片处理过程中控制区域的最常用手段，请务必要掌握这项技术。

图9-39　使用蒙版混合两个不同的图层

9.6　了解色阶

与魔棒工具一样，色阶也是Photoshop中鼎鼎大名的工具之一。即使对Photoshop一无所知的人也可能听说过色阶这个名称。自动色阶更是许多Photoshop入门级用户手中的法宝。与魔棒一样，色阶虽然声名在外，然而在实际使用过程中它并不是一个多么神奇的工具。也许有人会质疑我的讲解顺序：为什么先曲线后色阶？难道曲线不是比色阶更复杂的工具吗？确实如此，但是我恰恰觉得，在充分理解曲线之后再回过头来看色阶会变得很简单。

在曲线横坐标两端分别有一个黑色滑块与一个白色滑块，它们用以设置黑点与白点。图9-40所示为一张鹰的特写照片，由于鹰的身体羽毛是黑色的，而头部是白色的，因此作为演示黑点与白点的素材应该说非常合适。

黑点的原始位置是坐标的原点，即（0，0）。如图9-40的左图所示，我将黑点向右拖动到（65，0）的位置。观察曲线，输入值从0~65的区域输出值都变成了0。换句话说，这些部分都成为了阴影剪切区域。从直方图上可以看到，阴影区域有一个很高的峰，这个峰代表鹰黑色的羽毛。当我把黑点移动到这个位置，这个峰基本都位于黑点以左。表现在照片上就是，黑色羽毛的细节完全丢失，变成了漆黑一片。也就是说，所有在黑点左侧的部分都会被剪切，表现为一色的纯黑。

类似地，白点的原始坐标是（255, 255），将白点向左移动，将使得右侧的区域进入高光剪切，从而失去细节，成为一色的纯白。如图9-40右图所示，鹰头部白色羽毛的许多区域在移动白点滑块后不再能分辨出羽毛的层次。

黑点与白点滑块对照片的另一个影响是对比度。无论向内移动黑点还是白点滑块，曲线都会变得更为陡直。也就是说，通过剪切一部分阴影或高光，增加了画面其他区域的对比度。在大多数时候，这是改变黑点和白点值的主要原因，而阴影与高光剪切则更像是一种副作用。

图9-40　白点与黑点对照片的影响

下面来看一下色阶命令。同样，使用调整图层来应用色阶调整。单击新建填充或者调整图层按钮，在弹出菜单中选择"色阶"，或者使用我设定的快捷键Ctrl+Shift+L。

色阶命令如图9-41所示，它其实是一幅直方图。这个坐标系与曲线相似，唯一不同的是色阶命令只有3个可调整的参数。在色阶下方的3个滑块中，左侧的黑色滑块代表黑点，右侧的白色滑块代表白点。它们的作用与前面介绍过的黑点与白点完全相同。

色阶命令中间的灰点代表伽玛系数，它用于控制中间调的对比。降低伽玛值能够提高中间调对比度，而提高伽玛值能够降低中间调对比度。它们的作用非常类似于在图9-35中看到的两条曲线。

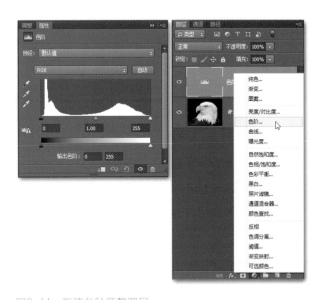

图9-41　新建色阶调整图层

图9-42显示了调整伽玛值的效果。向左侧移动伽玛值滑块可以降低图像对比度，而向右侧移动伽玛值滑块则能增加对比度。当然，阴影与高光也同样受到一定影响。如果打开曲线命令，依照图9-35中所示的方式拖动一下曲线，就会发现它们的效果非常类似。不过伽玛值的计算方法略有不同，可能需要在曲线上再添加1~2个锚点才能获得更为接近的效果。

从上面这个例子中可以看出，色阶其实是简化版本的曲线。因为已经有了复杂的曲线命令，所以通常我很少想到色阶。但是，伽玛值对中间调对比度的修饰很出色，这成为了我尝试色阶的最主要理由。

图9-42　伽玛值对图像的影响

9.7　曲线与色阶的综合应用

结合图层蒙版综合应用曲线与色阶命令可以实现复杂的影调控制。本节将通过一个例子介绍如何利用这些强大的工具对照片的不同区域进行有针对性的处理。

图9-43所示照片展现的是金秋收获的景象，但是这张照片显然没能表现出那种愉悦满足的心情。这张照片的后期处理在我看来是一个败笔，过度的渐变让天空变得非常暗，而这原本是可以衬托明快风格的部分。

图9-43　一张存在影调问题的风景照片

观察直方图可以发现，整张照片的影调偏于阴影，高光显得不足。如果简单使用亮度/对比度命令提亮照片，由于前景麦田的亮度要高于背景的天空——直方图上红色与黄色的峰明显位于蓝色峰的右边——在天空达到期望的亮度之前，前景就会大面积曝光过度。因此，要使用更精细的局部影调控制命令。

对于这种在直方图的一侧留有大片空白的照片，通过色阶或曲线命令首先重新设置黑点或白点是很容易想到的策略。建立一个色阶调整图层（我的快捷键：Ctrl+Shift+L），把白点从255移动到175，并且将伽玛值降低到0.9以略微增加中间调对比度，获得如图9-44所示的效果。

图9-44　使用色阶解决前景的影调问题

我希望这一色阶调整只影响前景的麦田而不要影响背景的天空，所以使用蒙版来遮盖天空部分的色阶调整图层。要实现这个目标，就需要选择出天空或麦田以将它们区分开来。天空与麦田的颜色不同，具有明显分界，因此选择的难度并不大。可以使用快速选择工具+调整边缘这一黄金组合，不过对这种情况，我更倾向于使用色彩范围命令。

在"选择"菜单中选择"色彩范围"（我的快捷键：Ctrl+Shift+Alt+O），按住Shift键在麦田上拖动以将麦田完整地加入选区，如图9-45所示。有一些高光区域，如果将其选中的话会把大片天空也加入选区，所以忽略这些区域。

图9-45　利用色彩范围选择前景

完成选择之后，选中刚刚建立的色阶图层，单击添加图层蒙版按钮以将选区转换为图层蒙版。然后，用硬边的白色画笔小心地把麦田中零星未被选中的区域加入蒙版。如果天空中有少部分区域被选中，则换用黑色画笔将它们擦去。硬边画笔能够避免出错，但是在涂抹时要小心。对于非常靠近边缘的地方不要去处理，留给调整蒙版命令。

双击蒙版缩略图可以打开蒙版属性。单击"蒙版边缘"按钮，打开"调整蒙版"对话框。将半径设置为5像素左右，启用智能半径并且将羽化设置为0.5像素，如图9-46所示。蒙版边缘明显变得平整、光滑了。如果对色彩范围和调整蒙版感到迷惑，可以回顾一下第8章的内容。这个蒙版要尽可能做好，因为它非常有用。

图9-46　调整蒙版边缘

通过色阶与蒙版的结合解决了前景的影调问题，接下来要提亮天空。这次用曲线。在色阶图层上方新建一个曲线调整图层（我的快捷键：Ctrl+Shift+M），如图9-47所示拉出一条上弧形曲线以显著提亮天空。问题是前景也变得很亮。没关系，可以用现成的蒙版来解决问题。刚才已经建立了针对麦田的蒙版，只要反相这个蒙版其实就可以获得针对天空的蒙版了。

要实现这样的效果，需要做两件事情。首先，按住Alt键后将色阶图层的蒙版拖动到曲线图层。按住Alt键允许Photoshop复制蒙版（注意图9-48中移动蒙版时出现的双箭头），而如果不按Alt键的话则将移动蒙版。将蒙版复制到曲线调整图层后，按快捷键Ctrl+I即可反相蒙版，让天空部分变成白色，而麦田部分变成黑色，获得如图9-48所示的效果。

图9-47　使用曲线调整图层提亮天空

图9-48　添加蒙版将提亮效果局限在天空

　　天空虽然亮了，但是看起来对比度略有下降，颜色也显得不太鲜艳。为了解决这个问题，需要在刚才调整的基础上再添加一个曲线命令以增强天空的反差，让天显得更蓝。有两种方法可以选择。建立曲线调整图层，然后把刚才针对天空的蒙版直接复制过来，或者使用之前已经接触过两次的剪贴蒙版。在这里，我使用剪贴蒙版——请注意，并不是因为它比图层蒙版更好，而只是因为我觉得剪贴蒙版的概念理解起来相对复杂一些，所以想在教材中给它更多露脸的机会。

新建曲线调整图层，设置一条如图9-49所示的曲线以增强反差。曲线最大的好处在于可以控制它不引入高光剪切。如果没有在建立曲线图层的时候选择剪贴蒙版，那么这时候会看见麦田里的一些区域变得很怪异。没关系，按住Alt键在两个曲线图层之间单击，就可以把这个曲线图层的效果完全局限在天空中了。

图9-49　通过曲线与剪贴蒙版增强天空对比度

事情到此基本就结束了。如果与图9-43比照一下，显然已经把那种愉悦的心情融入到这张明快的照片中去了。我最后经常喜欢再多做一步对比度微调以略微修饰全局反差。新建一个曲线调整图层。不要使用剪贴蒙版，因为需要它影响下方的图层符合。设置一条非常平缓的S形曲线以微微增加画面的对比度。

图9-50　影调调整的最终效果

看一下图9-50所示的图层面板，回顾一下刚才做过的事情。这里一共有4个调整图层。首先，使用色阶图层针对前景进行了对比度与亮度处理，形成画面的主基调。然后，用曲线提亮天空。因为充分提亮天空后造成了对比度与饱和度的下降，所以通过另一个曲线来弥补这一问题。由此，使用3个调整图层完成了对麦田与天空的区别处理。最后，根据画面的实际情况对对比度做一些微调。

这就是需要Photoshop来处理照片的主要理由之一：针对不同区域进行独立的影调控制。这些调整是完全动态的，可以任意改变参数，删除调整图层，添加调整图层，隐藏调整图层以更改需要的效果——在任何时候！调整图层与蒙版，再加上那些帮助建立蒙版的选区工具，可以完成绝大多数照片处理工作。所以，应理解这个例子，掌握这些方法，这里的思路是解决所有基本影调问题的扎实基础。

9.8 本章小结

影调是照片处理过程中最重要的问题之一。结合直方图评估影调是调整照片的开始，因为它可以更清楚地指出问题所在，哪怕显示器不是太准确。在调整过程中，直方图依然是良好的参照，尤其能够避免不必要的阴影剪切与高光剪切。

建议在Camera Raw中完成照片的基本影调处理。Camera Raw的基本面板提供了强大的影调调整功能，充分利用阴影与高光控制能够解决主要的照片曝光与场景高反差带来的问题。此外，本章尽管没有详细介绍Camera Raw的色调曲线，但是它的使用方法与曲线调整图层完全相同。利用基本面板+色调曲线面板，很多时候甚至不需要进入Photoshop。

当需要Photoshop的时候，往往是需要图层与蒙版，这意味着对照片的不同区域需要有所差别地处理。亮度/对比度与阴影/高光一旦与图层和蒙版结合起来，它们的威力就会被成倍放大。当然，记得使用动态调整的方法应用这两个命令——对于前者，是调整图层；对于后者，是智能滤镜。

最后，曲线与色阶这两个Photoshop的王牌命令登场了。它们的作用在于能更自由地分别控制不同区域的影调。然而有时候，即使使用曲线依然没有办法把影调调整限定在需要的区域里。这时，就要再结合图层蒙版。当曲线遇上蒙版，不但可以简单地获得最为强大的影调调整工具，而且，毫不掩饰地说，你已经在使用相当高级的照片处理技术了。

第10章

北腿：修饰照片的色彩

在南少林习练了少林神拳，自然要北上嵩山继续学习少林腿法。色彩调整不但与影调调整一样是照片修饰中的重要步骤，也与影调修饰有着密不可分的关系。通过上一章的学习可以知道，影调调整可能会影响色彩，增加对比度经常使色彩显得浓郁。在修炼腿法的时候，千万不要忘记借助已经掌握的拳法。

关于色彩修饰，基本也最重要的是获得正确的色彩。你可能很容易被各种各样的色彩效果所吸引，然而准确的色彩是先决性的。要获得准确的色彩有时候是一件麻烦事，好在Photoshop和Camera Raw都提供了白平衡工具，这能够让事情变得简单一些。

调整局部色彩是Photoshop的强项。一般可以通过调整图层和图层蒙版的组合来做局部色彩调整。在Photoshop中，不但可以选择空间区域做局部调整，还可以选择色相来做局部调整。色相是后期处理中最重要的概念之一。色相和色彩容易混淆，虽然不用刻意区分色相与色彩，然而了解色相与色彩的组成对理解数码摄影并自如调整色彩相当有用。

本章就来谈谈色彩修饰中的这些基本问题。

本章核心命令：

Camera Raw——基本面板、白平衡工具、HSL面板		色阶与曲线
自然饱和度调整图层	吸管工具	颜色面板
色相/饱和度调整图层	颜色查找调整图层	照片滤镜调整图层

10.1 白平衡与色彩氛围

如果觉得照片的色彩存在问题，尤其是在黄昏、清晨、白炽灯照亮的室内等光线环境下拍摄的照片，首先要调整的参数可能就是白平衡。准确的白平衡与不准确的白平衡对照片的影响是巨大的。好在通过Photoshop校正白平衡非常简单。本节就来了解色彩校正中最基础的概念和技术：修正与修饰白平衡。

10.1.1 白平衡与色温

白平衡是定义白色的方法。设置白平衡的目的是为了能够看到正确的中性色，从而表现真实的颜色。

假设一间房间里装了两盏日光灯，一盏为暖白型，而另一盏为冷白型。现在，有一个人穿着白衬衫站在房间里，先打开冷白型的灯，然后打开暖白型的灯。因为事先已经了解他穿的是白衬衫，所以无论开哪一盏灯，我们都知道衬衫的颜色是白的。然而，事实上，他身上的衬衫在不同光线照射下所显示的颜色是不一样的。数码感光元件无法像人的大脑一样进行逻辑推理，它将以固定的形式来记录色彩。因此，对于数码相机来说，取决于打开的灯，这个人可能穿一件略带蓝色的衬衫，也可能穿一件略带黄色的衬衫。换句话说，同样一个白色的物体，因为光线的不同，就可能被记录为不同的颜色。

上面这句话可以被外推到所有颜色。也就是说，相同颜色的物体会因为光线条件的改变而表现为不同的颜色。为了获得准确的色彩，需要定义一个条件，在这个条件下白色的物体确实表现为白色。这个条件就是相机的白平衡。

白平衡通常以色温进行度量，色温的单位是开尔文（K）。色温是通过黑体辐射来定义的。没必要去钻研这些物理知识，只需记住如下一些常见光源的色温值即可。

烛光色温约1 800K；白炽灯色温2 700K~3 200K；正午日光色温约5 400K；阴天散射光色温约6 500K；正午阴影色温约7 500K。

在相机中设置的白平衡也是一个特定的色温值，但是这个色温值不一定正好与拍摄光源的色温值相同。因此，真正重要的是：当白平衡设定值高于拍摄场景的实际色温时，照片会偏黄；当白平衡设定值低于拍摄场景的实际色温时，照片会偏蓝。如果白平衡设定值正好等于拍摄场景的实际色温，照片的色彩就会相对准确。

如图10-1所示，对同一个场景使用了不同的白平衡设置拍摄，结果出现了完全不同的色彩结果。中间的照片使用5 400K白平衡设置，这是相对正确的色彩还原。左边的照片色温设置为2 850K，由于它低于光线的实际色温，因此照片看上去偏蓝；右侧的照片色温设置为7 500K，由于高于实际色温，因此照片看上去偏黄。

图10-1　白平衡设置对照片色彩的影响

错误的白平衡设置会带来严重的色彩失真。因此，在校正颜色时，首先要确保白平衡设置的正确。

也许你会有疑问，在拍摄时已经使用了自动白平衡，为什么相机还会记录不准确的白平衡值呢？这里有很多原因。在这里没必要探究这些原理，只要记住这个结论：相机记录的白平衡很可能是不准确的。拍摄照片的时间离正午越远，拍摄照片的室内光线越复杂，相机的自动白平衡可能就越不准确。

此外，还要建立这样一个印象：白平衡不但影响色彩，而且影响照片的影调。这里有两个提示：在拍摄时设置相对准确的白平衡可以保证测光的相对准确；在后期更改白平衡时要注意影调受到的影响。

10.1.2　在Camera Raw中修饰白平衡

调整照片白平衡最好的工具是Camera Raw，尤其是当拍摄的是Raw格式的照片时。在Camera Raw中打开一张Raw格式照片，可以在基本面板的白平衡设置区域看到白平衡色温值，如图10-2所示。这里的两个滑块分别记录照片的色温和色调，与相机中的白平衡调整维度相同。这是Raw格式文件才能享受的特权。如果是JPEG或TIFF格式文件的话，在这里是看不到色温显示的。

图10-2　白平衡设置区域显示Raw格式文件的色温值

白平衡是Raw的下游操作，所以实际上照片拍摄时的色温设置对Raw格式文件是无效的，可以在后期任意调整白平衡。对于JPEG格式文件来说，拍摄时的色温会被嵌入照片内部，尽管在后期依然能够通过模拟的方式更改白平衡，但是它的宽容度和灵活性远远不及Raw格式文件。

默认的白平衡设置是所谓的"原照设置"，即拍摄照片时的相机设置。但是，需要注意的是，Camera Raw所谓的原照设置与相机的实际设置可能存在细微的差别，尤其是色调。这是Adobe和原厂软件在还原相机白平衡数据时的区别。

可以通过打开下拉列表选择Camera Raw的其他白平衡预设——这也是只有Raw才拥有的权利。每一种预设其实都是不同色温值与色调值的组合，其中关键的是色温值。如图10-3所示，可以看到使用阴影、荧光灯和日光这3种白平衡预设对照片外观带来的影响。Camera Raw对这3种白平衡预设使用的色温分别为：7 500K、3 800K和5 500K。值得提醒的是，传统的标准的日光白平衡色温是5 400K，Camera Raw中的日光白平衡色温设置则略微高一些。

图10-3　白平衡预设对照片色彩的影响（由左至右依次为阴影、白炽灯和日光白平衡）

除了使用预设，还可以移动色温、色调滑块自由更改白平衡。一般总是先设置色温。如果觉得照片有偏绿或者偏品红的情况，再调整色调——这也就是色调有时候被称为"白平衡微调"的原因。假如依然不是很明白到底白平衡怎样影响照片的颜色，那么记住这句话：色温设置越低，照片越蓝；色温设置越高，照片越黄。

很多时候凭感觉可能不知道到底如何设置白平衡才最准确，这时候Camera Raw的白平衡工具能够帮上大忙。单击工具栏上的吸管图标，或者按I键启动白平衡工具。使用吸管在照片上中性色的区域单击，Camera Raw就会以此为参照自动设置白平衡，如图10-4所示。

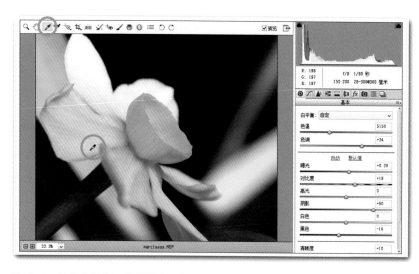

图10-4　使用白平衡工具设置白平衡

请注意，用白平衡工具单击的是"中性色"而不一定是白色。所谓中性色，是指单纯的灰色、黑色或白色。如果照片上有值得参照的灰色，它可能是最好的参考。当使用黑色或白色作为参照的时候，请注意不要单击溢出直方图的部分，也尽量不要单击紧靠直方图两侧的部分。因为这些区域的色彩信息较少，可能无法获得准确的白平衡。如图10-4所示，选择的是花瓣较暗的部分，而没有单击左上方看起来"最白"的区域。

由于在实际场景中的白色、灰色以及黑色常常都带有轻微的偏色——这就是为什么标准灰卡要卖得很贵的原因——白平衡工具的效果也可能需要微调。这时候，可以以白平衡工具为基础进一步微调色温与色调滑块，以获得满意的结果。

总体来说，Camera Raw的白平衡工具是在Photoshop中校正照片白平衡的最佳选择。

10.1.3　在Photoshop中校正白平衡

在Photoshop中有两个传统工具是直接用于调整白平衡的，它们分别是变化命令和色彩平衡命令。变化命令不能作为调整图层应用，而且它是一个仅能在8位模式下工作的命令。而色彩平衡命令更大的作用可能是制作出不同的色彩效果。如果想单纯调整照片白平衡的话，Camera Raw确实是最好的工具。不过，在Photoshop中同样有能够实现与Camera Raw中的白平衡工具类似的一键校正白平衡的方法，它们隐藏在曲线和色阶命令中。

打开调整面板，新建一个曲线调整图层或色阶调整图层。在相应的属性面板中，会看到左侧3个纵向排列的吸管图标，如图10-5所示。这3个吸管图标分别用于设置黑场、灰场和白场。单击中间那个图标以设置灰场。设置灰场的道理与在Camera Raw中使用白平衡工具是一样的，它能够将照片中的某一个区域作为中性色，以此为参照来设置照片的白平衡。

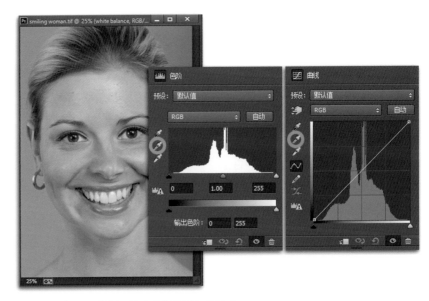

图10-5　色阶与曲线调整图层的设置灰场按钮

当光标指针变成吸管形状之后，在照片的中性色区域单击，即可设定照片的白平衡。如图10-6所示，我使用的是曲线工具。使用色阶工具能够获得相同的效果。同样，可以单击灰色、白色或黑色的区域，避免阴影剪切与高光剪切。

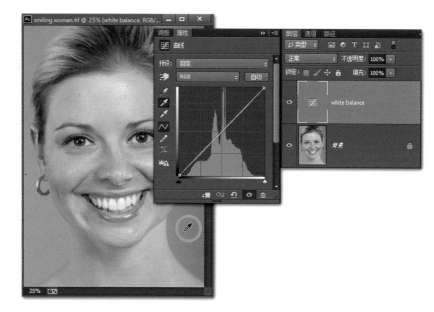

图10-6　通过曲线调整图层设置中性色

在设置中性色之后，一般总能看到红、绿、蓝3条曲线在曲线图中被分离了。Photoshop是通过分别设置不同通道的曲线来实现中性色校正的。对于色阶来说，情况也是相似的，Photoshop中将分别调整不同通道的色阶来完成白平衡校正。与曲线不同的是，在RGB色阶图上看不到不同通道色阶的叠加。

这就是在Photoshop中直接设置白平衡的最简单的方法。

10.1.4 通过白平衡营造氛围

准确的白平衡能够再现准确的色彩。然而，有些时候，有目的的白平衡偏移却可以起到营造氛围的作用。偏黄的照片能够带来温暖的感觉，而偏蓝的照片则往往让人感觉忧郁、冷艳。这种与黄色和蓝色相关的情感体验往往可以被用来制造特殊的氛围。

设置白平衡的时候，如果设置的色温低于画面的实际色温，那么照片会偏蓝；设置的色温高于画面的实际色温，照片则会偏黄。更简单一些来说，当需要暖色调照片时，向右移动色温滑块；当需要冷色调时，则向左移动白平衡滑块。使用Camera Raw的白平衡命令是调节照片冷暖色调的最佳方法。

图10-7左图所示为一张颜色"标准"的照片。在Camera Raw中打开这张照片，由于这是一张JPEG格式照片，因此在这里看不到色温值。对于非Raw格式文件，色温与色调的默认值都是0。将色温滑块向左移动

到−40，产生如图10-7右图所示的蓝色色调效果，看起来更为梦幻。原图本来就是一张非常漂亮的照片，但是调整色温之后的效果却能引起更多情感遐想。

顺便看一下白平衡与影调的关系。如图10-8所示，分别将白平衡设置到−40、0与+40，可以很清楚地看到直方图的差异。白平衡会明显影响影调，尤其在大幅度调节白平衡的时候，蓝色和黄色可能会溢出到直方图右侧。这是在以营造效果为目的调整白平衡时需要注意的问题。更深入一些，假如在拍摄时白平衡设置得很离谱，那么所获得的曝光也会受到影响。

图10-7　调整白平衡以改变照片的色彩基调

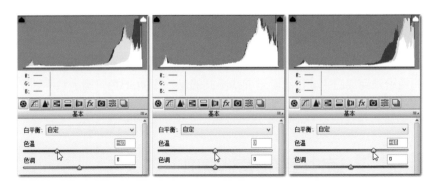

图10-8　不同白平衡设置下的直方图表现

对于这张照片，尽管蓝色的影调看起来相当漂亮，但是有一个问题需要处理。背景与衣服被洒上蓝色非常好，可是皮肤好像太蓝了一些。皮肤也有那么一点蓝色的梦幻感觉很好，然而不要这么过分。如何解决这个问题？

假设有两张照片，一张蓝色色调的照片，一张色调正常的照片。只需要将这两张照片拼合起来，用色调正常的照片来表现皮肤就能够解决这个问题了。Photoshop的图层与蒙版显然足够胜任这项任务。

在Camera Raw中，按住Shift键可以将照片以智能对象的形式在Photoshop中打开，如图10-9左图所示。右键单击智能对象，在弹出菜单中选择"通过拷贝新建智能对象"，如图10-9中图所示。这是非常重要的一步。

图10-9　打开智能对象并复制智能对象

　　在Photoshop中，有两种复制智能对象的方法。第一种是常用的图层复制方法，快捷键为Ctrl+J。使用这种方法复制的智能对象之间是相互关联的。也就是说，如果对其中的一个智能对象进行了修改，那么其他智能对象也会发生相应的改变。这在有些时候非常有用，但有时候却不需要这些智能对象之间相互关联，比如在这个例子中。

　　我复制智能对象，目的是将复制的智能对象的白平衡色温恢复到0以去除蓝色色调。假如使用快捷键Ctrl+J复制智能对象，然后在Camara Raw中调整白平衡，那么这两个智能对象的白平衡都会同时恢复正常，这显然不是我们需要的。这时候，要使用"通过拷贝新建智能对象"命令。无论这个命令读起来多么拗口，意思多么不好理解，只需要记住，这可以让复制的智能对象与原来的智能对象之间不再关联而成为相互独立的版本。

　　把下方的智能对象命名为"blue cast"。双击上方的智能对象，在Camera Raw中把色温恢复到0，退出Camera Raw后就能在Photoshop的图层面板中看到上下两个版本不同的智能对象。因为目的是分离皮肤与画面的其他区域，所以首先要选择皮肤。对于肤色的选择，我一般会先尝试色彩范围。从"选择"菜单中选择"色彩范围"命令，或者使用我设定的快捷键Ctrl+Shift+Alt+O。按住Shift键在皮肤上取样，获得如图10-10所示的选区。

　　在"色彩范围"对话框中有一个"本地化颜色簇"选项，这个选项的作用与魔棒工具的"连续"选项相似，可以让Photoshop忽略与取样点相距较远的区域。但是，这个命令的实际效果因照片而异。按理来说，在这张照片上，勾选"本地化颜色簇"似乎更合理。事实上，我却发现在这里不勾选这个选项并且把颜色容差设置得小一些效果会更好。因此，这是一个需要尝试的选项。有时候，它会带来相当好的结果，有时候则差强人意。

图10-10 使用色彩范围命令选择皮肤

完成选区以后，对选区做了1像素的羽化——习惯步骤，使用我设定的快捷键Ctrl+U能快速打开羽化命令。单击添加图层蒙版按钮，为上方的图层添加蒙版，这样除了选区以外的其他蓝色色调部分就因为蒙版的透明而被显示出来了。

接下来自然是使用画笔工具对蒙版做一些修饰，主要是把一些没有纳入选区的部分涂白。使用柔边画笔工具，将前景色设置为白色，在蒙版上的相应位置涂抹。在这个例子中，主要有以下几处地方需要处理：芭蕾舞鞋、手指指尖部分、头发以及脸上的装饰。图10-11展示了这些需要处理的部分。

图10-11 使用画笔修饰蒙版

在色彩范围中包括这些区域是得不偿失的，因为这会选中很多不需要的区域。对于这样的区域，留到蒙版中用画笔处理要好很多。在这个例子中，不用担心画笔的精确度，略微涂画到边缘外侧不会对照片带来实际影响。

图10-11最右侧图展示的是裙子遮盖皮肤的区域。这里蓝色与肤色的交界很明显，看起来似乎需要一些处理。要处理这样的区域是很困难的，究竟希望保留蓝色的色调还是保留真实的皮肤色调呢？因为褶皱和阴影的关系，色彩范围对这些区域的识别并不一样。

其实，对这样的问题往往可以换一个思路。在这张照片中，需要的是梦幻般的蓝色，而不需要皮肤也变得那么蓝。但是，并不是不需要皮肤显得冷一些，只是不需要"那么蓝"。把上方图层的不透明度降低到40%的时候，非但获得了冷艳却并不失真的肤色，同时也很好地解决了这些被裙子遮盖区域颜色之间的突兀过渡。

图10-12左侧图所示是原始照片，中间图是通过Camera Raw降低色温后的冷色调结果，而右侧图则是在冷色调基础上找回部分肤色的最终效果。如果希望更蓝一些，只需将不透明度继续降低；如果希望肤色更真实，提高不透明度即可。

图10-12　综合白平衡与蒙版调整的最终效果

通过这个例子，不但演示了如何通过更改白平衡简单地营造氛围，而且还展示了一个相当重要的后期处理技巧：如何使用智能对象和蒙版，将Camera Raw处理的两个不同版本混合起来。如果你一直习惯使用Camera Raw或Lightroom处理照片，这对你来说极具价值。这也是在Photoshop中处理照片局部的标准手段之一。

10.2 饱和度与自然饱和度

如果照片不够鲜艳怎么办？很多人想到的最简单方法可能就是增加照片饱和度了。确实，通过饱和度命令来增加照片的鲜艳程度是很直观的体验，不需要解释其中的原因。但是，对于饱和度，我想提醒你以下3个问题。

首先，把饱和度调整放在影调调整后面。在上一章中从来没有调整过照片的饱和度，然而任何一个例子在调整之后都要比原始照片鲜艳很多。尤其是亮度/对比度命令和曲线命令的演示案例中，这种饱和度的改变是戏剧性的。

照片的影调会影响色彩，也会影响饱和度。对比度很低的照片通常饱和度也很低，而对比度强烈的照片看起来就会显得饱和。同时，相同的颜色，假如偏向直方图右侧，看起来也许会显得很淡；而降低亮度之后，色彩可能发生显著的改变。因此，建议先调整照片的影调，最后再增加照片饱和度。很多时候，当影调修饰完成之后，根本就没有提高饱和度的必要。

其次，基础的饱和度调整命令既存在于Photoshop中也存在于Camera Raw中。在Photoshop中，调整饱和度的方法与影调调整命令一样——使用调整图层。打开调整面板，单击第一行最右侧的V形图标即可建立自然饱和度调整图层，如图10-13左图所示，我设定的快捷键是Ctrl+Shift+V。在Camera Raw中，基本面板的最下方有自然饱和度与饱和度两个命令滑块，如图10-13右图所示。这两个命令的作用与Photoshop自然饱和度调整中的两个命令完全一样。

图10-13 Photoshop与Camera Raw的饱和度调整命令

初学者可能对"自然饱和度"这个名词感觉陌生。从字面意思解释，自然饱和度能够让饱和度增加显得更"自然"一些，这也确实是它实际的作用。自然饱和度与饱和度在算法上有所不同，它不是一种线性的饱和度算法。使用自然饱和度会倾向于增加那些饱和度不足区域的饱和度，却不会让原来已经鲜艳的色彩过饱和。同时，自然饱和度对不同色相的影响也存在差异。我个人感觉，自然饱和度对蓝色的影响明显强于其他色相，同时它有一定的保护肤色的作用。

因为自然饱和度是一种相对温柔的饱和度调整方法，所以建议先尝试自然饱和度。或者说，自然饱和度的调整空间要大于饱和度。也可以联合使用自然饱和度与饱和度，并没有太多的道理，只是从显示屏上观看效果，找到合适的组合即可。如图10-14所示，就是同时使用了自然饱和度与饱和度命令，注意这是一个调整图层。

图10-14　通过自然饱和度调整图层增加照片饱和度

如果使用Lightroom，那么Photoshop中的自然饱和度命令相当于Lightroom中的鲜艳度命令，两者唯一的差别是中文翻译——它们的英文名称都叫vibrance。

关于饱和度调整，最后想提醒的是，要注意增加饱和度带来的副作用。增加照片的饱和度可能放大照片色差。从图10-14中其实已经可以看到这一影响。这张照片原来就有点泛黄，当增加饱和度之后，照片显得更黄了。好在这是我需要的效果，这能够带来温暖一些的感觉。但是，有时候这却并不是你需要的。

如图10-15所示，我增加饱和度的目的是让天显得更蓝一些，也让房子更鲜艳一点。结果却是前景的雪地以及积雪的树枝都变成了蓝色。这是因为雪在照片上原来就带了一点点的蓝色，当增加饱和度之后，这种颜色的差异被放大了。这是饱和度调整经常带来的问题。

图10-15　饱和度调整对色差的放大

这时候需要评估，是否真地需要增加饱和度。有时候，其实并不需要，所以删除自然饱和度图层或者使用弱一些的饱和度调整就可以了。如果确实需要，可以使用蒙版来解决问题。如图10-16所示，单击添加图层蒙版按钮以给自然饱和度图层添加一块白色蒙版。然后，启动画笔工具（B键），确保前景色是黑色，使用柔边画笔将雪地和树枝涂成黑色即可让这些部分对饱和度调整"免疫"。在左上角区域，将画笔不透明度降低到30%以避免产生明显的反差。当然，也可以使用选区工具来更好地修饰蒙版，顺便练习一下选择工具的使用。你会想到什么工具？要我说的话，色彩范围和快速选择工具都不错。

图10-16　使用蒙版解决饱和度命令的副作用

除了放大色差以外，增加饱和度还可能引入过饱和问题，导致过饱和区域的细节丢失。在非常鲜艳的红色、蓝色和黄色区域，要注意是否存在过饱和，尤其是细节比较丰富的情况下。在增加饱和度之后观察直方图是一个不错的办法。要是造成色彩溢出直方图右侧，或者有一个很尖的峰超出直方图顶端，就要注意过饱和的问题。

总之，增加照片的饱和度是简单的，但是不要忽略饱和度增加可能带来的副作用。把饱和度调整放到最后能够尽可能地避免饱和度产生的负面影响。

10.3　色相与色彩调整

在照片处理过程中，经常碰到这样的事情：想要增加照片的饱和度，但是不想让人脸变成橘红色；只想让天空变得更蓝一些，最好不要影响照片的其他区域。这种针对局部色彩的调整可以通过Photoshop的色相针对性调整工具来完成，这也是Photoshop最为强大的色彩处理能力之一。在了解这些调整工具之前，先要对于色彩的概念有一个初步认识。

10.3.1　色彩的组成

在日常生活中，人们习惯于各种不同的色彩，比如红色、绿色、咖啡色、粉色等。在Photoshop中，如果需要选取某种特定的色彩，该怎么做？

如果在照片中有需要的色彩，可以使用吸管工具直接在照片上吸取色彩。单击左侧工具栏上的吸管图标启动吸管工具，或者使用快捷键I。在吸管工具选项栏中，有一个取样大小选项。上一次看到这个选项是在介绍魔棒工具的时候。这里的取样大小选项与魔棒工具中的取样大小选项一样，决定的是取样范围。事实上，这两个命令不仅仅是"一样"，它们根本就是同一个命令！尝试一下在吸管工具中更改取样大小，转到魔棒工具，会发现魔棒工具的取样大小也发生了相同的改变。这个取样大小选项是被魔棒工具与吸管工具共享的。

使用取样工具在画面上需要取样的地方单击就能吸取颜色。如图10-17所示，可以看到在取样点周围出现了一个取样环，下半圈是原来的前景色，而上半圈则是新的前景色，即吸取的颜色。

图10-17　使用拾色器工具取样颜色

有两个地方可以观察当前的前景色。一是左侧的前景色/背景色工具图标，二是颜色面板。如果你和我一样设置了工作区，颜色面板就在右上方。在颜色面板中，不但可以看到当前的颜色，还能够查看颜色的准确数值。在第3章中，我曾建议将颜色面板数值设为HSB滑块，所以在这里我看到的H数值为21°，S为39%，B为71%。单击前景色图标（在左侧工具栏或者在颜色面板中单击都可以）将打开"拾色器"对话框，如图10-18所示。

在"拾色器"对话框中可以精确寻找某种颜色——如果你能够理解颜色的组成方式的话。拾色器一共提供了5种不同的颜色查找模式，分别是HSB、RGB、Lab、CMYK以及基于#开头的6位数数字编码形式。在这里我想着重介绍的是HSB模式，因为我一直觉得这是最直观，也是最容易理解的模式。而且，理解色相的概念对处理数码照片至关重要。

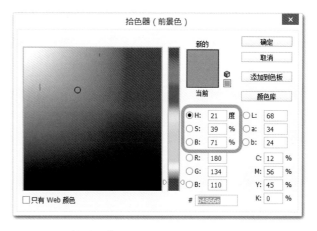

图10-18　"拾色器"对话框

HSB是通过3个维度来编码色彩的方式。其中，H代表色相（Hue），S代表饱和度（Saturation），而B则代表亮度（Brightness）。任何色彩都可以用这3种成分来编码。如果将S和B固定在100%，而把H值从0~360依序输一遍，以1°的间隔用相邻的颜色逆时针填充一个圆盘，这大致就是如图10-19所示的色轮。

从红色向紫色的变化代表的是可见光谱内波长的逐渐变短，这是客观的物理规律。在数码照片的成像中，我们习惯用0°~360°的色轮来表达不同的色相。它们由红色开始，依照光波波长变短的次序沿逆时针方向在色轮排开。在色轮上，0°代表红色，120°代表绿色，240°代表蓝色，以此类推。这个色轮在做高级色彩控制的时候非常有用，所以最好能把它印到自己的头脑里。

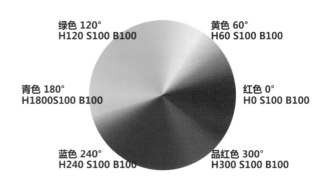

图10-19　基于HSB模式的色轮

比如，要使用纯正的红色，在H、S、B三个输入框中分别输入0、100和100就能获得红色。同样，要获得蓝色，输入240、100、100即可。那么，饱和度和明亮度的改变会如何影响颜色？

如图10-20所示，把H值固定在0，也就是红色。在上面一排中，保持B值为100%不变，从左到右依次设置S值为100、80、60、40、20、0。可以很清楚地看到，红色逐渐变成了淡粉色，最后变成了

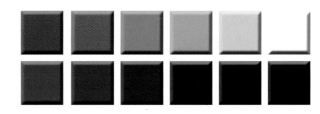

图10-20　饱和度（上图）与亮度（下图）对色彩的影响

白色——当饱和度是0时，由于亮度是100%，因此显示的颜色是白色，这一点应该很好理解。而在下面一排中，保持S值为100%不变，从左到右依次设置B值为100、80、60、20、0。可以看到，红色渐渐变成了咖啡色，最后变成黑色——当亮度为0时，无论H值与S值如何设置，颜色都是黑色。

通过这两张图，可以有一个初步的印象：色彩由色相、饱和度和亮度3个维度共同决定。平时所说的"红色"、"绿色"尽管是这三个维度的组合，但是我们经常单纯用颜色来指代色相。严格来说，所谓的红色是指饱和度与亮度都为100%时0°色相所对应的颜色。然而在实际使用过程中常常混淆这一概念。饱和度与亮度的改变都会影响色彩，并且可以让一种颜色变成另一种颜色。需要意识到的是，表面上看起来不同的颜色，它们的色相可能是相同的。而Photoshop的目标颜色调整工具所针对的对象并不是色彩，而是色相，这才是问题的关键！

例如，使用色相/饱和度工具对图10-20所示的色彩进行颜色调整，设置的调整目标是红色。不要以为只有左侧几块红色的色块才会被影响，除了右边的纯白与纯黑之外，其他色块都会受影响，因为它们在色相上都是0°红色。这是关于色彩组成最需要了解的问题。在Photoshop甚至绝大多数后期处理软件中，所有针对色彩的调整本质上都是针对"色相"的调整。无论是红色、粉色还是咖啡色，只要色相相近，调整就会影响到这

些颜色。而这也是马上要提到的色相/饱和度命令的工作原理。

10.3.2 通过色相/饱和度命令实现换装

　　Photoshop中针对局部色彩——确切来说是某一个色相区域——进行调整最常用，也最易于理解的命令是色相/饱和度命令。与已经了解的其他影调与色彩调整命令相同，色相/饱和度命令也以调整图层的形式存在于调整面板中。可以从调整面板中新建色相/饱和度调整图层，或者使用我设定的快捷键Ctrl+Shift+U。

　　色相/饱和度命令的属性面板如图10-21所示，主要有3个命令滑块。色相滑块用以改变画面或特定颜色的色相。饱和度滑块可用以增加或者降低照片饱和度。如果只是希望改变照片饱和度的话，使用自然饱和度命令是更好的选择。色相/饱和度命令中的饱和度调整相对来说更激进一些，范围也更大一些。明度命令可用以改变画面的亮度。尝试拖动一下明度滑块，你就会得出和我一样的结论：明度似乎并不是一个多么有用的参数。

图10-21　色相/饱和度命令的界面

　　将色相滑块向右移动到+60，将看到如图10-22所示的结果。如何理解色相改变对照片的影响？将色相滑块设置到+60，相当于把色轮按逆时针方向旋转60°（参见图10-19所示的色轮）。色轮逆时针旋转60°，红色就从0°变成60°，也就是黄色的位置。照片中模特的唇膏是红色的，所以嘴唇会变成黄色。之所以带点绿是因为唇膏原来就不是纯正的红，用拾色器所获得的色相大约是12。

　　人的皮肤一般是橙色的——记住，非常有用的概念——所以在逆时针旋转60°后，橙色被90°的黄绿色取代，模特的皮肤变成了惨绿的颜色。模特的衣服是蓝色的——如果你一定要说是灰色的话，按I键启动拾色器工具在模特的衣服上单击取样，然后

图10-22　调整色相滑块之后的结果

打开前景色看一看H值是多少。事实上，H值大约在250，属于蓝色的区间。在照片处理中，需要对色相很敏感——在调整之后蓝色变成了300°品红色，所以模特的衣服颜色发生了改变。

请注意色相/饱和度面板中最下方的两根色带。在图10-21中，上下两根色带是完全相同的；而在图10-22中，下面的色带与上方色带的颜色错开了。上方色带表示的是原始图像的色相，下方色带表示的是调整之后的色相。当移动色相滑块时，下方色带会按相同方向移动。如图10-22所示，红色下方所对应的不再是红色而是黄色，因此原始照片上红色的区域在调整后呈现为黄色。同样，可以看到橙色下方对应的是黄绿色，而蓝色下方对应的是品红色。这能够帮助理解色相命令的作用，并且很直观地看到不同色相在调整之后发生的变化。

但是，尽管这件新衣服不错，我还是喜欢拥有人类而不是怪兽皮肤的美女。这时候，可以针对某一种色相进行调整，这是色相/饱和度命令最大的用途——选择某种色相，把调整局限在色相范围里。

打开预设下拉列表，选择"默认值"能够恢复到调整之前的状态，这是在色相/饱和度命令中把色彩搞得一塌糊涂的时候最有用的恢复手段。打开预设下方的色相下拉列表，会看到Photoshop的默认色相选项，如图10-23所示。可以通过这个菜单选择需要的色相，但是更可靠的方法是单击左侧的手形按钮激活目标选择工具，然后直接在画面上需要修饰的区域单击，Photoshop就会自动选择相应的色相。如图10-23所示，Photoshop自动选择了蓝色。

图10-23 通过目标选择工具选择合适的色相

有时候可能并不能一眼就辨识出某个区域的色相，这时候直接取样的方法是非常管用的。当设定了某一色相之后，在下方的两条色带色带之间会出现如图10-24所示的标记。这个标记的作用是表示当前选择的色相范围。浅灰色部分是会受到完全影响的区域，而深灰色区域则是效果递减的区域，这是为了避免生硬的边缘过渡。如图10-24所示，

图10-24 受影响的色相区域显示

225°~255°之间的色相范围被完全选中，而效果在195°~225°以及255°~285°的区域会递减。可以通过移动两侧的滑块来扩大或缩小受影响的色相区域，移动中间的浅灰色滑块能够改变色相区域的中心点。

在这个例子中，因为知道衣服的色相大约是250°，所以向右移动浅灰色滑块，使选择区域大致以250°为中心向两侧扩大区域。由于模特嘴唇和皮肤都偏向红色，所以在右侧扩展的区域很小，而在左侧则一直包括到蓝绿

色的区域。这时，再次将色相设置到+60，看到的就是图10-25所示的效果。这几乎是完美的换装！

可以看一下图10-25中所示的下方的两条色带。在灰色标记的区域里，上方的蓝色所对应的是下方的品红色，所以衣服会改变颜色。但是，在灰色标记以外的区域里，上下的颜色依然是一一对应的。正是通过选择相应的色相区域，然后只针对这些区域进行调整的方法来实现换装的。而这也是色相/饱和度命令的基本工作原理：依据色相的不同来区分调整的范围。

图10-25　使用局限的色相调整命令实现换装

10.3.3　色相/饱和度与HSL

由于色相/饱和度是一种针对色相的调整，因此很容易想到用它来完成一些常见的后期处理任务：降低天空的亮度以使天空显得更为湛蓝，保护人物皮肤免受饱和度命令的影响，等。下面来看一个使用色相/饱和度命令压暗天空的例子。

图10-26左图所示为原始照片。新建一个色相/饱和度调整图层（我设定的快捷键是Ctrl+Shift+U），启动目标选择工具在天空区域取样。Photoshop会自动将色相设置为蓝色——多数时候，蓝天的色相处于蓝色或青色的范围内。因为目的是压暗天空，所以很自然会想到明度。在选择了蓝色色相的基础上，将明度逐渐降低。很遗憾，看到的是如图10-26所示的效果。

图10-26　通过针对色相的明度命令来降低天空亮度

如果想让天看起来更蓝，尝试一下饱和度。在降低明度之后提高饱和度，可以获得如图10-27所示的效果。不妨试一下，如果不降低明度，单纯增加饱和度是没法获得这么鲜艳的蓝色效果的。这就是说，明度命令确实是有作用的。色彩并不单纯决定于色相，也决定于亮度，在HSB中就已经说明了。

但是，我觉得这样的效果差强人意。天空是变得更好看了，可是在交界处明显出现了过饱和，同时饱和度也影响到了其他一些我不想被影响的部分，比如房子的蓝色雨棚。这是色相/饱和度命令算法带来的问题。明度尽管可以调整亮度，但是它的算法与亮度/对比度命令完全不同，很难用它获得满意的效果。Photoshop在色相/饱和度命令中沿用了传统算法，然而在别的地方Photoshop还提供了新算法。

图10-27　联合明度与饱和度命令压暗天空

在Camera Raw中打开这张照片——将背景图层转换为智能对象，然后使用快捷键Ctrl+Shift+A启动Camera Raw——单击右侧面板左起第4个图标切换到HSL面板。HSL面板的工作原理与色相/饱和度相似，允许以色相为参照调整照片的部分区域。可以在HSL面板中看到色相、饱和度与明亮度3个选项卡，每一个选项卡中均有8个不同的滑块，如图10-28所示。它们所代表的是不同色相范围。如果与图10-23相比的话，HSL面板多了橙色（30°）和紫色（270°）这两个色相预设。

图10-28　在HSL面板中压暗天空

与色相/饱和度不同，这些Camera Raw的预设是不能改变的。尽管如此，HSL面板对亮度与饱和度的影响却显得更有用。如图10-28所示，将蓝色的明亮度从0降低到-15，天空被明显压暗并且显得更鲜艳，与图10-26所示的在色相/饱和度面板中降低蓝色明度的效果形成了显著的差别。应该说，HSL面板的明度和饱和度算法显得更"现代"。当希望压暗或者提亮某个色相区域，打开Camera Raw用HSL命令进行调整往往能够获得更好的效果。在希望改变某些色彩的色相时，色相/饱和度命令也许更灵活一些。

10.4 为照片调色

　　调色可能也算是国人发明的一个名词。在我所接触过的英文书中似乎都没有"调色"这一说。毕竟，色调处理的过程伴随照片处理始终，单独分出一个"调色"显得很奇怪。我把调色理解为偏离真实色彩的过程，因此这在一定程度上属于再创造。准确的白平衡能够带来准确的色彩，然而为了表达情感，有时可能希望歪曲色彩来烘托氛围，就好像在本章第1节中看到的那样。这个过程就是调色的过程。

　　很多人对调色很感兴趣，因为调色可以带来不同的画面感觉，传递情感线索。需要注意的是，应首先获得准确的色彩，然后再进行调色，不要本末倒置。如果可以解决复杂的色彩问题以获得真实的色彩，那么调色自然手到擒来。在Photoshop中，有很多可用于调色的工具，这里只简单介绍其中几种。

10.4.1 Photoshop的颜色查找预设

　　Photoshop CS6新增了一个调整图层，称为颜色查找图层。颜色查找的出发点是模拟电影工业的色彩风格，它是一种以通道为基础的颜色匹配过程。可以简单地把颜色查找理解为Photoshop的一些颜色预设。

　　我很少使用颜色查找，主要的原因在于我本人并不习惯预设。但是很多人喜欢预设，所以在此对它进行介绍。因为它是一个调整图层，所以这种动态调色方法显得很灵活。打开调整面板，或者从菜单中新建颜色查找图层，然后从下拉列表中选择一个预设就可以了。如图10-29所示，我选择了3DLUT中的"Fuji F125 Kodak 2393"预设。

　　由于颜色查找是针对独立通道的调整预设，所以对于不同的照片效果可能会有很大差异。你唯一需要做的事情是尝试不同的预设，看看是否适合照片。Photoshop本身内置了还算比较多的预设，有时候可以获得非常漂亮的结果。

图10-29　颜色查找调整图层

10.4.2 使用照片滤镜调色

在胶片摄影中，颜色滤镜是很常用的滤镜。通过在镜头前加上一片颜色滤镜能够为照片着色，从而使照片呈现不同的色彩。在数码摄影中，颜色滤镜渐渐淡出了人们的视野，因为后期处理时能够很方便地在一张色彩正常的照片上模拟颜色滤镜的效果。

Photoshop提供了名为照片滤镜的调整图层。在调整面板中单击相机图标可以添加照片滤镜调整图层，如图10-30所示。打开滤镜下拉列表，可以看到Photoshop提供了很多颜色滤镜预设，包括流行的加温滤镜85、81和冷却滤镜80、82。

图10-30　内置的照片滤镜

加温滤镜的作用是让照片显得更暖一些，而冷却滤镜的作用正相反。这两种滤镜的作用类似于调整白平衡。只需要选择需要的照片滤镜，然后调节浓度以适应照片。浓度越高，叠加的颜色也就越浓。如图10-31所示，选择"加温滤镜（81）"，并将浓度设置到40%以营造暖调效果。

图10-31　通过照片滤镜营造暖调效果

在照片滤镜属性中有一个"保留明度"选项，一般需要勾选这个复选框。勾选"保留明度"之后，照片滤镜将只影响照片的色彩而不会改变影调。而如果不勾选这个复选框，在叠加滤镜之后，照片的影调也会发生改变。有时候这可能是所需要的效果，但是多数时候并不需要。

事实上，照片滤镜的工作原理很简单，Photoshop只是在照片上方添加了一个纯色图层，然后通过一定的方式和下方照片进行混合。完全不必拘泥于Photoshop提供的这些色彩滤镜预设。单击颜色小方块就能够打开"拾色器"对话框，如图10-32所示。可以在这里键入喜欢的颜色以与照片进行混合。Photoshop提供的3块加温滤镜的H值都是44，不同的是S值和B值；而3块冷却滤镜的H值则各不相同。其实这都无所谓，只要在"拾色器"对话框中输入自己的HSB值就能够制作任意颜色滤镜，而完全不用在乎Photoshop提供了什么，而这也是数码后期处理的好处——通过给镜头安装真实的色彩滤镜无论如何也完不成这样的任务。

图10-32　自定义滤镜颜色

10.4.3　快速制作怀旧照片效果

怀旧是常见的颜色效果。怀旧照片一般都拥有黄褐色调，看起来有一种昨天的感觉。在Photoshop中，有多种不同的方法制作怀旧照片。本小节将介绍一种最快速、最便捷的怀旧照片制作方法，使用的工具是色相/饱和度调整图层。

打开调整面板，在背景图层上方新建一个色相/饱和度调整图层，或者使用我设定的快捷键Ctrl+Shift+U。将这个图层命名为"sepia"。在色相/饱和度图层属性中，可以看到一个"着色"选项，如图

10-33所示。勾选"着色"，Photoshop会扔掉照片的色彩信息，并依据照片的影调分布，使用特定的颜色来为照片着色。

图10-33　着色选项

　　用于着色的颜色由色相与饱和度滑块决定。色相决定用什么颜色为照片着色，而饱和度则决定着色的深浅。对于怀旧照片，用于着色的色相一般在30°～50°，也就是橙色与黄色之间的色相。如果色相设置得更高，照片会显得比较黄而不是那种"黄褐色"的感觉，而色相设置得更低则会让照片发红。

　　在这个例子中，将色相设置为40，这是一个略微带点黄色的橙色色相；把饱和度设置到22，既能为照片着色，又不影响影调并且引入过饱和，获得的效果如图10-34所示。顺便说一句，如果将饱和度设置到0则将变成一张黑白照片。关于黑白照片将会在第12章中详细探讨。

　　事实上，只通过一步操作就实现了怀旧色调效果。由于照片的原始色彩信息被去除了，对于单色调照片和黑白照片，因为没有杂乱的色彩信息，所以通常能够容纳更大的对比度调整，而且这些照片也需要较高的对比度来增强吸引力。

　　我采用了最简单的对比度调整方法，在色相/饱和度调整图层上方新建了一个亮度/对比度调整图层（我设定的快捷键是Ctrl+Shift+B），并将它命名为"tonal"，因为我要调整的是影调。如果单击"自动"，Photoshop根据直方图分布会认为照片缺乏高调，所以它的自动决定和我的想法完全背道而驰——这就是我不那么喜欢各种自动命令的原因。将对比度增加到70，略微降低亮度到-12，图10-35所示为最后完成的怀旧照片效果，使用了一个色相/饱和度图层和一个亮度/对比度图层。

图10-34 使用色相/饱和度命令实现怀旧效果

图10-35 通过亮度/对比度调整图层修饰怀旧照片的影调

这是在Photoshop中营造怀旧色调的简单方法。同时，这两个调整图层的组合很有意思：色相/饱和度用来控制色彩，亮度/对比度用来控制影调。它们的作用与它们的名称完全符合，而这也是我的基本观点：术业有专攻，用专门的工具来做专门的事情。

10.5　本章小结

白平衡是色彩修饰中的第一个重要问题。白平衡不但影响照片色彩的准确性，也会影响照片的影调。因此，在照片处理过程中，设置准确的白平衡往往是先决步骤。对于Raw格式文件可以在后期任意设置色温值，这提供了更多的自由。使用Camera Raw的白平衡工具或者Photoshop的色阶和曲线都能够简单地通过参考设置白平衡。

饱和度调整是色彩处理中另一个常用的手段。既可以在Camera Raw中调整饱和度，也可以使用Photoshop的自然饱和度调整图层调整饱和度。记住两点：先完成影调处理，再做饱和度调整；先尝试自然饱和度，再尝试饱和度。

色相/饱和度是Photoshop针对局部色相进行色彩调整的工具。作为摄影爱好者或摄影师，脑子里应随时能够映现那个色轮的图像，熟悉HSB的色彩编码方式。在Camera Raw中有类似的工具，也就是HSL面板。HSL面板无法自由定义色相范围，但是在明度和饱和度算法上都要比色相/饱和度工具更好一些。

最后，掌握准确表现色彩的方法之后，你自然会开发出很多调色技术。这里介绍的颜色查找、照片滤镜以及色相/饱和度调整只是冰山一角。当你的需要是再创造时，Photoshop就为你打开了创意的大门。

第11章

见微知著：锐化与降噪技术

　　锐化与降噪是数码后期处理，或者说数码摄影中基本而常用的技术。这两个技术的作用正好相反：锐化是为了让细节看起来更锐利，而降噪则是为了模糊照片上的噪点。一个是锐化，一个是模糊，可谓截然不同的路径。然而，它们的内在逻辑却是相似的，而且它们都是以损害画质的不可逆操作这一可怕面目出现的。

　　很多人对锐化与降噪存在误解，其实锐化与降噪很好地诠释了中国人的哲学：平衡。需要在细节和噪点之间寻找平衡，其结果是获得一个相对较好的结果。这其实也是数码信号信噪比概念的本源。比较麻烦的一点是，锐化和降噪可以发生在数码照片处理流程的不同节点上：既可以发生在相机内，也可以发生在后期软件内；而且在不同的设备上以不同大小查看照片，对锐化与降噪的要求可能也不一样。因此，锐化与降噪既是简单的技术，也是有些复杂的概念。

　　总体上，每个人都应该建立一套自己用来顺手的锐化与降噪流程，尤其是锐化流程。要找到自己喜欢的流程，不但需要掌握在Photoshop中进行锐化与降噪的技术，还要了解锐化与降噪的基本原理。本章就将从锐化的原理开始学习照片的锐化与降噪。

　　本章核心命令：

智能锐化　　USM锐化　　　　动作面板　　　　Camera Raw——细节面板　　　减少杂色

11.1　锐化与模糊

　　关于锐化，有两个需要提醒注意的重点。首先，将锐化应用于智能对象而不是普通的像素图层。这并非完全必须，但是我喜欢动态调整，这能带来最大的宽容度。同时，由于锐化是有损操作，使用智能滤镜是相对更安全而合理的选择——因为确实可以通过智能滤镜来完成几乎所有锐化操作。所以，右键单击图层，选择将图层转换为智能对象，如图11-1所示（也可以使用我设定的快捷键Ctrl+/）。

先来看Photoshop中的第一个锐化命令。打开"滤镜"下拉菜单，指向"锐化"以打开锐化子菜单。在这个子菜单中，选择"智能锐化"启动智能锐化命令。似乎USM锐化比智能锐化更著名，但为什么要先介绍智能锐化？是的，USM锐化可能名声卓著，然而我有自己的理由，看下去你就会知道。

图11-1　对智能对象应用智能锐化

图11-2显示的是"智能锐化"对话框。Adobe不但为Photoshop CC完全重写了智能锐化的算法，而且为它设计了一个新的对话框。这是一个非常好的对话框，可以任意在边缘拖动鼠标以改变对话框的大小，左侧的预览窗格也会随之变大或变小。这样，在对话框中就能获得足够大的预览空间，而不用去看主窗口中的图像。

在默认情况下，"智能锐化"对话框将使用100%的大小来预览照片。这是关于锐化我要提醒注意的第二个重点：把照片放大到100%然后评价锐化的效果。一张高像素

图11-2　智能锐化对话框

的照片，如果只是在普通计算机的显示屏上以适合屏幕的大小显示，可能根本就感受不到锐化的效果。需要将照片放大到100%，才能准确地评估照片的锐化情况。

可以通过预览窗格下方的按钮来改变缩放比例。将鼠标指针放在预览窗格上将看到一个手形图标，这时候可以像使用抓手工具一样来移动照片，找到需要观察的部分。把鼠标指针放到Photoshop的图像显示窗口中，会看到一个小方块。在图像的任意部位单击，就将在预览窗格中放大以该单击部位为中心的画面区域。

如果操作过智能锐化，应该还会注意到一个细节。在预览窗格中按下鼠标左键，窗格中将显示未应用锐化的情况；放开鼠标，则将显示锐化后的效果。这是在"智能锐化"对话框中评价锐化效果最简单也最实用的方法。

这里要重点关注的是智能锐化的"移去"选项。如图11-3所示，打开"移去"下拉列表，可以看到3个选项：高斯模糊、镜头模糊和动感模糊。问题在于，我们的目的是锐化，为什么这里的3个选项却无一例外的是"模糊"？

图11-3　智能锐化的移去选项

这是我要先介绍智能锐化的最主要原因——直观地感受到为什么锐化是一种有损画质的操作。锐化确实能够让照片看起来更锐利，但是它不能够找回照片上原来不存在的细节；相反，它是以损害细节为代价的。锐化的原理是让Photoshop找到那些反差明显的边缘，然后对边缘两侧做一定的模糊处理，从而以模糊的方法来反衬细节反差，起到锐化的效果。因此，锐化的本质是模糊细节，过于强烈的锐化会导致细节的丧失并且引入亮边等数码伪迹。

智能锐化如何决定边缘模糊的范围由半径命令决定。半径设置得越大，智能锐化模糊的边缘也就越宽。如图11-4所示，把半径设置到10像素，可以很清楚地看到照片的改变。锐利吗？看起来是很锐利，边缘变得非常清晰。但是，这样的照片在锐利的背后呈现出一种非常不干净的感觉。因为照片上的大量细节被抹平了，只留下了反差最明显的轮廓边缘。这显然不是我们需要的"锐化"效果，这差不多是在搞艺术创造了。

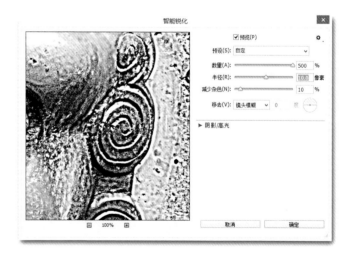

图11-4　半径对锐化效果的影响

智能锐化的默认半径值是1，这是一个不错的数值，适用于大多数照片。如果希望锐化效果更强烈，尤其对于细节并不丰富的照片，可以略微增加半径值，但是一般不需要超过2的半径数值，除非打印照片。智能锐化命令比较好的一点是只需要设置半径值。不用告诉Photoshop如何定义所谓的边缘，只需告诉Photoshop要在边缘左右多少像素的区域内做锐化——其实是模糊——就可以了。因为Photoshop会自动寻找边缘，这或许就是"智能锐化"这个命令名称的由来。

至于之前看到过的"移去"选项，将它设置为"镜头模糊"。这是Adobe为智能锐化设计的特殊算法，是在智能锐化中获得更好效果的来源，所以没有理由选择其他选项。

在Photoshop CC中，"智能锐化"对话框中出现了一个新的减少杂色命令。由于锐化经常会引入噪点，所以减少杂色命令能够部分补偿这一负面影响。如果在预览框中看到严重的噪点，尤其在单色重复区域——比如纯色的背景中，可以通过增加减少杂色命令的值来进行一定程度的降噪。

最后，数量命令能够决定锐化的强度。智能锐化的默认强度设置为100%，这个值对大多数照片来说都略微强了一些，可以将它稍微降低一些。在这个例子中，为了清楚地看到锐化效果以及锐化带来的噪点等负面影响，将强度设置到最大值500%。

对于这张边缘轮廓分明的照片，将半径值增加到2像素，保留强度设置为500%，然后单击"确定"按钮应用智能锐化。这时候要做的就是等待Photoshop完成智能锐化的应用，而且这会是一个不太短的等待。在智能锐化进程条慢慢移动的时候，我来谈谈我对智能锐化的看法。

首先，智能锐化是比USM锐化更高级的锐化方法，也是效果更好的锐化方法。效果更好不是我说的，这是Adobe公司在很多不同场合宣称的。多年来，Adobe一直鼓励用户用智能锐化来代替USM锐化。我很喜欢智能锐化，因为只需要设置半径，Photoshop就会根据照片自动决定边缘，并且它有更先进的算法。在一段时间里，智能锐化是我的标准锐化方式，我甚至为它配置了一组快捷键。但是，当我使用了Photoshop CC后，这个经过升级的智能锐化却让我望而却步，以至于又重新回到了USM锐化。

理由只有一个：速度。Photoshop CC的智能锐化实在是太慢了，慢到连我这种处理照片数量相当有限的人都无法忍受。所以，如果能够接受智能锐化的速度，或者说智能锐化在计算机上运行起来并不太慢，那么选择智能锐化，因为它能带来最好的锐化效果——前提是将"移去"选项设置为"镜头模糊"，同时它也是操作最简单的锐化工具。

智能锐化应用完毕后，如图11-5所示，可以看到智能锐化以智能滤镜的形式被应用于当前图层。问题是锐化显然太强了，这是因为把强度设置在500%。你一定觉得是我的失误，事实并非如此。接下来看看如何解决这个问题，在很长一段时间里这都是我的标准锐化流程。

图11-5　启动智能滤镜的混合选项

如果单击"智能锐化"这4个字，将重新打开"智能锐化"对话框。当然，可以在这里降低锐化数量。但这不是我们要做的。单击智能锐化右侧的小图标，也就是图11-5中用蓝色圆圈圈出来的那个标记，这将打开"混合选项"对话框。

混合选项的作用是允许将当前智能滤镜的效果与图层进行混合，以获得某种特殊效果或者改变效果的强度。在这个对话框中，第一步要做的事情是将模式从正常改为明度，如图11-6所示。在可能的情况下，这是对任何锐化都应该做的一步工作。锐化经常会引入色彩伪迹，越是强烈的锐化和越是大的半径值就越容易带来这个问题。将混合模式更改为明度能够去除锐化所带来的色彩改变，而只将锐化效果局限在照片的明度上。对于锐化来说，这是必要的一步。

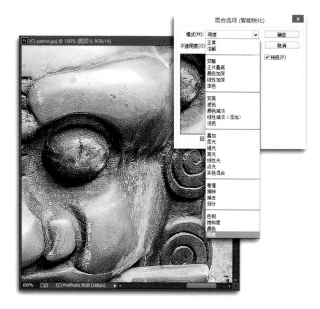

图11-6　将锐化的混合模式从正常更改为明度

接下来，降低不透明度以减弱锐化的效果，我建议你从20%开始尝试。由于之前设置的锐化数量是500%，因此设置20%的不透明度相当于在"智能锐化"对话框中将数量设置为100%。如果觉得锐化依然过强，可以进一步降低不透明度；如果觉得锐化不够，则可以增加不透明度。在这个例子中，我把不透明度设置为30%，也就是相当于锐化数量150%的水平。无论你信与不信，通过这样的方法控制锐化强弱要比直接在"智能锐化"对话框中调整锐化数量获得的质量更好一点——当然，只是微弱的一点点，需要在一些极端情况下才能看出两者之间的区别，如图11-7所示。所以这完全是你自己的选择，不必拘泥。

图11-7　调整不透明度以控制锐化效果

最后，通过图11-8来看一下锐化前后的区别。如果能够接受智能锐化的速度，那么标准的智能锐化流程如下。将照片转换为智能对象，启动智能锐化命令，确认移去选项为"镜头模糊"，将半径设置为1~2像素，将锐化数量控制在50%~250%，根据需要增加减少杂色命令。应用智能锐化后，打开混合选项，将混合模式从正常更改为明度。如果想精益求精，在"智能锐化"对话框中把数量调到最大，然后通过"混合选项"对话框的不透明度控制锐化数量。重要的是，因为采用了智能滤镜，因此无论做了什么，都可以通过简单地双击智能滤镜，重新打开"智能锐化"对话框来改变曾经设置的参数。

图11-8　智能锐化之前（左图）与之后的效果比较

11.2　USM锐化

USM锐化是Photoshop的标准锐化工具，或者说是传统上被使用最多的锐化工具。如果你像我一样无法接受智能锐化的运行速度，可以回到这个比较年长的工具，尽管据说它的效果没有智能锐化好。

同样，在应用锐化之前，右键单击背景图层并将它转换为智能对象以允许使用动态调整。然后，在开始锐化之前，建议你按快捷键Ctrl+1将照片放大到100%，并且将需要查看的照片主体部分显示在窗口中。打开"滤镜"下拉菜单，在锐化子菜单中选择"USM锐化"，也就是第一个锐化命令，如图11-9所示。我为USM锐化分配了一组快捷键：Shift+F8。

图11-9　启动USM锐化

与"智能锐化"对话框不同，"USM锐化"对话框依然是老式的对话框形式。虽然有一个预览窗格，但是窗格很小，也没有办法通过改变对话框大小来扩大预览面积。这就是要将画面放大到100%的原因。在锐化的时候，使用整个文件窗口作为预览要比使用对话框小小的预览窗格方便很多。

USM对话框中有3个命令滑块，分别是数量、半径和阈值，如图11-10所示。其中，数量与半径命令的作用与智能锐化相同。数量命令用于控制锐化的总体强度，半径命令用于控制边缘的模糊范围。阈值是USM锐化区别于智能锐化的一个选项，它所定义的是边缘，而在智能锐化中这是由Photoshop"智能"决定的。简单来说，所锐化的是边缘，但什么才是边缘呢？Photoshop以相邻像素之间的亮度区别来定义边缘。阈值设置得越大，对边缘的定义就越宽泛，这会使得锐化命令更多被应用于明显的轮廓而避免细节被过度锐化。在肖像锐化中，经常使用高阈值设置（比如20）来保护皮肤。

图11-10 "USM锐化"对话框

阈值设置得越小，对边缘的定义就越严格，这会使得画面中的更多细节被锐化。

由于每张照片都不同，所以锐化参数需要根据照片特点来决定。一般来说，数量的设置范围为50%~250%，250%的锐化数量已经是一个很高的设置。半径的设置范围为1~2像素。至于阈值，可以在3~20的范围内进行设置。对于大多数照片，4或5的阈值设置是比较合理的值。

在这个例子中，除了基础锐化外，可能因为在拍摄过程中有轻微的抖动，照片显得不够清晰，所以我想应用略微强一些的锐化。把数量设置为200%，阈值设置为5，并把半径提高到2像素，如图11-11所示。对于这类细节丰富的照片，2像素的半径值已经非常高。如果继续提高半径，很快就会失去许多羽毛的细节。

图11-11 USM锐化参数设置

在应用USM锐化之后，不要忘记同样需要做一步混合更改。单击USM锐化滤镜右侧的按钮，弹出"混合选项"对话框，如图11-12所示。在"混合选项"对话框中，把混合模式从正常更改为明度，以避免锐化影响色彩细节。

通过图11-13可以看到USM锐化的效果。毫无疑问，锐化之后的照片效果更好一些，可是它依然留下了一些锐化痕迹，尤其是眼睛周围以及喙缘。这是较高的锐化半径带来的问题。如果这张照片在拍摄的时候能够获得更锐利的结果，那么USM锐化之后的效果也会更好。这就是我一直强调的：锐化不能找回原本不存在的细节；相反，它只会抹去画面上原来存在的细节。所以，锐化最好的效果是锦上添花——让原本锐利的照片更清晰，而不是去弥补拍摄时遗留的问题。

图11-12　更改USM锐化的混合模式

图11-13　USM锐化之前（左图）与之后的效果比较

11.3　通过定义动作快速应用USM锐化

USM锐化是非常常用的技术，绝大多数数码照片在处理完成之后都需要做一步锐化，因此本节将介绍一种方法，可以实现通过一次鼠标单击完成USM锐化。重要的是，它不会让你遗漏一个重要的步骤。为了实现这个目标，要使用到动作面板。

单击类似播放按钮的图标打开动作面板，它应该在右侧面板的最上方。如果没有看到这个图标，使用快捷键Atl+F9来打开动作面板。Photoshop包含了一些默认动作，可以从图11-14中看到这些动作，它们被包含在一个叫做"默认动作"的动作组里。单击默认动作左侧的小三角关闭这个动作组，以便获得更大的面板空间。

如图11-14右图所示，单击面板下方的文件夹图标，弹出新建动作组对话框，用一个你喜欢的名字来命名这个动作组。我把动作组命名为"基础动作"，单击"确定"按钮可以完成新建动作组。这时候，在动作面板中可以看到一个与默认动作并列的基础动作组——或者其他动作组名称——这个动作组是空的，要往里面添加一个动作。

图11-14　打开动作面板并新建动作组

单击动作面板下方的新建动作图标将弹出"新建动作"对话框，如图11-15所示。将动作命名为"基础USM锐化"，并将它放入基础动作组内。可以在这里选择是否要为动作配置快捷键，该动作图标在动作面板中显示的颜色。因为我是一个并不经常使用动作的人，所以将它们保留在默认设置，然后单击"记录"按钮。

图11-15　新建动作

这时候，可以在基础动作组内看到"基础USM锐化"这个动作，同时请注意下方的录制按钮变成红色，说明当前正在录制动作——在"新建动作"对话框里单击的是"记录"，而不是普通的"确定"，原因正在于此。单击录制按钮左侧的停止按钮以暂停动作录制，因为我们还没有做好录制的准备。

这时候，选择一个智能对象——可以使用上一节中的例子，或者任何其他智能对象。问题在于，如果之前没有停止录制的话，Photoshop会把选择智能对象这一步也录制到动作中，而这并不是我需要的。当然，如果错误地录制了步骤也没有关系，选中该步骤，然后单击面板下方最右侧的垃圾桶图标就能够删除该命令步骤。

现在，已经选择了智能对象，可以单击录制按钮开始录制动作。像上一节中介绍过的一样，首先打开"USM锐化"对话框，然后设置参数。我使用了图11-16所示的锐化参数设置：数量为80%，半径为1像素，阈值为5。这是一个相对安全的设置，适用于大多数照片。对于一些照片锐化可能会不足，好在智能滤镜允许我们今后再来修改这些参数。在记录动作的时候，总是倾向于选择尽可能通用的参数。

图11-16　记录动作时的USM锐化参数设置

应用USM锐化之后，右键单击智能滤镜，选择删除滤镜蒙版。在多数情况下都不需要滤镜蒙版，它的最大作用是占据图层面板空间。既然是记录动作，不妨做得细致一些。接下来，双击USM锐化滤镜右侧的图标，打开混合选项，将混合选项更改为明度。最后，单击动作面板的停止按钮以停止记录动作。

现在，单击基础USM锐化左侧的小三角以打开该动作，可以看到下方出现了一组命令，如图11-17所示。动作其实就是一组命令依照一定顺序的排列。在这个动作中，能够清楚地看到Photoshop记录下来的3个命令步骤：USM锐化、删除滤镜蒙版、更改混合选项。厉害的是，Photoshop不但记录了命令顺序，还记录了所有命令参数。当下一次需要对照片进行锐化的时候，选中智能对象，然后打开动作面板，选择该动作，单击面板下方的播放按钮就能为当前图层依序应用这些命令。这不但能够节约时间，而且能够避免发生粗心的错误——忘记在锐化之后更改混合选项。没关系，只要在记录锐化动作的时候记下这一步，Photoshop就能帮助你记住这件事情。

图11-17　锐化动作记录的所有操作步骤

11.4　在Camera Raw中锐化照片

在我个人看来，Photoshop中最好的锐化工具并不存在于Photoshop中，而是存在于Photohshop的"外面"。如果希望获得最好的锐化效果，就打开Camera Raw对照片进行锐化。我喜欢Camera Raw的锐化工具是因为它提供了一个相当实用的选项可以简单地完成一些锐化操作，而这个选项无论在USM锐化还是智能锐化中都是没有的。

在Camera Raw中打开照片有两种方式。一种是直接在Camera Raw中打开JPEG或Raw格式照片，另一种是先在Photoshop中打开照片，然后通过智能滤镜来启动Camera Raw。由于锐化经常是数码处理的最后一步，所以我在本例中选择后一种方法——这是自Photoshop CC才开始具备的强大能力。如前所述，右键单击背景图层，选择转换为智能对象，如图11-18所示。然后，使用快捷键Ctrl+Shift+A启动Camera Raw滤镜以在Camera Raw中打开照片。

要观察锐化效果，记得在Camera Raw中将照片放大到100%。可以使用图像窗口下方的缩放按钮，也可以双击工具栏上的放大镜图标来放大照片。在右侧面板中单击两个三角形的图标以打开细节面板，如图11-19所示。细节面板被分为两个区域，上方是锐化区域，下方是降噪区域。Camera Raw的锐化区域一共有4个命令，其中数量与半径命令与在USM锐化和智能锐化中看到的类似，只是度量单位有所不同。将数量设置到0即为关闭锐化。本例中，把数量设置到90，以便比较清楚地看到锐化效果。

值得提醒的是，Camera Raw的半径命令不是以像素为度量单位的。默认的半径值是1.0，这是一个适合大多数照片的数值。如果觉得锐化不够，可以略微提高半径到1.1、1.2或1.3，然而不要以USM锐化为参照。因为在这里3.0是最大值，而如果把半径设置到3.0的话，锐化效果会非常强烈而失真，这与在USM锐化中设置3像素的半径值是完全不同的。

细节命令的作用是控制如何锐化照片细节。这个功能有些类似USM锐化中的阈值设置。低的细节锐化值将不锐化照片中的细节，而高的细节值则将明显突出照片的细节。如图11-20所示，把细节提高到100，可以很清楚地看到皮肤的纹理是如何被刻画出来的，请注意眼周的细微皮纹。对于需要表现丰富细节的照片，比如那些粗糙的岩石，可以通过提高细节值来强化质感——要注意，过高的细节可能会同时强化噪点。但是对于这样的人像照片，自然不能将细节设置得很高，这里把细节设置到20。如果你刚刚开始接触锐化，觉得细节值不好把握，那么将它保持在默认值25，这是一个对大多数照片都适用的值。

图11-18　将背景图层转换为智能对象

图11-19　Camera Raw的锐化区域

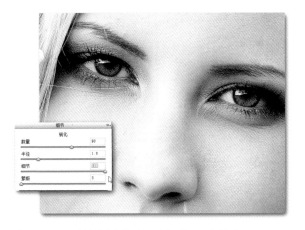

图11-20　细节值过高造成肌肤纹理被过度锐化

锐化区域的最后一个命令是蒙版，那是个神奇的选项。锐化命令总是应用于整张照片的，但是有时候只需要对照片的某些部分进行锐化。比如对于这张照片，我希望锐化眼睛、发丝等部位让它们看起来更清晰更锐利，但是我不希望锐化影响到皮肤和虚化的背景。在Photoshop中该怎么做？将照片转换为智能对象，应用USM锐化，然后在滤镜蒙版中使用黑色画笔将皮肤和背景区域擦除，以形成局部的锐化效果。

这正是Camera Raw的蒙版命令所提供的功能：为锐化效果添加蒙版。这个蒙版不需要用画笔来画，而只需要拖动命令滑块。当蒙版值设置为0时，Camera Raw会为整张照片应用锐化。蒙版值设置得越高，就会有越多反差不明显的区域被添加黑色蒙版，锐化就会被集中到明显的边缘轮廓上。观察蒙版最好的方法是按住Alt键然后拖动蒙版滑块，这样就能够以真正的蒙版形式看到锐化效果作用的区域。如图11-21所示，我按住Alt键并将蒙版设置到75，可以很清楚地通过蒙版看到锐化是如何被局限在边缘轮廓上的。

图11-21　按住Alt键移动蒙版滑块以查看锐化区域

图11-22展示了Camera Raw锐化的效果。眼睛和发丝，包括花的轮廓都获得了轻微的锐化，但是皮肤光滑的质地被完整地保留了下来。这就是Camera Raw锐化命令的力量，尤其是Camera Raw的蒙版，这是一个非常适合用于锐化人像照片的命令。

图11-22　Camera Raw锐化之前（左图）与之后的效果比较

11.5 锐化流程

有人说，在照片处理的过程中需要多次不同的锐化。关于锐化更为严谨的观点是这样的：对Raw格式照片首先进行一步基础锐化以补偿低通滤镜造成的锐度损失；然后在影调与色彩处理完毕后，或者说在照片处理的最后一步根据情况进行一次创意锐化，其目的是获得满意的锐度效果，突出照片的轮廓和细节；最后，当决定输出照片时，根据输出介质选择一步输出锐化。

最后一步是尤其应该注意的。照片的锐度与选择的输出媒介有很大关系。在显示器上看照片与通过打印机打印照片对锐度的要求是完全不同的。一般来说，打印的过程会损失锐度，因此往往需要更强的锐化——经常是在显示屏上看起来过于锐利的设置——来保证打印出锐利而清晰的照片。而如果将同样的参数应用到打算在显示屏上看的照片，那么它看起来就会有些失真。此外，照片对锐化的要求也和输出尺寸甚至观众的观看距离等因素有关。

这些事情听起来好像很麻烦。这些要分情况讨论、没有固定答案的问题经常是最让人头痛的。所以，我建议简单一些，别把锐化搞得太复杂。

首先抛开输出照片的环节。对于JPEG格式照片，只需要在照片处理完毕后做一次锐化，无论使用USM锐化、智能锐化还是Camera Raw进行锐化，评判标准是让照片的锐利程度在屏幕上看起来合适。JPEG格式照片的锐化很难标准化，因为在拍摄照片时每个人都会选择不同的锐化量。如果想获得相对较好的结果，建议将相机的锐化量设置得低一些——比如相机可以在0~9设置锐度，标准锐度是4，就使用设置2给照片添加一个基础锐化。记住，在后期添加锐度是容易的，但是过分锐化的照片是没法处理的。对比度、清晰度等调整都会增加照片的锐度，所以要给自己留下足够的后期调整空间。

Raw格式照片不会加载相机的锐化设置，所以我的习惯是做两步锐化。首先在Camera Raw中直接打开Raw格式照片，利用Camera Raw的锐化工具做一步基础锐化。图11-23所示为我经常使用的基础锐化设置，可以作为一个参考。我使用了一个非常低的半径值，这只会带来相当微弱的锐化效果，同时它对细节的损害也相应最小。

图11-23　Camera Raw的基础锐化

值得指出的是，目前有一些数码相机不再装备低通滤镜，比如尼康D7100、D5300、索尼A7R、宾得K-3等。理论上，移去低通滤镜就消除了低通滤镜可能带来的锐度损失，因此对于这些相机，哪怕拍摄的是Raw格式文件，原则上也不再需要做这一步基础锐化操作。

在Photoshop中完成图像修饰之后，进行第二步锐化。这一步锐化和JPEG格式照片一样，目的是让照片在显示器上看起来获得合适的锐度。我的习惯是首先按快捷键Ctrl+Alt+Shift+E，将下方所有图层复制一遍然后把副本拼合为一个图层，这经常被称为"盖印图层"。盖印图层是常用的技术，而快捷键似乎是实现这一功能的唯一途径。将该拼合图层转换为智能对象，然后使用上面说到过的任意一种锐化方法完成锐化，如图11-24所示。

图11-24　盖印图层并进行锐化

这是最终完成的照片，无论是直接在计算机上浏览，还是改变尺寸放到网络或手机上，都不需要再做任何和锐化有关的处理。只有在打算打印照片的时候需要再做一步锐化。可以再次盖印图层，然后在已经锐化的基础上再做一步锐化。可以尝试11.3节中设置的USM锐化参数，并且把阈值从5更改为3。当然，要打印出锐度合适的照片需要多试一试，逐渐找到最适合自己打印机的设置。

如果使用Lightroom进行照片打印——这是Lightroom超越Photoshop的地方——我一般是这样做的：在Lightroom的打印模块中，根据自己的打印纸选择纸张类型，然后将打印锐化设置为高。大多数时候，这都能够简单地获得令人满意的结果。

11.6　降噪

噪点是数码照片中常见的问题。很多人对噪点存在误解，以为噪点是高感光度的产物。其实并非如此。与任何数码信号一样，相机记录信号的质量也取决于信噪比。设备本身存在一定的噪声，这种噪声表现在照片上就是可见的噪点。由于信噪比是信号与噪声的比，因此信号过弱或者噪声过强都会增加噪点。对于照片拍摄来说，提高感光度将增加相机的本底噪声，所以拍摄时的感光度越高噪点相对会越明显。但是，以相同感光度拍摄，曝光越是不足的区域噪点也会越明显，这是因为信号减弱了。以ISO 3 200拍摄的正确曝光照片与以ISO 800拍摄的极度曝光不足照片，究竟哪张照片噪点更高还要视情况来定。这也告诉我们，对于用高感光度拍摄的照片，以及曝光明显不足的照片，都要注意是否存在噪点。

噪点属于数码照片的杂信号，因此噪点会影响照片细节。可是，在单一均匀的区域噪点通常会最明显，所以在观察噪点的时候要注意看天空这样的单色背景。此外，由于当前数码相机的总像素都非常高，观察噪点时务必将照片放大到100%，因为对屏幕大小的照片往往无法准确评估噪点。

图11-25所示是我在晚上拍摄的一张照片。拍摄感光度ISO 400，并不算高，但是因为曝光的关系，依然能够在放大照片后看到比较明显的噪点，尤其是在天空背景中。这是因为天空的颜色最均匀，同时天空的亮度也相对较低。事实上，在照片的大多数区域，比如图中放大的冰面上都能够看到噪点。

图11-25　数码噪点

数码噪点通常被分为两种，一种是颜色噪点，表现为红、绿、蓝三色的噪点；而另一种是亮度噪点，有点类似胶片的颗粒。一般来说，颜色噪点会破坏照片原来的色彩表现，对照片影响较大，是要尽可能避免的问题。而亮度噪点则要视情况考虑，因为亮度降噪通常会影响细节表现，所以究竟是抹除噪点还是保留一定的细节，在不同照片甚至不同输出要求下都会不同。

在做照片处理之前，我通常会放大到100%看一眼，这能够便于评估对焦和锐度，同时也很容易看到噪点。我习惯在第一时间处理明显的噪点，因此Camera Raw成为降噪的最主要工具。

11.6.1　在Camera Raw中降噪

打开Camera Raw的细节面板。11.4节中已经介绍过这个面板，当时使用锐化区域完成了出色的锐化效果。在锐化区域下方是降噪区域，被翻译为减少杂色。虽然我不是很喜欢这个名词，不过它确实有一个非常好的提示作用："减少"杂色，而不是"去除"噪点。噪点是被记录在照片中的客观数据，只能通过一些算法来降低它们对画面的影响，而不能完全将其抹去。

降噪区域被分为两部分，上方是明亮度降噪，用于降低亮度噪点，下方是颜色降噪，用于降低颜色噪点。如果打开的是Raw格式文件，Camera Raw会默认添加强度为25的颜色降噪，如图11-26所示。对JPEG格式照片和TIFF格式照片不会应用默认降噪，这是Camera Raw对Raw格式文件做的平衡，既能解决大多数颜色噪点问题，也不显著影响照片细节。如果确定自己的Raw格式照片上没有明显的颜色噪点，可以关闭颜色降噪，或者将数值调低。

一般总是先做颜色降噪。如图11-27所示，将颜色降噪设置到20就能基本去除照片上的颜色噪点。大多数照片都不需要很强的颜色降噪，如果需要非常高的颜色降噪量才能去除噪点，就要考虑一下在照片拍摄时是否有需要改进的地方。

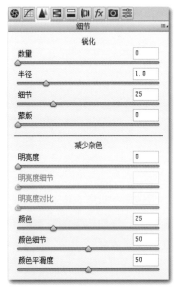

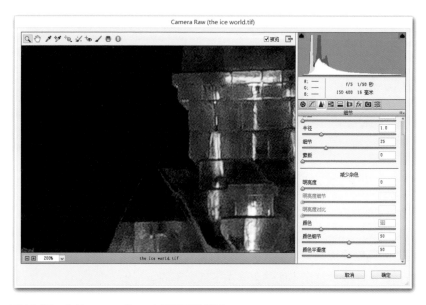

图11-26　Camera Raw的降噪区域与　　　图11-27　在Camera Raw中进行颜色降噪
　　　　　默认的Raw颜色降噪设置

颜色降噪下方有两个微调选项，分别是颜色细节和颜色平滑度。只有当启用颜色降噪，也就是颜色滑块设置不是0的时候，这两个微调选项才可以选择。颜色细节用于补偿颜色降噪对色彩的影响。在极端情况下，颜色降噪会降低照片上某些区域的饱和度，这时候可以增加颜色细节。必须升级到Camera Raw 8.2或者更高版本才能看到颜色平滑度命令。颜色平滑度的作用是去除照片上均匀的细密颜色噪点。总体来说，这两个微调命令在大多数时候对画面的影响并不大，将其保持默认值即可。

在完成颜色降噪之后，如果画面上存在明显的亮度噪点，需要再做亮度降噪。要时刻记住的是，降噪是通过抹除细节来达到降低噪点的目的，无论多么先进的算法，降噪都必以细节的损失为代价。这种降噪的副作用在亮度降噪中表现得尤为明显。

如图11-28所示，把明亮度降噪的强度设置到最大值。画面的噪点被抹得干干净净，但是细节也被抹得一干二净。画面上除了明显的边缘轮廓，几乎所有细节都被擦除了。大多数机内直出的高ISO JPEG格式照片都带有类似的特点——非常干净的画面，但是极度缺失的细节。相机制造商通常以此作为"高感强悍"的宣传语言，其实，强悍的与其说是高感，莫如说是降噪。

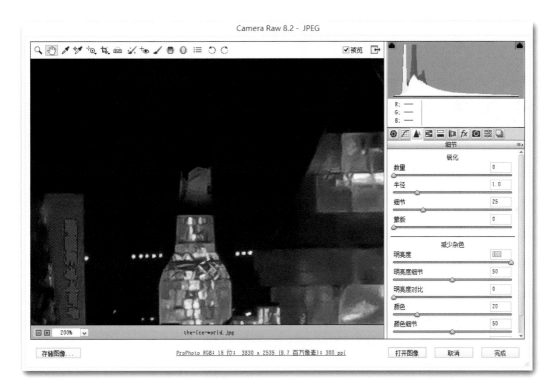

图11-28　过于强烈的明亮度降噪

在数码后期处理中，这样的情况应尽可能避免。降噪要在噪点与细节之间实现平衡，很多时候细节要比光滑更重要。在两种情况下我们对噪点的容忍度会进一步提升：一种是以较小尺寸查看原始照片（比如在高清屏幕上观看2 400万像素的照片），另一种是打印照片。这时可以容忍照片上存在一些噪点，一定不要做太强的降噪，这是一般规律。在这个例子中，把亮度降噪的强度设置到50，以获得一个相对合理的细节与噪点的平衡。由于图11-29所示是以200%显示的原始照片，因此事实上照片的噪点已经被控制得相当好。

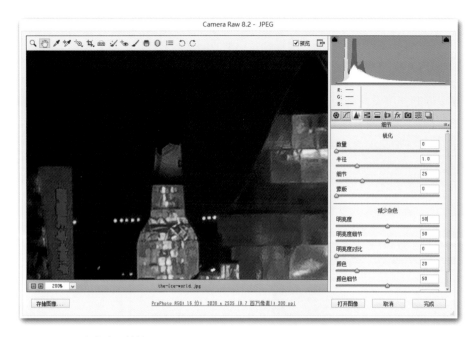

图11-29　明亮度降噪的结果

　　与颜色降噪命令相似，明亮度降噪也有两个微调滑块，分别是明亮度细节和明亮度对比。它们的作用也是用于补偿降噪的副作用。明亮度细节命令的作用相对比较明显，向右移动滑块能显著增强边缘对比，仿佛为照片做了一定程度的锐化。在图11-30中可以看到细节命令对画面的影响。而对比命令的影响要细微很多，在这样的照片上很难看到对比命令对画面的影响。

图11-30　明亮度细节设置为0（左侧）和100（右侧）时的比较

同样，在多数情况下对微调命令使用默认值即可。如若觉得降噪对细节的影响过于明显，与其在这里做微调，不如通过上方的锐化命令进行补偿，这会获得更多控制与更好的效果。

11.6.2　在Photoshop中进行降噪

虽然大多数时候我都会在Camera Raw中完成降噪，但是如果需要的话也可以通过Photoshop的减少杂色滤镜完成类似的工作。减少杂色可以被作为智能滤镜应用，因此在启动滤镜前首先应将图层转换为智能对象，然后打开"滤镜"菜单，自"杂色"弹出菜单中选择"减少杂色"，如图11-31所示。

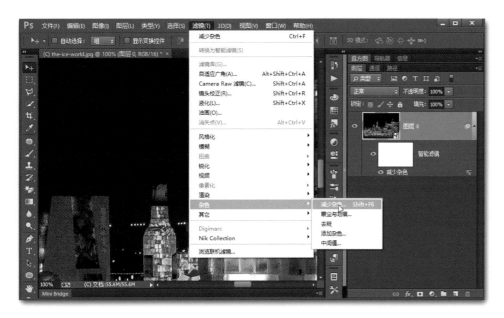

图11-31　启动减少杂色命令

在"减少杂色"对话框中，将预览放大到100%或200%以方便观察降噪效果。减少杂色滤镜与Camera Raw中的降噪命令相似，然而在选项安排上有所不同。默认情况下，Photoshop会使用强度为6、保留细节为60%的设置。完全不用在意默认设置，问题在于保留细节。在保留细节为60%的情况下，即使把强度设置为最大值10可能也看不到需要的降噪效果。

Photoshop的强度命令类似于Camera Raw中的明亮度命令，主要用于控制亮度降噪的强度。保留细节命令类似于Camera Raw中的明亮度细节命令，但是它的作用要强很多。要想在Photoshop中获得最强的降噪效果，不但要把强度设置为10，还要把保留细节设置为0。

如图11-32所示，使用的是默认强度设置6，但是左图的保留细节为0，而右图的保留细节为100%，两者的细节与锐度区别是明显的。因此，把强度与保留细节对应于Camera Raw的明亮度降噪和明亮度细节选项，在这里，保留细节对画面的影响更明显，更强烈。

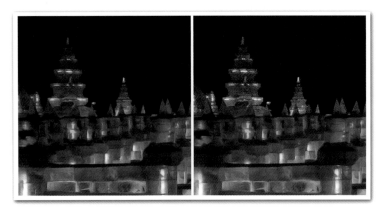

图11-32　保留细节设置为0（左侧）与100%（右侧）的效果比较

减少杂色命令则相当于Camera Raw中的颜色降噪选项，主要用于去除照片的颜色噪点。下方的锐化细节用于补偿降噪造成的锐度下降。同样，不建议将这个命令值提高以进行锐化，事实上这个锐化细节命令的效果非常明显。必要的话，应用降噪之后再通过在本章介绍过的方法进行锐化。图11-33所示为我对这张照片的锐化设置，去除了明显的颜色噪点并且适当进行了平滑。如果需要略微强一些的锐化，可以进一步降低保留细节到20%左右的位置。在减少杂色滤镜中，保留细节是一个很关键的参数，它对降噪的影响甚至要比强度命令更明显。

图11-33　在减少杂色滤镜中完成降噪

11.7 本章小结

锐化是数码照片的基本处理技术。大多数数码照片都需要一定程度的锐化。锐化并不是找回细节的过程，而是通过一些算法提高边缘清晰度的方法。锐化是以细节的轻微损失为代价的，因此掌握合适的锐化量很重要。锐化过度会带来明显的处理伪迹。

Photoshop提供了强大而多样的锐化工具。智能锐化、USM锐化和Camera Raw的锐化工具都能够满足日常使用需求且各有特点。在数码处理的哪个层次进行锐化取决于个人的喜好与习惯。对于Raw格式照片，建议做一步Raw锐化，然后在照片处理完成后再做一步基础锐化。对于JPEG格式照片，可以在处理结束后做一次锐化。

降噪是一个与锐化相反的过程，它通过抹去部分细节以平滑噪点对画面的影响。可以在Camera Raw中完成降噪，颜色降噪要比明亮度降噪更重要，也更容易被去除。利用Photoshop的减少杂色滤镜也能够完成相似的工作。由于降噪会严重影响细节，所以在降噪的时候要注意平衡噪点与细节的关系，切忌过于强烈的明亮度降噪。

第12章

光影如织：黑白转换技巧

摄影从无到有自然是一个革命，从黑白摄影到彩色摄影则是另一个革命，因为人们终于可以获得真实的色彩，让照片能够反映人眼所能看到的真实世界。奇怪的是，即使彩色的获得如此简单，黑白摄影却从来没有丧失自己的魅力。恰恰相反，正因为几乎所有照片都是彩色的，黑白照片才因其稀少和独特而呈现出别样的冲击力。

摄影是一个将三维有声有感的世界凝固在二维画面中的过程，因此摄影本身就是一个以独特的视角来表达真实的过程。我习惯的说法是，摄影是一个在日常中蕴藏非常的过程。过于偏离日常，摄影就脱离了自己的本源而让人不喜欢；过于偏向日常，照片又显得平淡而无以激起观众的情感。而黑白恰好在此之间制造了一种完美的平衡。将照片转换为黑白，依然是这些景，依然是这些人，看起来和我们熟悉的一样，然而在熟悉中却又透露着那么一种陌生。

如果是从数码时代才开始接触摄影的，那么或许根本就未曾想到过黑白，因为几乎所有数码相机都是彩色的。然而，请稍稍品尝一下黑白，你一定会为此迷醉。黑白摄影不但是一种制作非凡效果的途径，也常常是解决问题的捷径。本章将走进光影世界，看一看如何充分利用Photoshop和数码技术，来实现完美的黑白转换。

本章核心命令：

通道的基本概念　　　　　通道混合器　　　　　黑白调整图层
Camera Raw——HSL/灰度面板、清晰度命令、调整画笔

12.1　三种方法获得不同的黑白转换结果

黑白转换听起来很简单，只是扔掉照片的色彩信息而已，甚至在相机内都可以设置黑白色彩配置文件以直接获得黑白照片效果。但是，我想提醒的是，黑白转换并不像看起来那么单纯。在开始学习黑白转换的时候，先来感性地了解一下黑白转换为什么不像想象的那么简单。

在Photoshop中打开第12章的练习文件"two women.jpg"。为了更方便比较不同的黑白转换效果，打开"图像"菜单，然后选择"复制"命令，将这个图像复制为另一个独立的图像。第5章中介绍过，这个复制的图像储存在Photoshop的临时文件夹里，除非保存它，它不会真地出现在文件夹中。

我进行了两次复制，以生成两个副本。在复制图像的时候可以对副本重新命名，我把这两个副本分别命名为"gray scale"和"lab"三个文件标签，如图12-1所示。如图12-2所示，除了文件名不同外，它们是完全相同的。

图12-1　复制图像以便于比较

图12-2　原始文件与两个相同的副本

12.1.1　通过色相/饱和度调整图层实现黑白转换

首先来看第一种方法。打开调整图层菜单，选择"色相/饱和度"以给照片添加一个色相/饱和度调整图层，或者使用我设定的快捷键Ctrl+Shift+U。把这个图层命名为"desat"，然后将全图饱和度设置到0，如图12-3所示。这种方法是很好理解的。将饱和度设置为0等同于去除了照片上的所有色彩信息，因此照片自然就转换为黑白了。很多时候，这是最简单也最容易想到的黑白转换方法。

图12-3　通过降低照片饱和度获得黑白效果

12.1.2　通过灰度模式实现黑白转换

转到"gray scale"文件，来看第二种方法。第二种方法是通过将照片从RGB色彩模式切换为灰度模式来完成黑白转换。打开"图像"菜单，在"模式"子菜单中选择"灰度"，如图12-4所示。这时候Photoshop会弹出一个警告框，询问是否要扔掉颜色信息。

灰度模式是一种不同于RGB的图像模式，它不包含任何色彩信息，只包含亮度信息。因此，如果把照片转换为灰度模式，就不能保存照片中的任何色彩信息，并且在保存并关闭照片后，会永久丢失这些色彩信息。在这里选择扔掉色彩信息以完成黑白转换，以获得如图12-5所示的黑白转换效果。

注意图12-5中的右侧面板，显示的是通道而并不是图层。在这里只能看到一个灰色通道，而看不到任何色彩通道。这是因为完全扔掉了色彩信息，把一张RGB照片变成了一张纯粹的黑白照片。在下一节中，将会进一步探讨关于色彩通道的问题。

图12-4　通过将照片转换为灰度模式完成黑白转换

图12-5　通过灰度模式转换黑白照片的效果

12.1.3 通过Lab模式实现黑白转换

最后一种黑白转换方法要使用到另一种色彩模式。切换到"lab"文件，打开"图像"菜单，这次在"模式"子菜单中选择"Lab颜色"，如图12-6所示。与灰度模式不同，Lab是一种彩色模式，但是它是一种不同于RGB的彩色模式。RGB色彩是一种与设备相关的色彩模式，因此需要校正显示器，使用特定的RGB配置文件来进行打印。而Lab则是一种与设备无关的色彩模式。Lab的色域非常广，它往往被作为色彩转换的中介，可以被看作一个巨大的色彩池。但是，这里使用Lab模式不是因为它的色域广，而是利用了Lab编码色彩的特性——事实上这也是在数码后期处理中有时候会想到Lab的唯一理由。

图12-6　将照片切换为Lab颜色模式

与RGB色彩模式通过对红、绿、蓝3种颜色进行混合而获得色彩不同，Lab模式是由L、a、b3个通道混合而成的。这其中，a和b是两个色彩通道，而L则是一个明亮度通道。也就是说，在Lab模式中，可以把照片的亮度单独抽离出来。

切换到通道面板，可以看到一个明度通道、一个a通道、一个b通道以及一个合成的Lab通道，如图12-7所示。明度通道是我们需要的，因为黑白转换的目的是保留明亮而丢弃色彩，所以选择明度通道非常符合我们的需求。单击明度通道，照片显示会变成黑白。但是，这时候显示的是

图12-7　Lab模式下的明度通道

通道，当前照片依然是彩色的。要将这幅黑白图像固定下来，方法很简单，就是再进行一次模式转换。在图12-7所示的情况下，依照刚刚描述过的第二种方法，将图像模式从Lab转换为灰度，这样就把明度通道的信息固定下来，而丢弃了色彩信息。

现在有3个不同的黑白照片版本，是分别通过3种不同的方法完成的转换。在图12-8中，左侧照片是通过色相/饱和度命令直接将饱和度设置为0而实现的黑白转换效果；中间是通过将RGB照片转换为灰度模式后所获得的效果；而右侧则是将RGB照片转换为Lab模式，然后从Lab模式中抽取明度通道，再转换为灰度所获得的结果。这3个黑白照片版本的外观是不同的。

图12-8　3个黑白版本的比较

通过Lab获得的黑白照片显然与左侧的两张照片不同，一眼就能看到其间的差别。这张照片的亮度比较高，尤其是人物皮肤的亮度明显比另两个版本更高，让人像主体看起来很亮。色相/饱和度版本与灰度版本看起来比较相似，但其实它们也不相同。请注意模特衣服上的花纹。假如看得不清楚，看一看背景的郁金香花瓣——如果是郁金香的话——在色相/饱和度版本照片上这些花看起来比较暗，在灰度版本照片上这些花朵看起来则很亮。

确实，在这一节里可以学会3种黑白转换方法。然而，这不是问题的关键——说实话，这都不是我经常使用的黑白转换方法——我想提出的问题是：为什么它们会显得不一样？一张相同的照片，通过不同的方式进行黑白转换，却获得了不同的结果。从某种程度来说，还是非常显著的不同。重要的是，我们并没有调整过任何参数。没有设置过亮度，没有移动过色阶，没有调整过曲线，只是让Photoshop从照片上移去色彩信息而已——完全自动的过程，为什么会带来不一样的结果？

我不知道你是否曾经想过这个问题。可是如果要让我介绍黑白转换技巧的话，我觉得这个问题是必须了解的——黑白信息究竟是怎样从彩色照片中被抽离出来的？了解这个过程，不但能够帮助你更好地掌握黑白转换，而且能极大地加深你对数码摄影以及色彩的理解。

12.2 黑白图像与RGB色彩模式

数码相机记录的照片几无例外都是以RGB色彩模式编码的。所谓RGB色彩模式，是指所有色彩信息都通过红、绿、蓝三原色混合而成。数码相机的感光元件能够感受光强度的变化，却无法感受色彩。解决这个问题的办法是在感光元件前覆盖一层色彩滤镜，把像素点区分为红、绿、蓝三种不同的像素，经由后期解码形成三幅分别代表红、绿、蓝的图像，然后再把它们拼合在一起从而输出彩色照片。

图12-9所示为一张色彩艳丽的彩色照片，这样的照片很适合演示RGB到底是如何工作的。如图12-9所示，右侧面板从图层切换到了通道。在上一节关于Lab的例子中已经看到过通道面板，这里就来更详细地了解关于色彩通道的知识。

图12-9　RGB模式图像的色彩通道

通道面板中有四个通道，最上方的是RGB通道，其下依次是红、绿、蓝3个独立的色彩通道。RGB通道是由下方的3个通道混合而成的，也就是我们所看到的彩色照片。与之前在Lab模式中看到的不同，在RGB模式中并没有独立的明度通道。

关于通道与图像的关系，可以将其理解为一个立体坐标系。坐标系的3根轴分别是R、G、B。照片上的每一个点都由相应的R、G、B值构成。R、G、B坐标轴的刻度是0~255，因此坐标（0，0，0）代表黑色，而坐标（255，255，255）则代表白色，这也正是通过RGB来定义颜色的方法。对于任意坐标轴，或者说任意色彩通道，它本身只包含亮度信息，而不包含颜色信息。也就是说，Photoshop其实是依照下面的方法来读取色彩信息的。

对于照片上的任意像素，Photoshop要读取R、G、B3个坐标轴的刻度。Photoshop首先找到红色通道，读出在这个通道里当前像素的值是255。因为这个255是处在红色通道中的，所以Photoshop知道这个255代表红色。以同样的方法，Photoshop在绿色通道中读取的数值也是255，而在蓝色通道中读取的数值是0。于是，Photoshop就把这个颜色定位为（255，255，0），这个颜色就是黄色。

我想反复强调的意思是，颜色通道本身并不包含任何色彩信息，它们只是把相应的亮度信息封装到自己的通道里，并且给自己贴上一个供Photoshop或其他软件识别的标签而已。因此，每一个色彩通道所包含的其实都是一张用来代表当前通道明暗分布的黑白照片。

在通道面板中单击任意通道，就能看到当前色彩通道的明暗分布情况，实际上也就是一张黑白照片。图12-10显示了分别抽取R、G、B色彩通道所获得的黑白照片效果。

图12-10 R、G、B3个色彩通道明暗分布的异同

在这个例子中，蓝色通道明显不同于其他两个通道，因为这是一张以蓝色为主色调的照片，海水的颜色是蓝色的。画面前方那条脸向右侧的鱼看起来很亮，因为它的身体也是蓝色的。红色通道与绿色通道看起来很相似，但其实并不相同。如果注意画面左下方的紫色珊瑚以及那几条褐色的鱼包括海龟的话，就能很清楚地看到两张照片的不同。

在讲解直方图的时候已经说过，对于一张彩色照片，在某一个影调范围内相对较亮的那个通道就是我们所看到的色彩。如果蓝色通道占优势，那么我们看到的就是蓝色；如果蓝色与红色通道占优势，我们看到的就是品红色。这是一般规律。问题是，如何将色彩信息抽离出照片以保留照片的明亮度信息？

答案是，不能。

红、绿、蓝3个通道其实都由相应的亮度信息构成的，然而它们的影调分布并不相同。如果要扔掉色彩保留亮度信息，应该保留红色、绿色还是蓝色通道的亮度信息？哪一个才是对的？显然，在这里并没有对错之分。

由于RGB色彩模式的特性，从相机中读取的其实是3个独立通道的明暗分布，因此并不存在"纯粹的"亮度信息。亮度信息被分散在不同通道中，没有办法把亮度信息单独抽离出来。Lab模式中有一个单独的明度通道，通过这个方法获得的黑白图像在一定程度上最接近真实的明暗分布，然而也并非完美，因为Lab通道分离也是建立在原初的RGB颜色模式之上的。在RGB模式中，绿色通道的影调往往相对接近实际情况，绿色通道的图像细节也比较丰富，因为在感光元件中绿色像素的总数等于红色与蓝色像素的总和。

基于RGB图像的基本原理，所有的黑白转换操作其实都是对3个通道的相应混合与计算，这也就是不同的转换方法会得到不同结果的原因——既然没有标准答案，那就各显神通了。正因如此，Photoshop提供了一种工具，让用户可以按照自己的需要混合不同的通道，从而实现所需的黑白转换效果。由于真实再现了黑白转换的基本原理，因此我建议从通道混合器开始学习黑白转换。

12.3 使用通道混合器实现黑白转换

在Photoshop中，通道混合器可以以调整图层的形式被使用，所以这是动态调整方式。单击图层面板下方的新建调整图层按钮，在弹出菜单中选择"通道混合器"即可建立一个通道混合器调整图层，如图12-11所示。当然，如果希望重命名图层，可以按住Alt键然后新建图层。

图12-11　新建通道混合器调整图层

通道混合器的图标是一个艺术化的三原色混合圆盘，这很好地表明了通道混合器的作用：通过混合3个色彩通道来实现效果。但是需要确切了解"通道混合"的意义。如果你觉得通道混合器混合的是色彩——比如把红色与绿色混合起来变成黄色——那你就错了。通道混合器混合的并不是色彩，而是亮度。之所以称为"通道"混合器，因为它的作用是混合不同通道的亮度。

图12-12显示了RGB混合通道直方图以及红、绿、蓝3个独立通道的直方图。可以单击直方图面板右侧的按钮打开下拉菜单，然后选择全部通道视图以看到这个画面。通常所说的直方图常常指整张照片的直方图，然而其实一张照片是由3个独立通道构成的，所以观察独立通道的直方图是更准确的做法。每一个独立通道的直

方图都可以被理解为对当前通道那张"黑白"照片的影调反应。

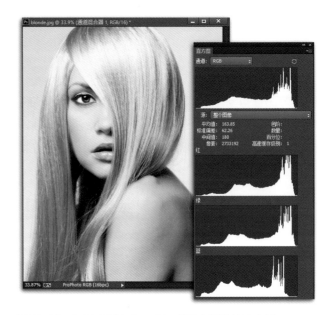

图12-12　RGB通道与红、绿、蓝独立通道的直方图

这是一张偏于高调的照片，模特的皮肤和金发占据了画面的主要空间，整体色调是金黄色的。这个特点可以从直方图上很明显地看出来。红色与绿色通道的直方图都倾向右侧分布，这两幅直方图非常相似，而红色与绿色的叠加正是黄色。与上述两个通道相反，蓝色通道直方图基本缺失了高光部分，所以在这张较亮的照片上，不会有任何"蓝色"的感觉，尽管这个色彩通道确实在整张照片的色彩形成中发挥重要作用。

如图12-13所示，把这3个通道分别抽离出来，可以看得更清楚一些。请注意，当我们说某个通道的时候，通常指的只是该通道的影调分布而不涉及任何色彩信息，对于这一点我觉得你有必要非常熟悉。从图中可以很清楚地看到，红色与绿色通道很接近，只是红色通道比绿色通道略微亮一些，绿色通道的对比度要高一些。而蓝色通道则显得很暗，与红色通道与绿色通道产生了明显区别。

图12-13　红、绿、蓝三个独立通道的影调分布

通道混合器所混合的正是3个不同通道的影调分布。也就是说，如果把红色通道和绿色通道混合起来，那么混合的并不是红色和绿色，而是红色通道和绿色通道的亮度分布。请回过去看一下图12-11，在通道混合器中，需要选择一个输出通道，这个通道可以是R、G、B通道中的任意一个。在其下方，要移动滑块来混合通道，这些混合选项决定了如何改变输出通道的影调分布。

让我们用极限思维法来实际感觉一下通道混合器的工作方式。在通道混合器中，选择输出通道为红色通道。这时候，下方3个滑块中，红色的值是100%，其余两个滑块的值都是0，如图12-11所示。这代表，当前的红色通道就是原始的红色通道。对于100%可以这样理解：我的红色通道与原始红色通道100%是相同的。在当前的红色通道中没有混入任何绿色与蓝色通道的信息，所以下方两个通道的值是0。

黑白调整图层面板包含6个不同的色彩滑块，它们的作用是控制画面上相应色彩区域的亮度。当移动这些色彩滑块的时候，可以直接在画面上看到效果。例如，如果希望压暗天空，可以向左移动蓝色和青色滑块。由于天空通常总是处在蓝色和青色的色相范围内，这可以起到降低天空明亮度的作用。因此，黑白调整图层可以说是一个更精细并且更直观的黑白转换工具。

在红色滑块上方还可以看到一个手形按钮，单击这个按钮可以启动黑白目标调整工具。这允许将鼠标指针放在照片上，通过拖动鼠标来更改当前区域所代表色相的明暗，就好像在色相/饱和度工具中看到过的那样。在不确定需要调整区域的色相范围时，这是一个很简便的调整方法。

打开预设下拉列表，Photoshop提供了一些黑白预设。无论哪一种预设，都是下方这6个颜色滑块的调整组合。在这些预设中，有一些黑白摄影常用的颜色滤镜，比如红色滤镜、黄色滤镜等。这些滤镜在黑白风景摄影中是很流行的，因为它们可以带来高对比度的天空效果。现在，可以在Photoshop中完全模拟出这些黑白滤镜效果。

如图12-21所示，选择红色滤镜，这时候画面发生了显著的改变，天空出现了白云的层次，而人像主体也亮了许多。与之相应地，6个滑块的值都被改变了。如果与图12-20比较一下的话，无论画面的改变还是数值的改变都一目了然。

在拍摄黑白照片的时候，给镜头加上一片颜色滤镜的作用是选择性地吸收相应颜色的光。颜色滤镜吸收最多的是在色相轮上与它呈180°的颜色光线。因此，红色滤镜主要吸收青色光线，而黄色滤镜主要吸收蓝色光

图12-21　红色滤镜的效果

线，所以这两种滤镜都可以实现压暗天空的效果。这其实是黑白照片的魅力来源之一——实现了对真实合理的歪曲。尽管都知道天空是亮的，可是当黑白照片上呈现出暗然而纹理丰富的天空时，我们并不觉得失真。试一试彩色照片，会发现压暗天空的空间会小很多。

当选择红色滤镜时，Photoshop降低了青色、蓝色与绿色的亮度，增加了红色与黄色的亮度，从而使得这几种颜色之间出现反差，模拟了红色滤镜的效果。所以，可以看到以蓝色与青色为主色调的天空变暗了，而穿着红色衣服的人像主体则明亮了许多——说实话，我确实是特意选择了一张站在蓝色天空下身着红色上衣的人像照片来做演示，因为这恐怕是最能说明问题的组合了。

红色滤镜的效果虽然不错，只是在我看来似乎还不够。所以我沿着之前的方向，把红色与黄色设置到最大值，而把绿色、青色与蓝色设置到最小值，获得了如图12-22所示的效果。请比较图12-20、图12-21和图12-22，感受一下黑白调整图层的魅力——只是简单地移动了几个滑块而已！但是非常好地实现了压暗天空、突出主体、营造明暗反差的效果。

图12-22　黑白调整所获得的效果

我没有移动洋红滑块。如果你移动一下这个滑块，会发现它主要影响画面左侧中部一小片山坡的亮度。我觉得目前的情况还不错，所以将它保持在之前的位置。照片看起来已经相当不错，至少我确定照片上这位我多年的好朋友会很喜欢。然而，对于黑白照片，我依然希望通过一些方法进一步增加反差，让天空看起来更有层次，也让视线的趣味点更集中。所以我决定再做一步对比度调整。但是我想使用一种新的方法，为了让你能够理解我为什么要这么做，我决定等到第14章再完成这个黑白转换的例子。

<h2>12.5　黑白魔术</h2>

这是我在翻看别人的旅行照片时偶尔看到的一张照片。一看到这样的照片，我就会很本能地觉得这也许是一张非常不错的黑白照片。说不清为什么，就是有这么一类照片，我知道一旦将它处理为黑白，将会表现出完全不同的感觉，仿佛魔术一般。一定要说清楚的话，那往往是些层次分明、质地强烈然而光线和色彩都不尽人意的照片。很多时候，照片的主体都是岩石或山壁。

与大多数旅游照片一样，这张照片是在一个并不非常合适的时间拍摄的——通常无法选择到达某个地方的时间——虽然天空看起来还算蓝，但是前景山壁的色彩很平淡。谁都不会觉得这是一张好照片，可是我从中看到的却是广袤而富有层次的山峦以及一种很不错的纵深感，还有山壁上的层层纹理，以及曝光非常准确的天空。很多人问什么样的照片才适合转换为黑白。在彩色摄影时代，最常想到要转换为黑白的往往就是这类色彩不够鲜艳但是细节丰富的照片，如图12-23所示。黑白可以成为一种补偿，去除不如意的色彩信息，而留下相对较好的反差信息，这就是所谓的"取其精华，去其糟粕"。但是需要经常试一试以增加感性认识。为什么我要设定一组黑白调整图层的快捷键

图12-23　一张适合做黑白处理的照片

Ctrl+B? 因为这有助于简单而粗略地评估黑白转换的结果，从而了解一张彩色照片变成黑白之后是怎样的。

　　在这个例子中，再介绍一种新的黑白转换方法——在Camera Raw中完成黑白转换。在Camera Raw中打开照片，切换到HSL/灰度面板。第10章中曾经使用HSL面板实现局部色彩处理，现在要用这个面板来做另

一件事情。如图12-24所示，只要勾选"转换为灰度"选项就能完成黑白转换，非常简单。这时候，下方的饱和度、色相和明亮度3个选项卡会被一个灰度混合选项卡取代。这个灰度混合选项卡的使用方法与在上一节中所看到的黑白调整图层完全相同，所不同的是在这里多了橙色和紫色这两个颜色滑块，在色相环上分别对应30°和270°。

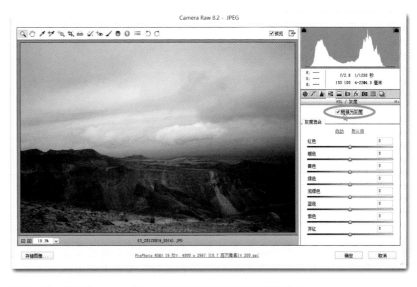

图12-24　通过Camera Raw的HSL/灰度面板完成黑白转换

Camera Raw中的灰度面板与Photoshop中的黑白调整图层的另一个潜在区别是，在这里对影调的控制范围要更大。如果在Camera Raw中打开上一节中的照片，通过Camera Raw进行黑白转换，然后向左侧移动蓝色与浅绿色（也就是青色）滑块，天空的压暗程度将远远大于图12-22所示的情况。在这个例子中，我不改变这些命令，而是直接通过基本面板和色调曲线面板来调整照片影调。

完成这张黑白照片的主要任务是增加画面的反差并且突出细节纹理。从直方图上看，两侧都留有一些空白，所以首先打开色调曲线面板，向右侧移动黑色滑块，并且向左侧移动白色滑块。接下来，转到基本面板，把对比度提高到60以辅助曲线进一步提高画面反差。这会使得阴影看起来太暗，所以把阴影滑块提高到69——别问我为什么是69，我只是随手一拉而已，也可以设置为70或65，不会有什么不同——从而获得图12-25所示的效果。在影调调整中，通常需要协同使用基本面板以及色调曲线命令，这是一个不错的例子。

图12-25　通过基本面板和色调曲线增加画面反差

魔术来源于下一步。对于这类由岩壁以及漂浮着云朵的天空构成主体的照片，在黑白转换的过程中无论如何要尝试的命令是清晰度命令。清晰度常常被理解为增加中间调对比度的命令，但是它更常用的场合是提高边缘锐度，也就是清晰度。如图12-26所示，把清晰度提高到最大值，可以看到清晰度是如何勾勒出山壁轮廓以及岩石纹理的。

图12-26　使用清晰度命令强调细节

清晰度是Camera Raw中一个相对比较特殊的命令,在Photoshop中很难找到一个对应的命令。当然可以通过智能对象和滤镜来获得类似效果,然而清晰度的简便性是其他方法所无法比拟的。这也就是我选择在这个例子中使用Camera Raw完成黑白转换的原因。

如果觉得清晰度还不够,但是这时候清晰度命令已经设置到了极大值,有没有办法可以进一步增加清晰度?答案是完全可以。单击工具栏上的笔刷按钮以启动调整画笔。Camera Raw中的调整画笔很像Photoshop的画笔,可以在右侧面板中设置画笔的大小、羽化和流量。所不同的是,调整画笔所涂抹的效果,是由右侧面板中的效果选项决定的。

我在这个例子中设置了一个如图12-27所示的"巨大"画笔——其实可以设置得更大,这里不设置得更大是因为再大就没法完整截图了——在照片上涂抹,建立一个覆盖整个画面的画笔调整选区,然后在调整画笔面板中把清晰度设置为100。

通过这个方法,可以叠加调整画笔所能应用的任何调整效果,甚至可以多次叠加清晰度。Camera Raw 8中的清晰度命令相较Camera Raw 6进行了明显

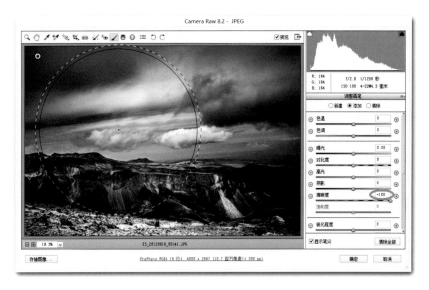

图12-27　使用调整画笔叠加清晰度调整

的改进,因此可以以很大的尺度应用清晰度。但是,清晰度命令依然可能带来噪点的增加以及边缘的过度强化,而这是在黑白照片中使用清晰度的好处——更容易忍受清晰度命令带来的副作用,因为这些问题对黑白照片的影响要远小于彩色照片。

比较一下获得的黑白转换结果和原始的彩色照片,或许能明白为什么我要把这一节称为"黑白魔术"。顺便说一句,对于总是强调真实的人来说,比起那张平淡的彩色照片,这张黑白照片带来的感受更接近于身临其境。当然,这张照片还有一些问题。它的前景似乎太亮了一些,整幅画面也缺乏视线的集中点。可以采用与上一节例子中相似的方法来解决这些问题,因此同样让我们把答案留到第14章。

12.6 本章小结

黑白照片不但是一种艺术，也是一种解决问题的方法。很多时候，黑白照片能够挽救一张你很喜欢，但是看起来又很平淡的照片。所以，最关键的是，要记住有黑白这个选项，并且经常尝试一下，慢慢熟悉黑白照片这种独特的歪曲现实的表现形式。

几乎所有照片都是以RGB模式记录的，因此在照片中并不存在单纯的亮度信息。任何黑白转换方式都需要从红、绿、蓝3个通道中抽出亮度信息，而不同的计算方法会带来不同的结果。也就是说，事实上并没有一种特定的黑白结果是与RGB彩色照片"正确"对应的。当开始黑白转换的时候，就已经开始了有选择的创造。

Photoshop中有很多种黑白转换方法。本章中介绍了6种——不要觉得很多，事实上还有一些方法因为篇幅限制没有提及，可能至少有不下10种方法。每一种方法都有自己的特点与局限，因此找到自己喜欢的方法即可。就我个人来说，黑白调整图层和通道混合器是相对简单并且能够获得较好效果的方法。也不要忘记Camera Raw。Camera Raw的灰度混合面板其实要比黑白调整图层更强大，而对于那些层次鲜明、细节丰富的照片，利用清晰度命令经常可以达到魔术一般的效果。

黑白照片的关键是反差。因此，在黑白转换之后，经常需要结合曲线等影调调整命令来做整体或局部的影调修饰。图层混合往往非常适合黑白照片的影调修饰，第14章中将会介绍相关的知识。

下篇 · 探索Photoshop的神奇世界

　　即使没有这些章节，你也已经有能力在Photoshop中处理大多数照片问题。然而，不要错过Photoshop的所有强大功能。在下篇中，我们将谈论一些关键字。

　　首先，修复。你也许不会为Photoshop强大的修复能力而意外，因为这一直是Photoshop神奇的地方。但是，现在你得自己来接触这种神奇，而这都源于Photoshop的内容识别工具。

　　其次，混合。图层混合或许是Photoshop最艺术、最变幻莫测的工具，对于摄影师来说，它往往能够给你带来戏剧化的效果。

　　第三，合成。合成照片也许听起来不那么讨人喜欢，然而把合成照片与造假相联系只是外行人的片面而已。在这里，我们将了解两种合成照片的方法。我喜欢把HDR称为纵向合成，而把全景照片称为横向合成。无论哪种合成方式，它们的目的都是解除拍摄设备的某些限制，增加创作的可能性。

　　最后，装饰。毋庸置疑，图层样式与文字工具更适合使用Photoshop的设计师。然而，摄影师用来装饰照片也绝对是绰绰有余。不了解图层样式就好像不认识Photoshop一般，幸好这本书会让你充分看到图层样式的神奇。

　　让我们通过这些章节的学习，来更全面地了解Photoshop的强大，学会如何使用这些强大的武器服务于我们的数码摄影后期处理。

第13章

无坚不摧：关于内容识别的一切

"Content aware"这个词组在Photoshop中的翻译并不一致，有时候称为"内容识别"，有时候则称为"内容感知"。无论看到哪个中文翻译，它们的意思都是一样的。内容识别是Photoshop最神奇的功能之一，也是Photoshop最邪恶的地方之一。

如果你没有听说过内容识别，那么应该听说过Photoshop的修复画笔、修补工具等用于修复照片的神奇工具。内容识别是这些工具的工作方式。它们能够自动识别修复区域的亮度、色彩与纹理，从而天衣无缝地做很多经常要做的事情：把一根电线从画面上擦除，把那个垃圾桶从门口踢走，把某个不喜欢的人从照片上抠掉等。厌恶Photoshop的人会连连摇头，但这可不是Photoshop的专利。很久以前，摄影师就会在暗房中通过相当专业的技术去除照片上的第三个人而使得共同拍照的两位领导人看起来关系更亲密一些。只是因为Photoshop，这些高精尖技术变得大众化了，也变得简单了许多。

内容识别是切实存在于Photoshop中的强大技术，如何使用内容识别工具是一回事，会不会用是另一回事。本章将介绍在Photoshop中使用内容识别工具修复照片的一般方法。从全自动的污点修复画笔开始，然后了解需要取样的修复画笔与仿制图章，接着是方便修复大片区域的修补工具，以及看起来神奇但实用价值有限的内容感知移动工具。

本章核心命令：

污点修复画笔　　　　修复画笔　　　　仿制图章　　　　修补工具　　　　内容感知移动工具

13.1　污点修复画笔与动态修复

先来大致了解一下在本章中会涉及的工具。在左侧工具栏中右键单击画笔上方的修复画笔图标以弹出工具组，如图13-1所示。污点修复画笔是Photoshop中最简单的内容识别修复工具，而修复画笔则是Photoshop的标准修复工具。从Photoshop CS6开始，修补工具获得了内容识别的功能，内容感知移动工具则是Photoshop CS6带来的另一个新的内容识别工具。这组工具的快捷键都是J——使用快捷键Shift+J可以在它们之间进行切换。

图13-1　修复画笔工具组

除了上述工具之外，单击画笔工具下方的图章图标可以启动仿制图章工具。严格来说，仿制图章工具并不属于内容识别工具，但是因为它与修复画笔工具具有很强的互补性，在实际使用中经常相互交替，所以在本章中也会看到仿制图章工具的使用。

首先来看Photoshop最简单的内容识别工具——污点修复画笔。污点修复画笔是一种用于修复污点的"画笔"，所以对它的控制与画笔工具是一样的。打开笔尖选项，可以如画笔一样设置大小和硬度，如图13-2所示。它们的快捷键也与画笔工具一致：[与]键控制画笔大小，Shift+[或]键控制画笔硬度。

一般来说，在修复污点时会希望边缘过渡柔和一些，因此看起来将硬度设置到0是一个不错的选择。但是，如果把硬度设置到0

图13-2　污点修复画笔选项

会很难精确选择修复点，尤其在画笔较小的时候，渐变圈几乎占据整个画笔笔尖显示区域，这不利于修复。我通常喜欢使用较高一些的硬度。由于内容识别功能会自动寻找修复圈外的部分临近区域做混合，所以即使使用硬边画笔也不会造成明显的边缘反差。

在类型选项中选中"内容识别"，只有这样才能让Photoshop使用内容识别算法进行污点修复。另一个重要的选项是"对所有图层取样"。在右侧图层面板中可以看到，我在背景图层上新建了一个空白图层（按快捷键Ctrl+Shift+N，并把它命名为"healing"）。所有修复工具都可以直接在背景图层或任何像素图层上进行修复，但是这将破坏原始照片。我将此称为静态修复。

静态修复有两个很大的问题。首先，因为原始像素被修改了，所以就失去了自己的底片。其次，修复操作的步骤非常多，经常需要几十次甚至上百次单击鼠标，历史记录面板根本不够用。万一连续做错步骤，或者越修复越觉得有问题——相信我，你一定会遇到这样的事情——打开历史记录面板却发现根本回不到想要的那个状态，怎么办？

因此，我喜欢使用动态修复。动态修复的方法是建立一个空白的修复图层，然后在这个空白图层上进行修复。这不会影响原始照片，同时可以很方便地通过删除这个修复图层的一部分来重做某一组修复。通过显示/隐藏修复图层，能够非常直观地查看修复效果。大多数常用的修复工具都支持这种动态修复方法，前提是要告诉Photoshop你需要这么做。

在污点修复画笔中，勾选"对所有图层取样"，Photoshop将参照所有图层组成的复合图像——也就是实际在屏幕上看到的图像——来进行修复。如果不勾选这个选项，Photoshop将无法在空白图层上修复照片。

污点修复画笔的使用很简单，只需把画笔调整到合适大小，直接在需要修复的区域上单击即可，如图13-3所示。Photoshop会计算画笔选择区域以及周边区域的亮度、色彩和纹理，使用它觉得最合适的内容来填充需要修复的区域，这也就是"内容识别"这一名称的来源。

图13-4（左侧）展示了污点修复之前与之后的效果。通过Photoshop获得如此完美的结果是很简单的，只是几次单击鼠标而已。不过要注意一点。使用污点修复画笔选择修复区域时，画笔尺寸要比修复的区域大一些。如图13-3所示，可以看到鼠标指针尺寸其实比痣要大上一圈。内容识别命令在计算时会向画笔边缘的两侧各扩展10%来寻找内容。所以，需要通过扩大选区以让Photoshop在向选区内延伸10%的时候不要触及污点，而是

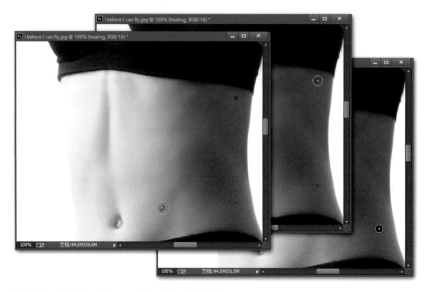

图13-3　使用污点修复画笔去除皮肤上的痣

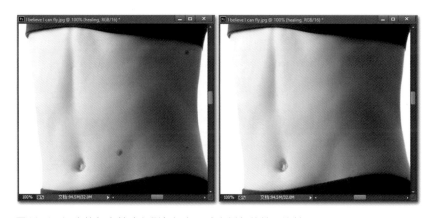

图13-4　污点修复之前（左侧）与之后（右侧）的效果比较

触及正常的纹理。这样，才能获得最自然的修复效果。这是内容识别的特点，对于任何内容识别工具都是适用的。

为了帮助理解动态修复的原理，我将下方的背景图层转换为普通像素图层并降低不透明度到50%，获得如图13-5的演示效果。Photoshop事实上是在上方的空白图层上画了3个圆圈，这3个圆圈就是画笔的3次单击，分别对应下方的3颗痣。所以，隐藏这个修复图层，看到的就是原始照片；显示修复图层，就等于用这3个点覆盖下方的3颗痣。因为使用的污点修复画笔硬度是70%，所以这3个点的边缘并不柔和。可是，因为Photoshop强大的内容识别功能，这些略嫌生硬的边缘却和原始图层完美地融合在一起，带来出色的修复效果。

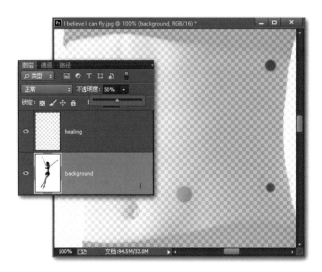

图13-5　动态修复的基本原理

13.2　仿制图章与修复画笔工具

仿制图章与修复画笔是Photoshop中两个"标准"的修复工具。与污点修复画笔相同，这两个工具也是以画笔的形式来修复照片的。同样可以像控制画笔一样控制仿制图章与修复画笔的大小和硬度。与污点修复画笔不同的是，需要手动选择修复源，而不是让Photoshop自己来选择修复源。这增加了一步操作，但是也便于更为自由地控制。

13.2.1　仿制图章工具的基本功能

单击左侧工具栏上的图章图标或者使用快捷键S可以启动仿制图章工具。仿制图章工具的基本功能是将画面上的某个部分复制到画面的其他地方——事实上，也可以复制到其他文件中。

在仿制图章工具选项栏中，可以看到画笔选项，在这里可以调整画笔的大小和硬度。与污点修复画笔一样，大小以适应修复区域为宜。100%的硬度能够形成清晰的边缘，而0%的硬度则可以带来柔和的过渡。使用硬边还是柔边画笔取决于照片的实际情况。我个人的经验是，当使用仿制图章时，多数时候需要较高的硬度。

在如图13-6所示的图层面板中，可以看到新建了一个空白图层，要在该空白图层上应用仿制图章以分离修复该原始照片。当然，也需要选中相应的选项。打开样本下拉列表，选择"所有图层"。在这里除了所有图层以外，还有一个当前和下方图层选项。当修复图层位于图层中间，而又不希望Photoshop对上方图层取样时，可以选择这个选项。

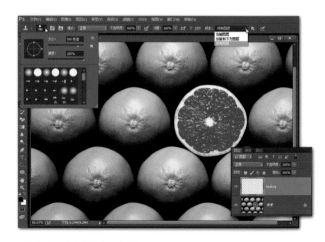

图13-6 仿制图章工具选项

使用仿制图章工具的第一步是取样。所谓取样，即指希望使用图像的哪部分区域来修复目标区域，这被称为修复源。按住Alt键，鼠标指针会变成一个很小的靶心，如图13-7所示。在需要的地方单击，即可取样。这个过程可以形象地理解为画笔"吸取"了当前位置的色彩、亮度与纹理信息，然后用这些信息去喷涂需要修复的区域——也就是目标区域。

取样以后，放开Alt键，移动鼠标指针到需要修复的地方，将画笔调整到合适的大小（[与]键），然后在照片上单击即可复制取样区域，如图13-8所示。事实上，取样之后，只要保持仿制图章工具的激活状态，在画面上移动鼠标指针就能看到之前取样的区域跟着鼠标指针满世界跑。

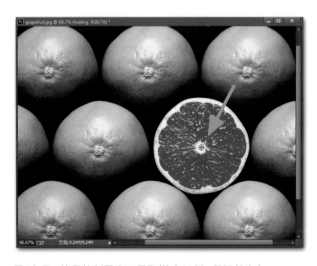

图13-7 使用仿制图章工具取样（Alt键+鼠标单击）

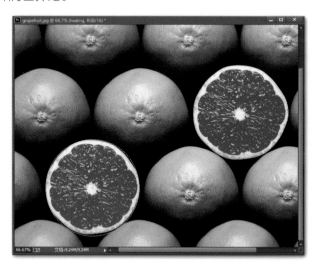

图13-8 使用仿制图章工具复制画面中的元素

这就是仿制图章工具的基本使用方法：按Alt键+单击鼠标取样，放开Alt键，在目标区域将画笔放到合适大小，然后单击鼠标进行仿制。

13.2.2　修复画笔的基本使用方法

修复画笔的使用方法与仿制图章工具可以说是完全一样的。启动修复画笔工具，同样可以在工具选项中看到画笔笔尖设置。修复画笔有一个源选项，这里要选中"取样"，这将使用鼠标单击的取样区域作为修复源。依然要在独立的图层上操作，因此选择"所有图层"。

如图13-9所示，应该能够在上方的空白图层缩略图中依稀看到左下角那个显眼的切开的水果。这或许能够帮助你更直观地理解上一节中说过的所谓动态修复的原理：在不改变下方图层的基础上用上方图层来遮盖下方图层，这是对图层基本功能的充分应用。

按住Alt键，待鼠标指针变成靶形图案后在画面中单击取样。然后放开Alt键，移动鼠标指针到需要修复的区域，将画笔设置为合适大小，单击鼠标完成修复，如图13-10所示。整个过程与仿制图章工具完全一样。但是，当单击鼠标之后，与仿制图章工具不同的是，Photoshop会运算一段时间，并且最终会给出一个略有不同的结果。

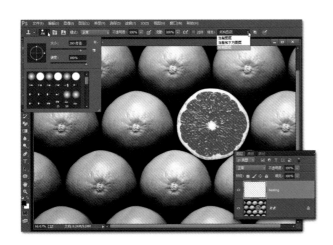

图13-9　修复画笔工具

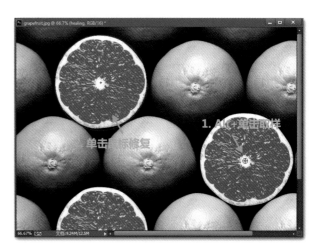

图13-10　使用修复画笔修复画面区域

如图13-11所示，右侧是取样源，左上角是修复画笔的结果，而左下角则是仿制图章的结果。注意柚子的右侧边缘，修复画笔的结果明显与原图不同。仿制图章其实不是正宗的内容识别工具，它的目的主要是仿制，是克隆。Photoshop尽管有时也会对边缘做一些调整，但都是非常轻微的调整。当硬度为100%时，仿制图章工具通常会获得相当光滑而锐利的边缘，能够完美地复制源区域到目标区域。

与仿制图章工具不同，修复画笔是标准的内容识别工具。Photoshop将以画笔边界为参照，向两侧寻找纹理，并且按照自己的理解对修复区域进行混合，于是形成了上方的情况——Photoshop认为周边区域是黑色的，因此它自作主张地对西柚与黑色背景进行混合，从而导致了边缘问题。

这是修复画笔的工作方式。你没法控制Photoshop如何思考问题，能改变的只有修复源以及修复区域。如同在上一节中介绍过的，在修复的时候如果修复目标能离开画笔边界一定距离，那么将有助于提供缓冲，获得较好的过渡。然而，很多时候确实很难控制修复画笔，这就是我们要同时了解修复画笔与仿制图章的理由。

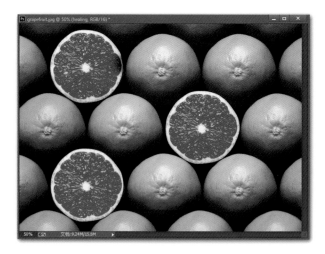

图13-11　修复画笔工具与仿制图章工具的效果比较

当对照片进行修复时，往往首先会考虑修复画笔，因为它确实是Photoshop中最好用的工具。然而，当修复靠近边缘，需要精确的边缘控制时，使用仿制图章工具通常能够获得更好的效果。把这两个工具相结合，可以解决近乎所有Photoshop中的修复问题。

13.2.3　使用修复画笔与仿制图章擦除杂乱的电线

对于如图13-12中所示天空中被杂乱电线占据的照片，使用修复画笔与仿制图章工具修复是最好的解决方法。既然它们的操作方式类似于画笔，所以除了在画面上单击之外，也可以像画笔一样通过涂抹来修复相应的区域。

图13-12　电线杂乱的天空

按J键或Shift+J键切换到修复画笔工具。在图层面板中新建一个空白图层（快捷键Ctrl+Shift+N）用于修复。选择修复画笔的对所有图层取样，只有这样才能利用这个空白图层进行修复。

根据电线的粗细选择合适的画笔大小，通常需要比较小尺寸的画笔。我一般喜欢设置较高的硬度。如果将硬度设置得很低，由于过渡区域太大，对齐电线会变得很难。即使把硬度设置到100%，Photoshop依然会寻找大约10%的边缘区域进行内容识别计算，所以通常不会带来很明显的修复痕迹。

图13-13展示了修复工作的主要步骤：首先在旁开电线的地方按住Alt键单击取样，然后使用画笔涂过电线，以使用相邻区域修复电线。对于电线这种直线，可以通过按住Shift键并单击来修复一段比较长的距离，就如在8.14节中介绍过的那样——记住，修复画笔就是一支画笔，所有关于画笔的操作都能用于修复画笔。

图13-13　使用修复画笔修复电线

也许你已经意识到一个问题：当移动画笔的时候，修复源其实在伴随画笔一起移动。如图13-13右图所示，画笔图标左侧的十字形光标代表当前取样区域。当修复画笔不断移动时，这个十字形光标会形影不离，所以永远可以以当前区域的相邻位置进行修复，而不是用最初按Alt键并单击的目标进行修复。

样本选项左边有一个"对齐"选项。如图13-13所示擦除了一段电线后，再次单击鼠标来涂抹下方的电线。当启用新的一

图13-14　对齐选项，请注意图中十字形的取样源光标

次画笔涂抹时，"对齐"选项将决定取样源的位置。图13-14左图所示为未勾选"对齐"选项的情况，取样源依然在第一次按Alt键并单击的地方。而图13-14右图所示为勾选"对齐"选项的情况，取样源出现在鼠标单击位置的旁边。

当未勾选"对齐"选项时，每一次单击鼠标都将以最初的取样位置作为参照，即取样源固定。而勾选"对齐"选项后，修复画笔与取样源之间的空间关系将被固定，即Photoshop会对齐修复画笔和取样源。我知道这段话理解起来有些拗口。看一看本章相关的视频，或者自己操作一下，很快就会明白两者之间的区别。

是否勾选"对齐"取决于修复对象。对于这个例子中的电线，勾选"对齐"选项是较好的选择。这样可以保证使用电线相邻的区域作为修复源来修复电线。而在有些情况下，比如在第17章去除人物面部斑点的时候，不勾选"对齐"选项可能会更方便一些。与修复画笔相同，仿制图章工具也有"对齐"选项，同样可以根据需要选择是否勾选"对齐"选项。

擦除电线没有什么窍门，需要的是耐心。要提醒的是，别人擦去画面中的某些部分看起来很轻松，但是当自己操作时会发现并不像想象的那么简单。因为无法去影响Photoshop对内容的识别，所以有时候哪怕是轻微的差异也可能带来很大的不同。如图13-15所示，只是将取样点略微靠近了电线，结果就获得了如此不能令人满意的效果。

总体来说，所有内容识别工具的根本原则是相似的，即要为Photoshop留下足够的内容识别区域。初学者经常容易犯的错误是因为怕损害周围细节而将画笔尺寸缩得太小。略微把画笔放得大一些，在修复源与修复区域之间留下一定的空间，往往可以获得更好的效果。

图13-15　取样点的轻微改变就可能带来不同的结果

在修复的时候，要逐段逐段修复，而不要一口吃一个胖子。以电线为例，除非在电线四周都是一色的蓝天，否则沿着电线从头到尾来一次按Shift键并单击，修复的效果不会很理想。应分段来修复，根据每一段的情况分别设置更好的修复源，并且不断改变画笔大小与硬度以适合修复区域——记住快捷键：[与]键调整大小，

Shift+[或]键调整硬度。如图13-16所示，先修复了左上角天空中的电线，然后擦去了白云中的电线，最后围绕蓝天白云交界处重新采样并且分步进行修复。这是修复工作的一般过程，它相当耗费时间。

图13-16　分步修复

　　图13-16给出的另一个提示是先修复那些纹理单一的区域，然后处理纹理复杂的区域。从蓝天和白云中擦去电线都很简单，但是在交界的地方纹理很丰富，要修复得自然就需要多一些取样和操作。对于白云这种随机的边缘，可以降低画笔硬度从不同角度尝试取样。不要害怕做错，快捷键Ctrl+Z和历史记录面板都是可以依赖的工具。当修复带来比较模糊的结果，或者觉得Photoshop的内容识别过于激进时，可以换用仿制图章工具。

　　修复画笔的一个问题是Photoshop会自动寻找画面上的内容以与需修复的区域进行混合。当修复区域周围存在明显的色彩与明度变化时，这种混合经常带来不需要的结果。而仿制图章工具不像修复画笔那样自说自话，它更忠于修复源，在修复边缘的时候非常有用。

　　如图13-17所示，在同一个地方取样，使用相同的画笔设置。图13-17中所示是修复画笔的结果，右图所示是仿制图章的结果。使用修复画笔之所以会出现一个小黑团，原因在于Photoshop寻找到邻近的树叶，并将树叶的色彩混合到了修复区域中，而这不是我需要的。使用仿制图章工具就没有这个问题。并不是说在边缘不能用修复画笔，更改取样点、改变画笔大小和半径往往都能够解决问题。但是，你不知道Photoshop是如何识别边缘的，需要反复尝试。因此在这些精细的边缘，使用仿制图章工具能够获得更精确的控制。在需要内容识别的时候，让Photoshop来识别；在不需要内容识别的时候，切换到仿制图章工具。这就是使用这两个工具的一般规律。

图13-17　修复画笔（中间）与仿制图章工具（右侧）在边缘修复中的区别

　　图13-18展示了修复之前与修复之后的照片。如果只是在万里无云的蓝天上擦去一根电线，可能只需要5秒钟。但是，当面对这样有内容的背景，而且不是一根电线，电线在某些地方还要与枝叶、山脊交错，那绝不是5秒种的事情。我做这个修复花了大概5分钟，如果是初学者，我觉得至少需要半小时，还不见得能获得好的效果。

图13-18　修复之前（左侧）与修复之后（右侧）的比较

　　没关系。修复是Photoshop中最需要练习的部分。修复所有的操作就是按Alt键并单击，然后涂抹需要修复的区域，不要怀疑自己做错了，也不要猜测是不是有什么诀窍。事实上并没有。画笔大小、硬度、取样位置的选择是一个逐渐体会的过程。前面已经介绍了一般原则，根据这个原则去尝试，慢慢就会有感觉。何况，采用的是完全动态的修复，大不了删除空白图层重来一遍，无论如何都不会影响原来的照片。

13.3　内容识别修补工具

修补工具是Photoshop中与修复画笔有所不同的修复工具。简单来说，修复画笔是先选择修复源（按Alt键并单击），然后将修复源复制到需要修复的区域。而修补工具正好相反，是先选择需要修复的区域，然后选择修复源。在区域的选择上，修复画笔采用的是画笔，而修补工具使用的是套索工具。

按J键或Shift+J启动修补工具。修补工具的图标就像一块四周缝线的补丁。启动修补工具后，要选择一个非常重要的选项——修补选项，有两个选择：正常或者内容识别，如图13-19所示。选择"内容识别"可以使用内容识别进行修补，这是从Photoshop CS6开始出现的新功能。内容识别修补可以被用于独立的空白图层，所以同样新建一个空白图层，然后勾选"对所有图层取样"。

图13-19　修补工具

如果选择"正常"将使用传统的修补工具。与内容识别修补相比，传统修补工具有两个不同。第一，传统修补工具只能被用于像素图层而没法在空白图层上进行修复。第二，传统修补工具更类似于仿制图章工具，但我倾向于认为传统修补工具是一种介于仿制图章与内容识别之间的形式。Photoshop会对修补边缘做一定程度的混合，但是不像内容识别那么强烈。在这个例子中，选择"内容识别"修补。

修补工具类似于一个套索工具，可以直接在画面中选出需要修补的区域。按住Alt键可以把套索工具切换为多边形套索工具。如图13-20所示，使用多边形套索的方式选出前景的相机与三脚架。

图13-20　按住Alt键使用修补工具，以多边形套索的方式选择需要修补的区域

值得指出的是，可以使用任何选区工具选出需要修补的区域，然后切换到修补工具进行修补。简单来说，只需要建立一个选区，而无论是否是用修补工具建立的。

接下来，直接移动选区来选择修复源。Photoshop的内容识别功能非常强大，只要选择一个大致的区域，Photoshop就会进行相应的计算，有时候在计算后会呈现出一幅与移动选框时所看到的完全不同的画面。我的意见是尽可能选择合适的纹理，而不要刻意要求完全符合。在这个例子中，我比较注意对齐栅栏，如图13-21所示，因为对于这些内容的识别人的本事远高于Photoshop。

图13-21　移动选框寻找修复源并完成修复

与所有内容识别工具一样，无法判断Photoshop会如何来渲染边缘并修复选区，修复源轻微的不同都可能带来迥异的效果。在完成修复之后，请不要马上按快捷键Ctrl+D取消选区，我的建议是使用快捷键Ctrl+H。这组快捷键能够在保留选区的情况下临时隐藏选区，从而可以清楚地看到修复边缘。如果不满意的话，按快捷键Ctrl+H重新显示选区，然后拖动选区尝试不同的修复源。

对边缘不满意的时候，还可以尝试不同的适应选项。在修补工具选项中，可以看到5个不同的适应选项，如图13-22所示。适应的作用是决定Photoshop寻找内容的范围。选择"非常松散"，Photoshop将以更大的半径来寻找内容进行混合；选择"非常严格"，则将把Photoshop的内容识别限制在更小的范围里。

图13-22　适应选项

一般来说，如果选区与修复的主体距离足够大，那么选择"非常松散"会获得最自然的过渡。而如果选区与被修复主体很贴近，选择"非常严格"可能效果更好。考虑到内容识别的原理，在选择的时候应尽可能不要过于贴近修复主体，并且选择"非常松散"。不用担心自己的适应选项不正确，因为这是一个可以动态调整的选项。

在完成修复之后，不要进行任何其他操作，马上更改适应选项，Photoshop将根据新的适应选项重新计算，并且给出一个不同的修补效果。通常，如果我觉得"非常松散"的效果不好，就会尝试"非常严格"。然后根据这两个选项的结果考虑是否要选择中间选项。要是它们都不符合要求，我会重新进行修补。

使用修补工具进行大范围修补之后，往往需要通过修复画笔和仿制图章工具对局部进行一些修饰。这种修饰一是为了修补边缘的不连贯，二是为了抹除一些明显的复制痕迹。如图13-23所示，可以看到左侧边缘的区域略微有些模糊，而在Photoshop自动填充的区域里，篱笆存在着很明显的复制痕迹。解决这些问题很简单，使用仿制图章工具对局部做一些仿制，消除过度模糊的区域，并且让篱笆看起来不是完全相同就可以了。

图13-23　修补之后需要解决的问题

内容识别修补工具所实现的效果是杰出的，我只是在此基础上使用仿制图章工具做了一些精细的工作，就能获得如图13-24所示的效果。对于这种需要大片修补的情况，先使用内容识别修补工具做大手笔的填补，然后用仿制图章工具和修复画笔做局部微调是非常有效的修复策略。

图13-24　修复之前（左侧）与之后（右侧）的效果

13.4　内容感知移动工具

就数码摄影来说，我不觉得Photoshop CS6提供的内容感知移动工具是一个非常有用的工具。不过既然位于这个工具组里，又是正宗的内容识别工具，就顺便在这里简单介绍一下它的使用方法。

在这个例子中，我想移动的是躺在草地上的女孩，所以使用快速选择工具建立了一个很粗糙的选区。要内容识别工具更好地工作，选区边缘与需要修复的主体之间应该留有一定的空隙。因此，打开"选择"菜单，在"修改"子菜单中选择"扩展"，并输入扩展量为40以将选区向四周扩展40像素，如图13-25所示。

启动内容感知移动工具，在模式选项中选择"移动"。如果选择"扩展"的话，Photoshop会根据照片内容复制并扩展照片，只有在选择"移动"的情况下Photoshop才会移动照片上的内容。同样，勾选"对所有图层取样"，并新建一个空白的图层用于移动内容。接下来，像图13-26那样直接把选区移动到需要摆放的地方。

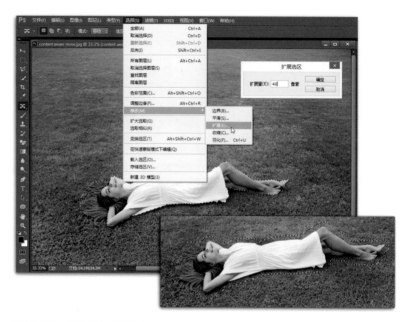

图13-25　建立并扩展选区

图13-26　内容感知移动工具

Photoshop会做两件事情。它会把女孩移动到新的地方，并且根据适应选项对边缘做一些混合。同时，它会使用内容识别的方法对女孩被移走后留下的"洞"进行填充。在这个例子中，如果选择"非常松散"会带来轻微的主体变形，所以我选择"非常严格"。请注意图13-27所示图层面板中的分离图层。在这个图层中，可以很清楚地看到上方的女孩和下方由Photoshop填入的一片草地。这有助于理解内容感知移动的原理。

图13-27　内容感知移动的结果

这个结果并不能令人满意。事实上，给Photoshop提供更多可识别的边缘会让结果好一些。比如，不选择女孩而是围绕女孩做一个更大的矩形选区进行移动。但是，在这个例子中，无论如何都很难获得需要的效果，这是因为这张照片前景与背景的纹理差异很大。看起来很相似，但是前景很清晰，背景却逐渐模糊，这是景深带来的效果。Photoshop很难准确混合这些纹理，因此带来了明显的边缘问题。

在我的经验中，只有在背景几乎完全一致的情况下，内容感知移动工具才能带来完美的结果。假如这里的前景与背景的草地没有景深效果的差异，我相信结果是出色的。这也许就是内容感知移动工具并不像它看起来那么有用的理由，因为它对照片的要求太高了。可以用其他方法修补前景，但是内容感知移动所留下的女孩周围草地之间的边缘反差是很难解决的。

假如确实想要移动女孩，那么与内容感知移动工具相比，直接用快速选择工具选择出女孩的轮廓并将她移动到新的地方也许会带来更好的结果。不妨尝试一下，顺便锻炼一下自己的选区能力。至于女孩在草地上留下的阴影，学习完第16章之后，可以试试阴影图层效果，它会带来不错的投影效果。

13.5　本章小结

内容识别工具是修复照片的利器。内容识别工具的原理是识别选区内外的部分区域以实现在色彩、明度与纹理上都自然的过渡填充。使用内容识别工具非常重要的一点是不要紧贴需要修复的内容建立选区，而要在修复区域周围留下一定的空间。

当需要简单地修复单一污点时，操作方便的污点修复画笔能够带来很好的效果。而在大多数时候，修复画笔和仿制图章工具的组合是Photoshop的标准修复方式。修复画笔适合在均匀区域内的修复，而仿制图章工具则适合修复细节丰富的边缘。内容识别修补工具是对修复画笔的补充，它能够更方便地修复大范围区域，但是也需要修复画笔和仿制图章来处理后续细节。至于内容感知移动工具，在单一连续背景上有时候能够获得很好的效果。

以上是Photoshop中主要的内容识别工具，然而并没有涵盖所有工具。在本书的最后一章，会再次使用这些内容识别工具来解决肖像修饰中的实际问题。

第14章

无往不利：影调与色彩的高级控制

在第9章与第10章中习练了笑傲江湖的"南拳"、"北腿"，本章要来学一点秘籍，以获得对影调与色彩的更强大控制。虽然本章的章名为"高级控制"，然而要说的内容其实只有一个：混合模式。

图层是Photoshop的核心元素。作为核心，图层也需要左膀右臂的辅助。我觉得图层"左使"应该封给蒙版，因为没有蒙版，图层就显得呆板。对于摄影来说，蒙版与图层的组合几乎就是天仙配。而要说到图层"右使"，毫无疑问是混合模式。混合模式赋予图层灵气，宛如点睛之笔，让图层显得栩栩如生。

混合模式是Photoshop中最有用的工具之一，而且应用广泛，无论在设计还是摄影的领域中，没有混合模式就失去了很多神奇。对于照片的后期处理来说，混合模式的最大好处在我看来是简单。很多时候，添加一个又一个曲线和色阶都没法满意的效果，可以被混合模式轻易地表现出来。越了解混合模式，就会越喜欢它，就会想到它越多。当我添加一个空白曲线调整图层之后，第一件要做的事情是什么？不是添加锚点设置曲线，而是换一个混合模式看看是不是能够直接达到我需要的效果。

本章将介绍这一无往不利的神器。鉴于图层混合的原理经常容易让人头晕眼花、昏昏欲睡，而这又是一本"入门"教程，所以我将远离那些烦人的数学公式，保证用最简单的语言介绍最实用的混合模式应用技巧。如果从来未曾接触过混合模式，这绝对能够为你打开一扇新的窗户。

本章核心命令：

图层混合模式　　　　　　渐变工具

14.1　关于混合模式的三件事

14.1.1　第一件事：混合模式的基本概念

如图14-1所示，打开的文件包含两个图层，在窗口中看到的是上方的图层，因为当前图层是不透明的。这是图层的基本概念。图层模式选项菜单位于图层面板的左上角，在默认情况下，你在这里看到的是"正常"。正常的意思是不对图层做任何混合，而是按照不透明度设置来显示图层——100%的不透明度显示上方图层，0%的不透明度显示下方图层。

图14-1　一张包含两个图层的照片

　　如果打开这个下拉列表，会看到一长串选项。不要管这些混合模式究竟有什么用，选择"柔光"，可以获得如图14-2所示的效果。下方的图层仿佛透过上方的图层在屏幕上显示出来。现在能够同时看到上方图层与下方图层，它们被Photoshop混合在了一起。这就是"混合模式"这个名词的来源——Photoshop通过一定的模式来混合不同的图层。

图14-2　柔光混合模式带来的效果

　　你也许会想，不透明度不是也能够混合图层吗？确实如此。如果降低上方图层的不透明度，也能够将两个图层混合起来。把混合模式切回"正常"，然后将上方图层的不透明度降低为60%，获得如图14-3所示的效果。同样是实现了混合两个图层的效果，但是这种效果与在上面看到的混合效果是完全不同的。使用"柔光"带来的效果显然更饱和，对比度更高，也更漂亮。这种效果是在"正常"混合模式下无论如何更改不透明度滑块都不可能实现的。

图14-3　在正常混合模式下降低不透明度实现的效果

混合的本质是通过一定的计算来混合当前位置上方图层与下方图层的颜色与亮度。将上方图层设为A图层，下方图层设为B图层。假设在某一个像素点，上方图层的亮度是100，下方图层的亮度是200，将上方图层的不透明度降低到60%时，所看到的实际亮度是100×60%+200×40%=140。这就是Photoshop在正常模式下混合图层的方法。

更改混合模式时，Photoshop依然是在混合上方与下方图层，同样是以每一个像素点为计算依据，但是它使用的算法不同。Photoshop会用一些更复杂的计算公式，由此带来了混合效果上的不同。因为计算方式是不同的，所以在正常模式下无论如何改变不透明度都不可能获得与柔光模式相同的效果。

因此，关于混合模式要记住的第一件事情是：混合模式是将上方图层与下方图层进行混合的方法。通过更改混合模式，改变的是Photoshop的混合计算公式。不同的模式会带来不同的效果，它们与正常模式下更改不透明度获得的结果是不一样的。

14.1.2　第二件事：混合模式组

在混合模式菜单中一共可以看到27种混合模式。没有必要把所有模式的名称都读一遍，原因是许多模式的名称根本无法理解，但是应该了解这些混合模式的一般排列规律。Photoshop将这些混合模式分成6个不同的组，如图14-4所示。由于Photoshop没有给出确切的组名，所以名字是我自己总结的。

第1组混合模式包括正常与溶解两种，正常是Photoshop的默认混合模式。第2组混合模式包括5个命令，它们的作用都是压暗图层、加深颜色，因此将其称为加深/压暗混合模式组。第3组混合模式也包括5个命令，它们与第2组的5个命令一一对应，但是效果相反，能够提亮图层、减淡颜色。第4组包含7个混合模式，这一组模式能够增加对比度，形成反差。如果比较一下图14-2和图14-3，能够很清楚地体会到柔光模式对反差与色彩的影响。第5组模式通常被用来做反相和计算，它们其实是除了"乘"以外的四则运算，差值的意思是在减法以后取绝对值。第6组混合模式可以分离亮度和色彩。在关于锐化的章节中，已经采用过明度混合模式来避免锐化对色彩的副作用。

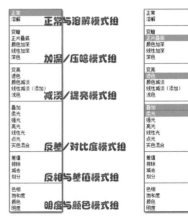

图14-4　混合模式组

以上是混合模式大概的分组。要逐一了解这些混合模式是很难的，因此对于初学者请记住以下这段口诀。

需要压暗照片时，使用正片叠底；需要提亮照片时，使用滤色；需要增加对比度时，使用叠加；叠加的效果过于强烈时，尝试柔光。

正片叠底、滤色、叠加、柔光，这几乎就是在照片后期处理过程中真正会使用到的混合模式。图14-4中高亮显示了这4种模式。从这4种混合模式开始深入混合的世界，能够避免这27个无法理解的名词带来的困扰。图14-5展现了正片叠底和滤色在这个例子中所能带来的效果。可以很容易看到，正片叠底是如何加深照片的，而滤色又是如何减淡照片的。

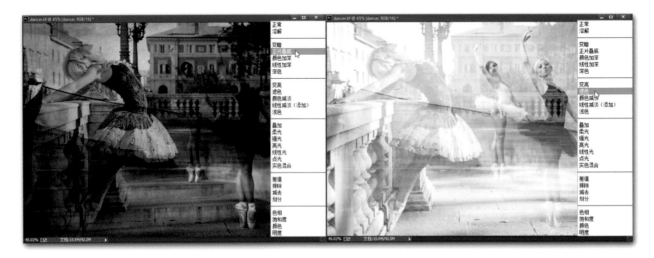

图14-5　正片叠底（左）与滤色（右）的效果对比

因此，关于混合模式的第二件事情是：27种混合模式依照效果被分成6组。需要记住的只是其中4种混合模式以及秋凉给你的口诀。

14.1.3 第三件事：混合模式与填充不透明度

关于混合模式的第三件事情，是可以通过更改图层不透明度来修饰混合效果。混合模式与不透明度是不冲突的，但是需要注意一点：如果更改了图层的混合模式——也就是说图层的混合模式不再是"正常"模式了——那么在改变图层不透明度时请使用填充不透明度而不要使用不透明度，如图14-6所示。还记得更改不透明度的数字快捷键吗？采用相同的方法，按住Shift键就能够更改填充不透明度了，例如在这里使用快捷键Shift+6。

图14-6　更改填充不透明度

在这个例子中，无论使用不透明度还是填充不透明度，看到的效果都不会有差异。这和使用的混合模式有关。非常确切地说，在Photoshop中，有8种混合模式降低填充不透明度能够获得比降低不透明度更好的效果。既如此，不必关心是哪8种模式，只要记住在应用混合模式后，统一更改填充不透明度而不是不透明度就可以了。

顺便说一句，如果不知道混合模式，将如何实现如图14-6所示梦幻般的构图效果？简直无计可施！而在了解混合模式之后，达到这样的效果其实只做了两步：将混合模式更改为"柔光"；将填充不透明度降低到60%。这就是混合模式的魅力！

14.2 使用正片叠底加深照片

图14-7所示是在第12章中看到过的例子。黑白调整图层带来了非常不错的影调混合效果，但是我依然觉得天空层次不够丰富，而且人像主体与前景的反差低了一些，使得观众视线不够集中。现在，就通过混合模式来完成这张照片。

在上一节中看到，通过混合模式能够把两个不同的图层相互混合起来。同样，可以通过混合模式来混合两个完全一样的图层。还记得我的口诀吗？需要压暗照片时，使用正片叠底。如果将这张照片复制一次，形成两个相同的图层，然后对上方图层应用正片叠底，就是用这张照片自己来压暗自己。

如果不是很理解，就来看看实际演示。选择黑白调整图层，然后按快捷键Ctrl+Alt+Shift+E盖印图层。盖印图层的意义是将下方的复合图层复制一遍并将副本拼合起来，必须记住这组快捷键。现在，图层面板中其实有两张一样的照片：上方拼合的图层和下方的复合图层。

选择拼合的图层，将混合模式更改为"正片叠底"，将看到如图14-8所示的情况。照片被明显加深、压暗，天空反差被凸显出来。可以使用曲线获得类似的效果，但是我更喜欢正片叠底，因为它的效果更漂亮一些，操作也更方便。其实，使用混合模式是一件神奇的事情——让照片自己来压暗自己，难道不是很奇妙吗？

图14-7 需要进一步修饰的黑白照片

图14-8 通过正片叠底压暗天空

正片叠底是一种非线性的压暗方式，它的特点是越暗的区域压暗会越明显，这就是它能够表现天空层次的重要理由。此外，正片叠底理论上不会引入新的阴影剪切，这也是它非常优秀的地方。如果觉得正片叠底加深的效果还不够，可以尝试将混合模式切换为"线性加深"。线性加深的压暗效果比正片叠底更明显，并且对色彩的加深作用更强——当然，对这张黑白照片就不用谈色彩了。

尽管天空变得很漂亮，但是人物主体看起来太暗了。我想要压暗的不是人像，相反我希望他变得亮一些，因为显然他才是这张照片的主体。解决的方法很简单——蒙版。

单击添加图层蒙版按钮为拼合图层添加白色蒙版，启动画笔工具（B键），使用柔边画笔，将前景色设置为黑色，将人像主体涂抹出来。人像提亮之后，人像与背景的过渡显得有些突兀。降低画笔的不透明度，涂过人像周围区域以缓和过渡。由于觉得压暗效果略强了一些，因此将填充不透明度降低到75%，获得如图14-9所示的结果。

图14-9　使用蒙版遮挡部分正片叠底效果

正片叠底对亮色调的影响较小，我觉得前景看起来依然太亮了一些，可以再使用一次正片叠底。同样，盖印下方图层，将拼合图层的混合模式更改为"正片叠底"。这次只需要下方前景的区域变得暗一些，所以按住Alt键并单击添加图层蒙版按钮，直接为图层添加黑色蒙版。将前景色切换为白色，画笔硬度设为0，使用大一些的画笔涂抹下角，如图14-10所示。将画笔放在画面外侧能够充分利用画笔的柔边，使得蒙版之间的过渡变得柔和。

这里使用了两个正片叠底图层，营造了天空反差，并且很好地引导了观众视线。在这个过程中，除了更改了一次填充不透明度以外，甚至没有设置任何参数，混合模式就出色地完成了任务——当然，结合强大的图层蒙版。

图14-10　使用两个正片叠底图层获得的最终效果

14.3 使用滤色减淡照片

图14-11所示是在第12章没有完成的另一张照片。这张照片的问题是前面的碎石看起来太亮了一些。人的眼睛总是追寻最亮的东西，所以如此明亮的前景会分散视线。同时，尽管岩石的棱角被雕刻得很清楚，但是似乎缺乏视野的趣味点。我使用两种混合模式来解决这个问题。

图14-11　另一张需要进一步影调修饰的黑白照片

首先，依然采用正片叠底来压暗前景。由于这是一张在Camera Raw中完成的照片，因此在图层面板中看到的是智能对象。如果按照上一节介绍的方法，复制智能对象改变混合模式即可。可是，其实在上一节中演示的是一种"错误的"方法。

尝试在智能对象上方建立一个空白曲线调整图层（我设定的快捷键是Ctrl+Shift+M）。不要调整曲线，而只是将混合模式更改为"正片叠底"，将获得与复制图层并对复制图层应用正片叠底一样的效果。当更改调整图层的混合模式时，Photoshop会认为是将当前图层复合与下方的图层进行混合。也就是说，如果保证调整图层是"空白"的，那么其效果与盖印图层然后应用混合模式是一样的。

不一样的是文件所占存储空间。如图14-12所示，使用曲线调整图层与复制智能对象获得的效果是完全相同的，但是使用曲线调整图层后的文件所占存储空间是48.6MB，而复制智能对象后的文件所占存储空间达到了94.3MB！

图14-12 调整图层（左）与复制智能对象（右）的文件大小比较

　　这是我喜欢调整图层的一个重要原因。调整图层几乎不会增加文件所占存储空间，而复制图层则将加倍文件所占存储空间。当想要让照片和自己混合的时候，不要复制或者盖印图层，而是简单地建立一个空白调整图层——尽管我习惯使用曲线，你可以使用任何你喜欢的调整图层——然后改变这个调整图层的混合模式。在上一节的例子中，正确的做法不是盖印两次图层，而是用两个空白调整图层来代替这两个盖印的图层。之所以用盖印图层，一是为了强化盖印图层这一基本技术，另外也是因为这样的方式更容易理解混合模式的意义。

　　在这个例子中，我只希望压暗前景。按住Alt键并单击添加图层蒙版按钮，添加黑色蒙版。将前景色切换为白色，使用柔边画笔涂抹前景的碎石区域。在比较暗的地方，降低画笔的不透明度以缓和加深的效果，获得如图14-13所示的效果。

图14-13 通过混合模式与图层蒙版压暗前景

接下来，再建立一个空白曲线调整图层，将混合模式更改为"滤色"，如图14-14所示。滤色的作用与正片叠底相反，能够提亮画面并减淡色彩。正片叠底是Photoshop中最优秀的加深模式，滤色则是最优秀的减淡模式。如果觉得滤色的作用不够强，尝试一下线性减淡，这可以带来更强的减淡与提亮效果，其作用与线性加深相反。

我的目的不是提亮整张照片，而是为了营造一些对比。山壁上有一些白色的岩石区域，如

图14-14　使用滤色模式提亮照片

果能够适当增加这些区域亮度的话可以形成更强的反差，同时也能够吸引观众视线，这是我建立滤色混合图层的思路。因此，给这个图层添加黑色的图层蒙版，启动画笔工具，将前景色设置为白色。降低画笔不透明度到

20%，用小号的柔边画笔在这些较亮的区域仔细涂抹。如果觉得效果不够强，可以通过多次涂抹来增加蒙版浓度。

请注意图14-15中所示的蒙版。这种区域调整的效果看起来是微弱的，然而当完成操作之后，其对画面的整体贡献是显著的。通过隐藏/显示图层能够感受到个中区别。这种通过混合模式和蒙版修饰局部边缘的技术是数码后期处理，尤其是风景照片后期处理中的常用技法，希望这个例子能给你以启发。

图14-15　通过蒙版提亮局部区域

14.4 使用叠加与柔光增强照片对比度

图14-16所示为一张在湿地边拍摄的照片。照片的色彩很干净，构图也很整洁，美中不足的是照片的对比度不够，看起来不够透彻、鲜艳。可以通过曲线来解决这样的影调问题，这里让我们尝试使用混合模式来处理问题。

图14-16　一张对比度不足的湿地照片

最佳的加深模式是正片叠底，最佳的减淡模式是滤色，而最佳的对比度模式则是叠加和柔光。一般来说，在需要增加对比度的时候，我会首先使用叠加。建立一个空白调整图层，将混合模式更改为"叠加"，获得的照片效果如图14-17所示。

图14-17　使用叠加混合模式增强对比度

应该说叠加模式对反差的增强效果相当好。但是请注意一个问题。如图14-16所示，直方图的右侧基本没有高光溢出，然而在使用了叠加混合模式之后，直方图右侧产生了显著的高光剪切。这是叠加模式的一个问题。正片叠底不会产生阴影剪切，滤色不会引起高光剪切，但是叠加模式既可能带来阴影剪切也可能带来高光剪切。当叠加产生的对比效果过于强烈，或者像这里引起了明显的高光或阴影剪切时，有两种选择：降低填充不透明度，或者将混合模式更改为"柔光"。我选择后一种方法，获得如图14-18所示的效果。

图14-18　使用柔光模式缓解高光溢出

可以将柔光看做较弱的叠加效果。但是由于柔光的计算公式和叠加模式不同，因此无法完全通过降低叠加模式的填充不透明度来获得柔光效果。在增加对比度的时候，柔光模式相对来说比叠加模式更安全一些。然而，这并不是说柔光不会带来阴影剪切与高光溢出的问题。这同样是柔光模式可能出现的问题，只是相对叠加要轻一些而已。

通过柔光已经解决了照片的主要问题。接下去我还想做两步调整：一是压暗天空，二是增加饱和度。这里介绍一种压暗天空的实用技巧。

依然采用混合模式来处理照片。新建一个空白曲线调整图层，将混合模式更改为"正片叠底"——最优秀的加深模式——然后为图层添加黑色蒙版。从左侧工具栏中选择渐变工具，我单独赋予它一个快捷键：G。在上方选项栏可以看到渐变工具选项。打开渐变下拉列表，选择第二个渐变工具——从前景色渐变到透明。当然，要确保前景色是白色。然后，从画面顶端一直拖动鼠标到天空与草原的交界处以添加渐变，如图14-19所示。需按住Shift键以保证渐变的水平。

图14-19　结合正片叠底与渐变模拟渐变中灰密度镜效果

观察图14-19所示的图层面板可知，获得了一块从顶部到中间渐变的蒙版。也就是说，从画面顶部到天空与草原的交界处，正片叠底的效果逐渐变弱，仿佛在拍摄时使用了渐变中灰密度镜一样。通过渐变滤镜修饰蒙版是形成柔和过渡效果的常用方法，结合正片叠底与渐变工具也是我喜欢的营造渐变中灰密度镜效果的技巧。

增加饱和度的任务交给自然饱和度命令。在最上方建立一个自然饱和度调整图层，将自然饱和度设置到+45，饱和度增加到+30。由于这张用卡片机拍摄的JPEG格式照片质量不高，经过压暗与饱和度调整后天空的颜色太深了一些，而且在两个边角出现了较为明显的噪点与色彩断裂。解决这个问题依然可以使用渐变工具。

为自然饱和度图层添加一块白色蒙版，启动渐变工具，将前景色设置为50%灰，使用前景色到透明的渐变，按照图14-20所示建立渐变。从图层蒙版中可以看到，在蒙版的上缘出现了一段灰色到白色的渐变，也就是说，画面顶端的饱和度调整被削弱了。通过这个方法能够部分缓和饱和度调整带来的副作用。

图14-20　使用渐变工具降低天空饱和度

对饱和度图层蒙版还要做一件事情。当饱和度增加后，部分鸟的身体变成了蓝色。第10章中提醒过：饱和度会放大原来存在的色差。启动画笔工具，使用小号的柔边画笔，用黑色涂抹这些区域以去除饱和度调整的影响。在图14-21所示的图层蒙版上可以看到一个个黑色的小点，那就是鸟的身体。

这就是最后获得的效果。纵观整个处理过程，首先采用柔光模式加强对比度解决了主要矛盾，然后结合正片叠底与渐变工具模拟了渐变中灰密度镜效果，最后通过添加蒙版的自然饱和度调整图层完成修饰。把混合模式融入影调与色彩处理过程中，与其他控制手段充分结合，这将让照片修饰手段变得无比丰富而强大。

图14-21　使用画笔工具修饰蒙版

14.5　本章小结

　　混合模式是控制不同图层混合方式的算法。对于摄影而言，混合模式最大的用途莫过于使用照片自身来混合照片。通过空白调整图层应用混合模式是最为有效的方法。不必了解所有混合模式，只需要记住口诀：需要压暗照片时，使用正片叠底；需要提亮照片时，使用滤色；需要增加对比度时，使用叠加；叠加的效果过于强烈时，尝试柔光。如果觉得混合模式带来的效果过头了，将填充不透明度设置到合理的数值。而当只需要对画面的某个区域应用混合模式时，不要忘了图层蒙版。

第15章

纵横：高动态范围与全景合成

　　本章是关于照片合成的。与设计师喜欢的将各种图层组合在一个文件中的方式不同，本章中所讲述的照片合成是专门为摄影师服务的，这也是数码摄影中最常用的合成技术。对同一个场景采用不同的曝光拍摄多张照片，然后通过后期技术将这些照片组合为一张照片，这被我称为"纵向合成"。面对宽广的拍摄场面，以一个支点转动相机拍摄不同的部分，然后通过后期技术将这些画面组成一张完整的照片，这被我称为"横向合成"。所以本章的标题被称作"纵横"。

　　纵向合成解决的是相机动态范围不足的问题，这种拍摄合成技术称为高动态范围摄影（high dynamic range），在本章的余下文字中将用HDR来指代高动态范围摄影。横向合成解决的是相机视角不足的问题，这种拍摄合成技术被称为全景合成。掌握这两种技术，就等于从纵向和横向两个角度拓展了相机的能力，增加了照片拍摄的范畴，并且可以实现普通照片无法实现的效果。

　　全景合成很早就出现在数码相机中，而HDR也被很多相机作为标准的软件配置。可是，要获得出色的全景照片或HDR照片，唯一的方法是掌握合成原理，并且在后期软件中自己合成照片。这是高级的后期处理技术。

本章核心命令：

HDR Pro　　　　　　Photomerge　　　　　　图层样式——描边　　　　　　内容识别填充

15.1　在Photoshop中手动合成HDR照片

　　HDR是一项容易引起争议的技术。一些人把HDR等同于做假，也有的摄影比赛明确禁止HDR照片参赛。这些都是片面的观点。事实上，HDR技术出现的原因来自相机有限的动态范围。通过一次曝光，相机所能捕捉的明暗反差远小于人眼睛所能感受的明暗区别。在一些场景下不通过HDR就无法实现把所看到的景象拍摄进一张照片的简单目的。HDR只是一种解决强烈反差问题的技术，所以不要有偏见。

　　HDR与"HDR效果"并不等同。通过HDR技术，既可以获得超现实的HDR效果，也可以获得逼真的照片，这完全取决于摄影师的主观意愿。我觉得HDR是摄影师和摄影爱好者必须掌握的技术，尤其在风景摄影中，HDR能够带来很多好处。本节先看一个单纯通过HDR弥补相机动态范围局限的例子，而在下一节中将略微接触HDR效果。

了解HDR的人很容易想到Photoshop 的HDR Pro或者其他HDR软件。然而，制作HDR最简单但往往也是最实用、最好的方法是通过Photoshop手动合成HDR。建议从手动合成HDR开始，因为这不但能够帮助加深对HDR的了解，也是最常用的后期技术之一。

在第15章的练习文件中，可以看到如图15-1所示的3张照片。这3张照片的拍摄主体是清晨的云霞，曝光量由左至右逐渐增加。由于太阳所在的位置非常亮，因此曝光量最低的照片对太阳表现相对较好，而曝光量最高的照片对前景表现相对较好。我不想制作一张纯粹的剪影，而希望能够略微看到一点树和屋檐的细节，因此决定把这3张照片合成为HDR——事实上，这是按动快门按钮前就已经做好的计划。

图15-1　一组用于HDR合成的照片

可以在Photoshop中分别打开这几张照片，然后使用移动工具将它们移动到一个文件里，就像在第8章中看到过的那样。但是还有一个更聪明的方法。在Bridge中，使用Shift键或Ctrl键选中这3张照片。打开"工具"下拉菜单，在Photoshop弹出菜单中，选择"将文件载入Photoshop图层"，如图15-2所示。

图15-2　通过Bridge直接将多张照片打开为一个Photoshop文件

略微等待一段时间，在Photoshop中将看到如图15-3所示的情况。Photoshop会自动将这3张照片载入为图层，并且按照文件名来命名这些图层。现在，从上到下有了3个不同曝光度的图层。我要用最亮的图层来展示树木，用中间的图层表现云层，而用最暗的图层来渲染画面中下方的金色区域纹理。显然，最好的办法是使用蒙版。

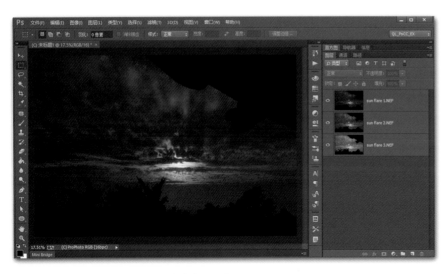

图15-3　在Photoshop中显示3个亮度不同的图层

在添加蒙版之前，首先要做一步重要的工作。这3张照片是手持相机拍摄的，因此拍摄位置会发生轻微的改变。为了更好地混合这几个图层，需要将它们对齐。同时选中这3个图层，打开"编辑"菜单，选择"自动对齐图层"命令，如图15-4所示。

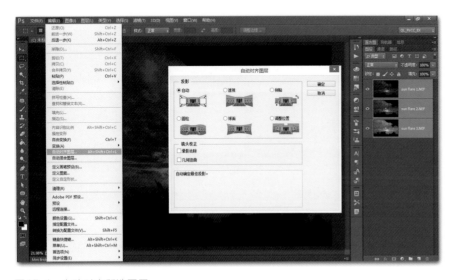

图15-4　自动对齐所选图层

Photoshop会弹出"自动对齐图层"对话框。这个对话框其实与后面将看到的合成全景照片对话框是一样的。Photoshop将根据图层像素来对齐对层。一般来讲，在对齐图层时选择"自动"是最简单的，而且也可以获得很好的效果。由于只是对齐图层，不需要矫正暗角和畸变，因此忽略下方的两个选项。单击"确定"按钮，Photoshop会自动对齐这3个图层。根据计算机的配置情况，可能需要等待一段长度不等的时间。

现在可以看到对齐之后的图像。隐藏不同的图层看一下，会发现除了前景被风吹动的枝叶以外，3个图层已经被几乎完美地对齐了。Photoshop略微旋转了图层，因此在画面四周出现了一些透明像素。如图15-5所示，启动裁剪工具做一个简单的裁剪就能够解决这个问题。这是对齐图层之后经常需要做的事情。

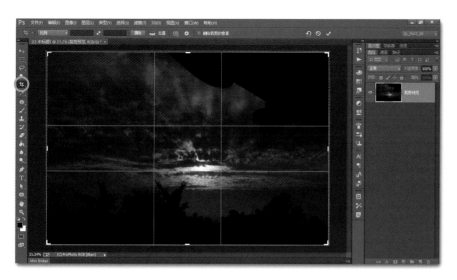

图15-5　通过裁剪去除照片四周的透明像素

建议在这里保存照片再进行后续操作。虽然Photoshop是一款很稳定的软件，但是我自己的经验是，当处理大文件，尤其是处理包含多个大尺寸像素图层的照片时，Photoshop很容易崩溃，特别是在计算机配置不是太好的情况下。因此保存照片可以避免不必要的麻烦。

接下来要逐一处理照片上的不同部分。首先，显示最下方的"sun flare 3"图层，这是最亮的一张照片。这个图层的目的是表现树和楼房，我希望这些景物能够再亮一些。回顾影调调整技术，有4种常用方法来做局部提亮：Camera Raw的阴影滑块、阴影/高光命令、曲线调整图层以及绿色混合模式。使用任何方式都可以完成这个任务，完全取决于个人习惯。在这里我选择使用阴影/高光。右键单击图层，选择"转换为智能对象"，然后打开"图像>调整>阴影/高光"，或者使用我设定的快捷键Ctrl+Shift+S。在"阴影/高光"对话框中，把阴影设置为50%，半径设置为100像素，记得将颜色校正置零，如图15-6所示。

图15-6　使用阴影/高光命令提亮地面景物

　　由于要为前景部分应用阴影补光，因此需要给智能滤镜增加一个滤镜蒙版。单击滤镜蒙版，确认背景色是黑色，前景色是白色，使用快捷键Ctrl+Backspace（Mac上是Command+Delete）将蒙版填充为黑色。然后按B键切换到画笔工具，硬度设置为0，用较大的笔刷涂抹一个如图15-7所示的蒙版。在中间露出天空的地方，使用浅灰色涂抹（也可以降低画笔不透明度达到类似效果），这样可以减弱提亮的效果，使过渡更为柔和。

图15-7　为阴影/高光命令添加滤镜蒙版

　　现在已经完成了对前景的补光，使得枝叶的轮廓和楼房都能够在画面中被表现出来。下面要处理的是天空。使用中间图层的天空覆盖最下方的图层，因为中间图层在天空层次的表现方面与上方最暗的图层相似，然而曝光越充分，信噪比就越高，获得的画质也越好，这是数码感光的基本原理。因此我要使用这个图层来展现天空的整体。

选择"sun flare 2"图层并显示该图层，单击图层面板右下方的蒙版按钮为图层添加白色蒙版。确认前景色是黑色，使用较大的柔边画笔建立一个如图15-8所示的蒙版以遮盖树木和楼房。如果涂到枝蔓之间的天空，这些区域看起来会非常亮。这时候，使用X键将前景色切换为白色，并且降低画笔不透明度到50%左右，缩小画笔以遮盖掉下方明亮的图层。

图15-8　通过图层蒙版显示下方相对明亮的树木和楼房

现在，照片的不同部分分别由两个不同的图层控制。前景的树木和楼房来自于下方的"sun flare 3"图层，而画面的天空主体则来自于"sun flare 2"图层。天空中的云霞显然是整张照片的中心，所以我要让这片云霞显得更有吸引力。按住Alt键并单击图层面板右下方的调整图层按钮，选择曲线命令将弹出"新建图层"对话框，也可使用我设定的快捷键Ctrl+Shift+M。在这个对话框中，勾选"使用前一图层创建剪贴蒙版"，这样曲线将只影响天空图层，而不会影响下方的树木和楼房图层。拖动一个如图15-9所示的曲线以极度增强天空的对比度，从而营造戏剧化的效果。

我不担心阴影，因为使用了剪贴蒙版，曲线根本无法影响阴影图层。但是在应用曲线之后，高光部分显然有些太亮了。于是我给曲线图层添加一个蒙版，把前景色设置为黑色，使用不透明度30%的柔边画笔涂抹画面中最亮的区域，建立一个如图15-9所示的蒙版。这时可以很容易看到这个蒙版能够找回一些高光细节，尤其在下方的云层处非常明显。然而即使如此，最亮的高光部分细节丢失仍然有点多，所以要用到最上方的图层。

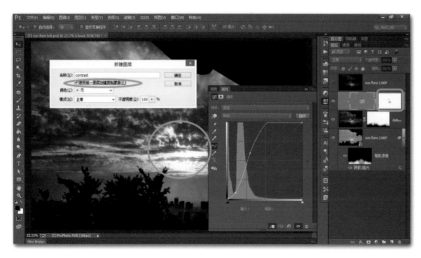

图15-9　结合曲线与蒙版修饰天空影调

　　最上方的"sun flare 1"是曝光量最低的图层,高光细节保护也最好。选择并显示该图层,按住Alt键并单击图层面板右下方的添加蒙版按钮,为该图层添加一个黑色蒙版。这时候整个图层都被隐藏了。使用较小的柔边画笔,将前景色设置为40%灰,然后在画面中最亮的地方涂抹,建立如图15-10所示的蒙版。利用这个图层高光的极小一部分拼合到下方图层中,最终完成整张照片的编辑。

图15-10　使用曝光量最低的图层进行高光修复

　　图15-11所示为最终处理效果与3张原始照片的比较。当面对反差非常大的场景时,使用单幅曝光通常既不能获得正确的阴影曝光又不能获得正确的高光曝光。既如此,何不对阴影部分曝光一次,对高光部分再曝

光一次，然后在Photoshop中通过图层和蒙版将这两张照片混合起来？

HDR照片之所以总是很好看，因为它是博采众长的结果。就像在这个例子中，分别使用了3个图层最好的部分来混合出最后需要的照片。这是拍摄和制作HDR的基本方法，也是最实用并且在很多时候效果最好的方法。这不但能带来不露痕迹的"逼真"照片，而且完整地诠释了HDR摄影的真谛：通过后期处理弥补相机动态范围不足的问题，更准确地表现人眼所能感知的真实场景。

图15-11 合成后的"HDR照片"以及在Mini Bridge中显示的3张原始照片

15.2 使用HDR Pro自动合成HDR照片

15.2.1 将照片载入HDR Pro

HDR Pro是Photoshop中一个用于自动合成HDR照片的命令，它让HDR的合成变得更方便，同时可以营造那种典型的HDR效果。启动HDR Pro有两种常用的方法。打开Photoshop的"文件"菜单，选择"自动"，就会看到"合并到HDR Pro"命令，如图15-12所示。在弹出对话框中单击"浏览"按钮，找到照片所在文件夹，然后选择这组照片，单击"确定"按钮即可启动HDR Pro。在打开的"合并到HDR Pro"对话框中有一个"尝试自动对齐源图像"选项。一般建议勾选该选项，这样Photoshop会在载入图像时自动对图像做一次自动对齐，就好像在上节的例子中所做的那样。

图15-12　通过Photoshop启动HDR Pro

　　第二种方法是通过Bridge启动HDR Pro。在Bridge中选择要合并到HDR的照片，打开"工具"菜单，在Photoshop弹出菜单中选择"合并到HDR Pro"就能够跳转到Photoshop并启动HDR Pro，如图15-13所示。这个方法与之前说过的将多张照片载入Photoshop图层是相似的。同样需要等待一段时间——一段更长的时间——来允许Photoshop渲染这些照片并且在HDR Pro中合成它们。

图15-13　通过Bridge启动HDR Pro

　　图15-14是这组照片在HDR Pro中打开的默认情况。没有人会满意这样的效果，但是内行人已经看到可喜的变化。在图15-13中所示的系列曝光中，很容易发现这是一个反差非常强烈的场景。我在傍晚走到这个

路口，在富有层次的云彩下，强烈的逆光映衬着指路牌，看起来分外热烈。我知道完全背光的路牌拍出来会是怎么样，因此采用了高速连拍进行包围曝光。观察最左侧那张照片，也就是曝光最暗的照片。在这组照片中，基本上只有在这张最暗的照片上是可以看到天空细节的，而这张照片中的前景则完全看不到。但是在HDR Pro的默认模式下，已经可以同时看到高光和阴影的细节。

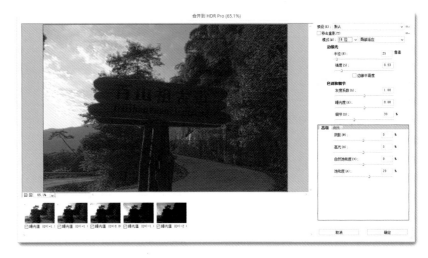

图15-14　HDR Pro打开照片的默认状态

15.2.2　HDR预设与移去重影

　　HDR Pro窗口右侧最上方是预设选项。打开预设下拉列表，Photoshop内置了一些HDR预设。说实话，这些预设基本没有太大的作用。可以单击预设来看一下所能实现的效果，同一个预设在不同照片上呈现的效果会截然不同，这就是这些预设没有太大实用价值的原因。"超现实"可能是一个相对有用的预设，因为它可以实现如图15-15所示一般"超现实"的效果。这是一种很夸张的HDR经典感觉，可是有时候它确实非常具有视觉冲击力，会让人不禁喜欢由此带来的效果。

　　假如不知道HDR奇怪的感觉究竟来自哪里，那么请注意图15-15中那些宽阔的白亮边缘。边缘光是HDR效果的主要来源。超现实预设将边缘光发挥到了极致，也就把HDR的效果推向了极致。在许多HDR效果照片中不会看到

图15-15　在预设菜单中选择"超现实"所实现的效果

如此明显的轮廓，但是这些发光的边缘确实是让人产生"HDR"感觉的原因所在。我不想要这般夸张的效果，所以把预设恢复为"默认"。

画面中有很多枝叶，枝叶的特点是会随风舞动。这些舞动的枝叶在不同照片上的位置会发生改变，这将影响照片的锐度。对齐图层命令无法对齐这些不可能对齐的元素，所以需要使用移去重影命令来解决这个问题。移去重影命令将以某一张照片为主渲染图像细节，这就能够避免不同照片上部分不同细节叠加而导致的模糊。勾选"移去重影"，Photoshop会进行计算，并且选择一张照片作为移去重影的参照。经常会看到照片在移去重影后发生微弱的改变。

这时候请注意图像显示主窗口下方的照片队列，在其中一张照片周围会出现一个绿色小方框，代表当前照片被选中作为移去重影的依据。当勾选"移去重影"后，建议单击图像窗口左下角的放大按钮放大照片，观察一下高光与阴影部分。如果选择较亮的照片作为参照，在高光部分经常容易出现颜色伪迹；如果选择较暗的照片作为参照，暗部细节可能会很模糊。在这个例子中，如果选择最暗的那张照片作为移去重影的参照，枝叶会变得非常模糊。这里选择+1EV的照片作为参照。如图15-16所示，仔细观察，依然能够在左上方的天空中看到一些紫红色的色彩伪迹。

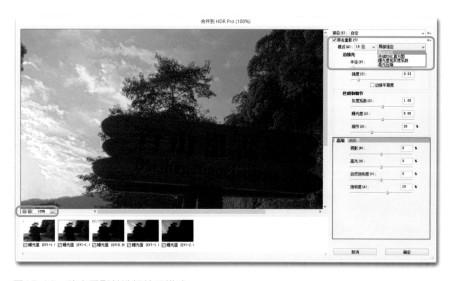

图15-16　移去重影并选择处理模式

15.2.3　HDR影调调整

移去重影命令下方是处理模式选项。Photoshop支持32位的HDR照片，但是在这里选择通用的16位文件。

在模式的第二个下拉列表中选择"局部适应",这可能是唯一适合的选项,因此可以完全忽略其他渲染方法。

模式下方是边缘光命令区域。一张HDR照片的最终效果根本上是由边缘光决定的。但是,现在照片很暗,进行边缘光设置时可能无法看清楚效果。所以建议首先进行影调调整,在获得一个基本影调之后再来设置边缘光。于是转到色调和细节控制区域。

在色调和细节控制区域中有两个命令可用以控制照片影调,分别是灰度系数和曝光度。曝光度的作用与在Camera Raw中调整曝光度或者在Photoshop中调整亮度类似,而灰度系数则用于调节中间调对比度。灰度系数越小,中间调对比度就越低;灰度系数越大,中间调对比度就越高。

这张照片在合成后整体影调很暗,所以把曝光度设置到1.5,并且降低灰度系数到0.5,以进一步提亮阴影部分,如图15-17所示。这时候整张照片看起来非常非常灰,对比度严重不足。可是,阴影细节很好地分布到了接近中间调的范畴,高光也没有溢出,可以说照片上的所有细节都被很好地表现了出来。

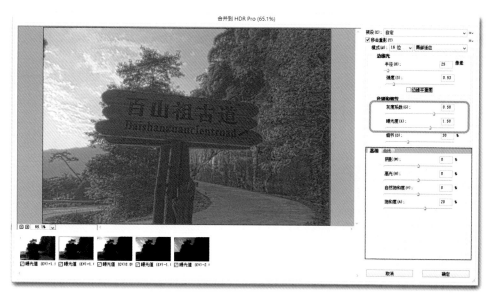

图15-17 通过灰度系数和曝光度调节照片影调

就亮度感受来说,其实这样的亮度与我当时看到的情形一致。当然,我看到的绝不是这么一幅黯淡无光的景象。人类的眼睛非但能够感受到远胜于相机捕捉能力的明暗反差,而且会以一种不同的曲线来呈现反差。所以,我们会看到对比强烈然而阴影与高光细节又相当清晰的场面,这是相机所无法完成的任务。在HDR的合成过程中,不但要找回细节,还要还原这种对比,以契合眼睛所能看到的真实世界。从某种程度来讲,这就是HDR技术的意义,甚至也是数码后期处理的意义所在。

15.2.4　设置边缘光

当能够在照片上看清楚各影调区域的细节后，可以尝试设置边缘光。说实话，边缘光是整个HDR Pro中最难设置的选项，难点在于有时候真的不知道调整这些命令会产生怎样的结果。对于曝光度这样的命令，很清楚向右调整会如何提亮照片，向左调整又会如何压暗照片。可是边缘光有点不一样，它常常会超出预期，出现没有预料到的结局。

从道理上来说，半径控制边缘光的尺寸，也就是亮边的宽度；强度则控制边缘光的光强，也就是边缘对比度。把半径和强度设置到极大值，可以看到类似图15-15那样的效果；把半径和强度设置到接近极小值，这就是图15-17所示的情况。问题是，有时候相同的半径在不同的强度设置下会产生截然不同的效果，反之亦然。所以，建议尝试各种不同的组合以观察效果。在同步移动半径与强度滑块以外，还可以看看高半径、低强度或者低半径、高强度所能带来的效果。

一般来说，需要强烈的HDR感觉，可以将半径与强度调高；需要逼真的照片感觉，则要将半径与强度降低。但是，无论如何都需要设置一定的半径与强度值，不要为求"真实"而把半径和强度设置到最小值，因为这是让HDR照片产生对比度的关键。在这个例子中，我想要获得一个相对"温和"的HDR效果，经过反复尝试之后——请注意，确实经过长时间的反复尝试，因此不要害怕多尝试——如图15-18所示，将半径设置为108像素，强度设置为1.12（练习文件的像素尺寸要小于这里使用的照片，所获得的效果可能会与图示略有差异）。

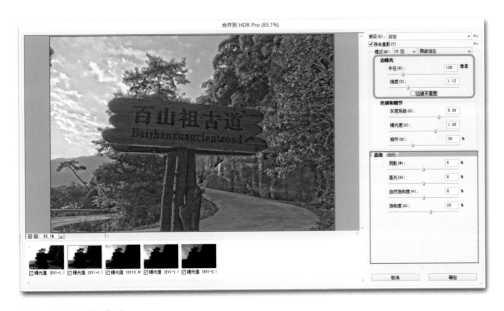

图15-18　设置边缘光

边缘平滑度可以平滑边缘光与原始内容之间的过渡，让边缘光看起来不至于太生硬。可是平滑不一定是需要的结果，因而要尝试一下再决定是否使用这个选项。在这个例子中，如果勾选"边缘平滑度"，左侧深入天空的枝叶与背景之间的反差会降低，反而没有对比略微强烈的边缘效果好，所以我没有勾选"边缘平滑度"选项。添加边缘光之后，照片与图15-17所示相比已经发生了显著的改善。

15.2.5　细节与高级影调控制

在HDR Pro窗口的下方是高级控制区域，如图15-19中框出的区域所示。尽管Adobe将这些命令控制称为"高级"，但其实它们与Camera Raw基本面板中的影调与色彩控制命令很相似。HDR Pro默认将饱和度设置为20，我把它恢复到0。我不喜欢在这个阶段增加照片的饱和度，如果确实有需要的话，我会在Photoshop中来添加饱和度。阴影与高光命令的作用也与Photoshop的阴影/高光命令相似，它们能够进一步控制照片的影调。我把高光降低到最小值以显示更多高光细节，并且略微提亮阴影到30。这样做的目的是降低照片的对比度，以为后续的曲线调整留下足够的空间。

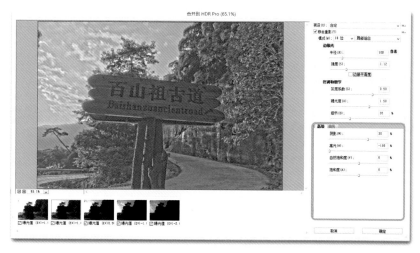

图15-19　设置高级命令区域

在HDR Pro控制面板中，最后一个还没有讲到的命令是细节命令。可以把细节理解为Camera Raw的清晰度命令，它用以寻找边缘并且增加边缘的对比度。由于为照片添加了边缘光，因此向右移动细节滑块会让边缘光变得更明显，反差更强烈。高的细节设置能够快速实现HDR风格，而较低的细节设置则能够让照片看起来更真实，同时反差也会降低。除非有特殊理由，否则不会使用负值的细节设置。因为要营造的是适度的HDR效果，所以如图15-20所示，把细节从默认的30%增加到60%。

HDR Pro面板中还有一个隐藏的曲线命令。在高级选项卡的右侧可以看到"曲线"标签，单击这个标签就可以打开曲线面板。由于HDR Pro中没有对比度命令，所以只能通过曲线来控制照片的对比度，好在曲线在这方面是能手。在HDR Pro面板中操作曲线的方法与在Camera Raw或Photoshop中是相似的，可是在这里曲线调整的宽容度要大很多。或者说，照片影调的改变相比曲线的变化要弱一些，这是需要注意的地方。

图15-20　增加细节以增强HDR效果

我为照片建立了一个如图15-21所示的曲线。首先把黑点移动到阴影峰左侧略向右一些的位置，然后在阴影峰的右侧添加锚点，向上拖动以进一步增加阴影区域的对比度。接下来在高光部分添加一个锚点，向下拖动以突出高光细节。最后在阴影峰的中间位置再添加一个锚点，以保证左半边曲线不受高光锚点的影响。

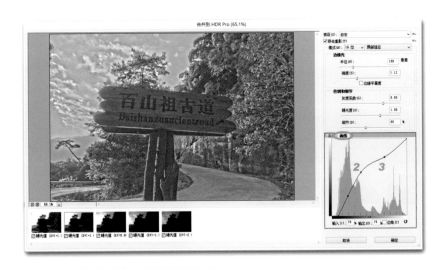

图15-21　通过曲线命令控制照片对比度

如果比照一下这条曲线和看到的画面，很容易发现反常的地方。依照这条曲线，至少应该有比较明显的阴影剪切，同时中间调的对比度会很低。但事实并不是如此。这就是之前所说的合成HDR照片时曲线的特殊情况。在HDR Pro面板中，尽管大胆调整曲线，它对影调的影响远没有我们平时所熟悉的那么敏感。

15.2.6　在Photoshop中进一步修饰HDR照片

完成调整之后，单击下方的"确定"按钮，HDR Pro就会用当前设置合成照片，并且发送到Photoshop主窗口中，如图15-22所示。因为不能再回到HDR Pro去做进一步修饰或者更改选项，因此强烈建议在这一步保存HDR Pro的合成结果，以免丢失之前的辛苦操作。

图15-22　在Photoshop中继续处理在HDR Pro中合成的照片

之前在HDR Pro中合成的这张照片依然对比度不足，但是与原始的照片组相比，已经实现了把反差极大的高光与阴影细节非常好地放在一幅画面中的目的，并且获得了一张还不算太难看的照片。这就是我使用HDR Pro的基本思路：通过HDR Pro解决高光与阴影的细节问题，把最后的影调与色彩修饰工作交给Photoshop。站在这个层面，HDR Pro好比是"前期"，目的是获得最佳数据；而Photoshop则一如既往的是"后期"，完成照片的润饰操作。

这张照片的主要问题是对比度不足，所以首先建立一个曲线图层。并不改变曲线，只是把图层的混合模式从"正常"更改为"叠加"，如图15-23所示。可以看到，照片发生了极为戏剧性的改变，只是使用一个混合模式就基本完成了整张照片的影调修饰。

图15-23　通过叠加模式增强照片对比度

　　当然，还有一些小问题需要处理。我希望前景，尤其是百山祖古道的路牌能够更亮一些，毕竟这是照片的主体。右键单击背景图层，在弹出菜单中选择"转换为智能对象"，这样就可以添加滤镜进行动态调整了。使用快捷键Ctrl+Shift+A启动Camera Raw滤镜，如图15-24所示。

图15-24　为HDR Pro合成的结果添加Camera Raw调整

　　当要为阴影补光，本能地会想到两个命令：阴影/高光命令以及Camera Raw的阴影命令。在这个例子中选择使用Camera Raw，因为我还要利用Camera Raw来同时完成另一件事情。在Camera Raw中，把阴影设置到最大值，略微降低高光到-20，然后把清晰度设置到+100。清晰度与在HDR Pro中看到的细节命令一样，能够强化HDR风格的效果，而这符合我处理这张照片的初衷。

在Camera Raw的操作中有一个难点，即无法看到上一步对比度调整的效果。这是因为曲线图层加在智能对象上方。所以在实际操作中可能需要多尝试几次才能获得理想的效果。单击"确定"应用Camera Raw调整，已经基本完成了这张HDR照片。

接下来还有两步收尾工作。我发现提亮阴影之后，照片的整体对比度略有不足，因此双击之前建立的曲线图层图标以打开属性面板。从预设下拉列表中选择"强对比度"，如图15-25所示。这条S型曲线能够协同叠加模式一同增强照片的对比度，而这也是整体影调调整的最后一步。

图15-25　建立S形曲线协同叠加混合模式增加对比度

最后一步收尾工作是对局部做一些修复。在照片左上角有一块很明显的杂物，很可能是在HDR Pro修饰过程中因极度修饰而形成的失真景物。还有，在使用移去重影命令时，天空中有很微弱的色彩伪迹。

使用快捷键Ctrl+Shift+N新建一个空白图层，将它命名为"Clean up"，然后启动修补工具。如图15-26所示，分别建立两个选区并两次使用修补工具相继进行修补。在建立选区时，可以按住Alt键将套索工具变为多边形套索工具以便于操作，并确认使用了内容识别修补模式，并且勾选"对所有图层取样"。只需要多尝试几次，就能够获得非常不错的修补效果。对于这种天空中有云雾的场景，修补工具一般总能实现一个比较柔和的边缘过渡。

如果想养成良好的习惯，就和我一样删除滤镜蒙版，并且给图层添上容易记忆的名称。假如比较一下获得的最终结果和那组原始照片（图15-27所示）的话，就能够感受到HDR的魅力。确实，这不是单纯的HDR照片，而是带有"HDR风格"的HDR照片。如果不喜欢这种效果，在HDR Pro中调整边缘光设置，并且不要在

Camera Raw中增加清晰度，就可以获得更为逼真的HDR照片。HDR Pro给出了一种相对简单的HDR解决方案，将HDR Pro和Photoshop有机地结合起来，就获得了一种解决动态范围问题的实用方法。请记住，平衡细节与对比度的关系是HDR Pro的核心问题，也是所有HDR照片处理的中心着眼点。

图15-26　使用修补工具对照片局部进行修补

图15-27　比较HDR合成的最终结果与原始照片

15.3 通过Photomerge合成全景照片

全景合成是数码照片后期处理中一个比较流行的元素。近些年，许多相机都内置了全景合成软件，甚至有人会以相机是否具有全景合成功能来决定自己的购买选择。无论在相机内合成还是在后期软件中合成，全景合成一般总是需要依赖软件辅助完成。早年间相机内置的全景合成软件获得的结果通常比较糟糕，然而现在相机内的合成效果已经大为改观。当然，在我看来合成全景照片最简单的方法依然是在后期软件中进行，因为不仅有更多控制板，一台计算机显示器能够提供的观察空间也远大于机背液晶显示器。

全景合成的目的无外乎两个，其一是拓展镜头的视角以在一张照片中容纳更多景物，另一个目的则是通过全景合成来增加照片的像素，以满足超大尺寸输出要求。本例演示的是前一种目的的全景合成。但是，无论合成照片的目的是什么，整个操作过程都是一致的。只是在拍摄的时候，以增加照片像素为目的的合成往往采用纵向构图拍摄，或者采用复杂的相机移动方式连续拍摄照片以备在Photoshop中合成。

很多人觉得拍摄全景照片一定要使用三脚架，甚至使用专门的云台。当然，通过这些设备的辅助能够获得更好的结果，然而这并非必要条件。完全可以手持相机来拍摄全景照片。在拍摄时注意尽可能保持相机的俯仰角不变，以相机为轴心转动身体，并且在两张相邻照片之间保持20%~30%的重叠区域，以便让Photoshop有更多的叠加参考。

另一个需要注意的问题是，最好保持一组照片的拍摄条件相同。简单来说，就是光圈、快门、感光度、焦距、焦段等所有设置都不要改变。因此，使用手动曝光模式拍摄全景照片是合理的选择。如果采用光圈优先或者快门优先曝光模式，那么通过AE锁锁定曝光也能够获得相同的效果。如果白平衡设置在拍摄过程中发生了改变（如相机的自动白平衡发生了轻微的变化），可以在Camera Raw中同时打开这组照片，将白平衡设置得相同。

15.3.1 Photomerge与布局选项

准备好用于合成的照片之后，就可以启动Photomerge了。与启动HDR Pro一样，也有两种常用的方法来启动Photomerge。第一种方法是使用Bridge或Mini Bridge。在Bridge中，选择需要合成的照片，然后打开"工具"菜单，在"Photoshop"子菜单中选择"Photomerge..."命令，如图15-28所示。

第二种方法是在Photoshop中打开"文件"菜单，然后从"自动"子菜单中选择"Photomerge"，如图15-29所示。无论使用哪种方法打开Photomerge，都将看到如图15-29所示的对话框界面。所不同的是，如果通过Bridge打开，选择的照片会自动列在源文件区域中；而如果通过Photoshop启动Photomerge，需要单击浏览按钮，然后手动选择需要合成的照片。

图15-28　通过Bridge启动Photomerge

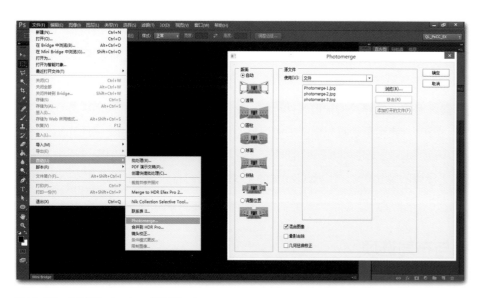

图15-29　通过Photoshop打开Photomerge

　　在"Photomerge"对话框中，最主要的选项是左侧的版面控制，它们控制照片合成的方法。这里共有6个不同的选项。接下来就从下往上看看这些选项的意义，以及本例中这些选项分别会带来怎样的结果。

　　最下方的选项是调整位置，其效果如图15-30所示。调整位置的意义是Photoshop仅平移3张照片进行拼接，而不进行任何其他形式的修正和对齐。

图15-30　调整位置选项效果

　　图15-31所示的是拼贴选项的效果。与调整位置不同的是，当选择拼贴选项时，Photoshop不但会平移照片，而且会根据细节对照片做一些角度调整以及比例缩放。如果比较图15-30与图15-31所示这两张照片上的台阶部分的话，会很清楚地看到Photoshop对照片进行的角度旋转。

图15-31　拼贴选项效果

　　在拼贴选项上方是球面、圆柱和透视选项，这3个选项相似的地方是都对照片进行了一定程度的透视变形。采用透视变形是因为拍摄照片的镜头原本存在一定的透视畸变，镜头与拍摄对象之间的角度可能放大这种畸变。因此，为了更好地对齐照片，Photoshop认为对照片做一些透视可能是有利的，事实也确实如此。

图15-32　球面选项效果

　　球面和圆柱选项的区别可以通过Photoshop给出的图标看到，但是事实上这两种方法获得的结果往往很相近。图15-32显示的是选择球面选项时看到的结果，而图15-33显示的是圆柱选项的结果。如果比较这两个结果的话，会发现圆柱选项的地平相对来说略往右下倾斜，这也是这两个选项在大多数时候所显示的最直观的区别。

图15-33　圆柱选项效果

　　在很多时候，球面和圆柱选项是拼合照片最好的选项。另一个对照片进行透视矫正的选项是透视选项。透视选项经常造成非常夸张的透视变形，如图15-34所示。在上、下都留有很多空白的横幅照片中使用透视选项偶尔能够获得非常好的效果，但是在大多数时候透视都不是最佳的选择。虽然透视往往可以获得较好的照片衔接效果，然而由此带来的巨大透视变形是很难校正的。既无法简单裁去照片的透明像素，又几乎不可能使用内容识别工具填补如此大的空白，因此这个选项常常让人敬而远之。

15-34 透视选项效果

　　最上方的选项是自动选项。很容易理解，选择自动的话将会在下方的多个选项中选择一种进行合成。根据我自己的经验，在大多数时候Photoshop都会选择球面或圆柱作为自动选项，因为这确实是最通用也经常是效果最好的布局选项。

　　比较头痛的问题是，这些选项对每一张照片的效果都不相同，因此事先很难预测到底哪个选项更适合当前的照片。所以，可能不得不做一些尝试，从而决定最合适的选项。建议从球面开始尝试，找到自己喜欢的布局选项。不过，如果试过Photomerge的话，一定会知道一张照片的合成往往会耗费很长的时间，尤其是使用尺寸很大的原始照片合成的时候。如果有耐心去对这些选项——做尝试，因为看着进度条慢慢地走是一件非常无趣的事情，那么，下面就来介绍一个小技巧。

　　无论是通过Bridge还是Photoshop将原始的Raw格式文件载入PhotoMerge，都没有文件尺寸的选项。但是，事实上可以设置这个选项。打开Camera Raw，在Camera Raw窗口下方有一个工作流程选项，表示为链接的样式。单击这个链接将打开"工作流程选项"对话框，如图15-35所示。

　　第7章中曾介绍过这个选项，但是当时的重点是色彩空间。由于Photoshop无法显示原始Raw格式文件，它必须通过Camera Raw这个中介来"翻译"Raw格式文件，而这个选项决定的就是如何进行翻译。简单来说，它就类似于如何把Raw格式文件导出为通用的照片，只是这张照片是给Photoshop看的。

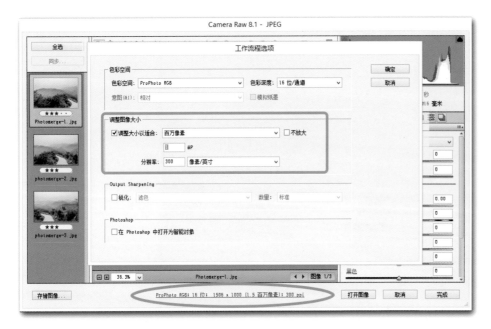

图15-35　通过工作流程选项缩小输出照片尺寸

　　"工作流程选项"对话框的中间区域是图像大小调整区域。默认情况下调整图像大小命令是不勾选的，因此在Photoshop中打开的是原始图像。如果勾选这个选项，并且选择一个较小的尺寸，那么所有经过Camera Raw发送给Photoshop的照片都将使用设置的尺寸，包括发送到Photomerge中的照片。通过这个方式，能够以很小的尺寸在Photoshop中合成全景照片以观察不同布局的效果。在决定使用某种版面选项之后，再将工作流程修改为不调整图像大小的状态，正式合成照片，这将节约大量的等待时间。

　　如果升级到Camera Raw 8.2或者更高版本的话，这件事情会变得更简单。在Camera Raw 8.2的"工作流程选项"对话框中，在最上方会看到一个新的预设选项，如图15-36所示。通过预设下拉列表，可以把下方的设置保存为一个预设。例如，在这个图例中，把原始图像尺寸存储为"master"预设，而把大小为1MP的设置存储为预设"1MP"。这样，只要通过选择不同的预设，就可以获得需要的工作流程，这是Camera Raw一个非常实用的改进。

　　回到Photomerge的界面，在Photomerge的源文件列表下还有3个可选择的命令，如图15-37所示。要勾选"混合图像"，因为只有这样Photoshop才会建立合适的蒙版以混合图像，所以这是一个必选命令。"阴影去除"和"几何扭曲校正"能够校正镜头的暗角和畸变所带来的对齐问题。当使用Raw格式文件并且没有在Camera Raw中做镜头校正的时候，勾选这两个选项很重要，不然经常会在照片衔接处出现比较明显的明暗差别。但是，这两个选项只有在选择拼贴和调整位置以外的选项时才能使用。

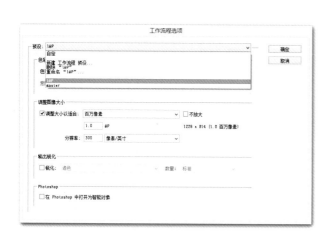

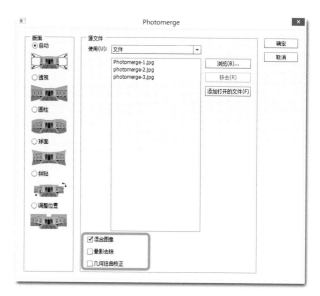

图15-36　Camera Raw的工作流程预设选项

图15-37　Photomerg命令的3个附加选项

15.3.2　精确评价合成接缝的连续性

在这个例子中，如果选择"自动"，Photoshop默认会使用圆柱选项进行布局。但是，在这里我选择"调整位置"——最简单的拼合选项。因为不需要做透视变形就可以获得不错的效果。这3张照片是我通过Camera Raw处理后导出的JPEG格式照片，已经应用了镜头校正，因此暗角和畸变都不是问题。

在单击"确定"按钮之后，Photoshop会做一些对齐和混合的处理，会在屏幕上看到多个任务条滚动，最终在窗口中将打开如图15-38所示的结果。在图层面板中，可以看到这3张照片被载入为3个图层。Photoshop根据照片的内容对图层进行了位置调整，并且通过蒙版的方式对这3张照片进行了混合。如果按住Shift键并且单击蒙版图标，可以看到不覆盖蒙版的情况。通过这个方法，也能大致评价Photomerge的混合做得好还是不好。

事实上，无论Photomerge的工作结果如何，一般都没有办法手工去做调整，唯一可做的是换一种布局选项再次合成照片。因此，需要做的其实是评价Photomerge到底是否很好地对齐了照片，这是全景照片合成中很重要的一部分。要知道对齐的效果如何，就要找到两个图层混合的边界。这里介绍一种能非常准确地查看照片的接缝以评价照片对齐情况的方法。将使用图层样式来完成这个任务。

图15-38　Photomerge的合成结果

　　选中最上方的图层，然后在图层面板下方单击"fx"按钮，在弹出的图层样式菜单中选择"描边"。这将打开"图层样式"对话框并且直接切换到描边选项卡，如图15-39所示。在第16章中会进一步接触图层样式。对于设计师来说图层样式是魔法来源，但是在摄影师看来这只是偶尔用到的工具。

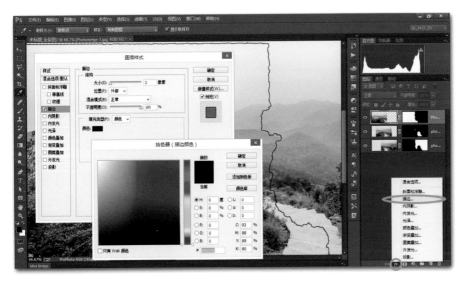

图15-39　通过描边图层样式找到混合图层的边缘

　　描边的作用是给图层的边缘描上一条边，这样就可以把图层的边缘勾勒出来。这里选择绘制一条大小为2像素的边，并且将颜色设置为黑色。边的宽度与颜色应视照片的大小和色彩决定，对于像素较高的照片可以适当增加描边宽度，而颜色则以与画面反差明显、能看得清楚为好。

单击"确定"按钮应用图层样式之后，在图层面板上可以看到当前图层下方出现了效果选项，这代表当前图层添加了图层样式。接下来要为另两个图层添加图层样式。不需要重复刚才的步骤，只要复制已经设置好的图层样式。注意当前图层右侧的fx按钮。按住Alt键，然后直接拖动fx按钮到下方图层，再拖动一次到最下方的图层，这样就把当前图层的图层样式复制到了另两个图层上，如图15-40所示。如果在拖动时不按住Alt键，那么图层样式将从当前图层被转移到下方图层，而不是复制。

图15-40　将图层样式复制到其他图层

这样，就为3个图层分别添加了描边图层样式，可以在照片上非常直观地查看这些图层的接缝处，来评价照片合成的效果。这是评价全景合成照片相当简单而实用的技巧。在这张照片中，大多数地方的拼合都非常好，只有台阶的部分细节例外。如图15-41所示，把照片放大到200%，能够很清楚地发现台阶的不少地方并没有对齐。

图15-41　放大查看图像拼合接缝

在查看对齐情况的时候，需要留意这些有明显条纹纹理的地方，因为它们经常是容易出错的位置。在这个例子中，楼梯带有一定的转角，在拍摄时相机肯定也不在一个水平，所以在对齐的过程中发生了问题。这是全景合成中经常碰到的，有时候确实毫无办法。如果希望获得最好的对齐效果，可以尝试使用透视选项进行合成。在这个例子中，使用透视的话楼梯的接缝几乎完美，但是画面中留下的巨大透明空间让人无从下手。因此我决定保留当前的Photomerge合成选项，因为使用除了透视以外的任何其他方法都不能改变这个问题。

在仔细查看了图像的接缝之后，我不再需要这些用于观察的描边，所以选择所有3个图层，然后右键单击，在弹出菜单中选择清除图层样式去除描边。我非但不需要描边，也不需要蒙版，因为对于Photomerge自动生成的蒙版，一般很少有手动调整的余地。所以，通过图层菜单，选择拼合图像以拼合整幅图像，或者使用我设定的快捷键Ctrl+Shift+Alt+F。至此，就完成了Photomerge的基本工作，把这3张照片合成为了一张全景照片。

15.3.3 解决照片合成之后的问题

　　图15-42演示了这张合成之后的照片存在的三个主要问题。大多数照片在合成之后都会出现一些没有像素的区域。一般来说，直接启动裁剪工具裁去一部分是最简单的解决方法，对于这个例子，裁剪的方法其实是完全适用的。不过在这里，我想略微复杂一些，目的是详细地介绍处理问题的思路。

图15-42　Photomerge合成之后需要解决的问题

　　首先，来解决天空部分的空白。对于这样的情况很容易想到内容识别。这里介绍一种第13章中没来得及介绍的基础内容识别修复方法：内容识别填充。

　　内容识别填充是通过填充命令实现内容识别的方法，因为天空的纹理很简单，内容识别填充几乎就是为这样的情形设计的。使用矩形选框工具建立一个覆盖空白部分的选区，如图15-43所示。不要忘记，与所有内容识别工具相似，包含部分天空区域会使内容识别填充命令获得更好的效果。按快捷键Shift+Backspace（Mac上是Shift+Delete）启动填充命令——复习兼总结一下：填充背景色快捷键Ctrl+Backspace，填充前景色快捷键Alt+Backspace，调用填充对话框快捷键Shift+Backspace，Mac上用Delete键替换Backspace键——在"使用"下拉列表中选择地"内容识别"，单击"确定"按钮，Photoshop即能非常完美地填补上方的空白。

　　内容识别填充工具经常被用来填充这些比较简单的区域，尤其是在旋转带来边缘些许留白的时候，有时候用内容识别填充修补这些区域要比直接裁去这些空白区域更合理。

　　接下来，要处理右下角的留白。这里的问题处理起来稍微复杂一些，要综合使用不同的修复工具来实现效果。先建立一个空白图层（快捷键Ctrl+Shift+N），在这个空白图层上进行修复要比直接在照片上修复好很多——始终记得动态调整的原则。在照片的右下角做一个矩形选区，它并没有包括所有的空白，而只是选择了一部分。选择修补工具，将修补方式设置为内容识别，勾选"对所有图层取样"。将这个选区向上拖动，对齐岩石的边缘，然后释放鼠标，如图15-44所示。

图15-43　使用内容识别填充命令填补天空上的留白

图15-44　通过修补工具和修复画笔修补右下角的空白部分

　　对于这种类型的修复，我很喜欢从修补工具开始，然后用修复画笔来解决遗留的问题。在第一步修复之后，右下角依然会留下空白，因此再使用一次修补工具。这时候，岩石的主体基本覆盖了右下角，但是可能会看到两个问题。一是有些地方有明显的接缝，二是有一些地方有明显的重复。这时候，将修补工具切换为修复画笔，选择较小号的画笔，羽化值设置为0，慢慢地修复这些区域，以去除明显的接痕，并抹去一些重复的细节。在使用修复画笔时也要勾选"对所有图层取样"，否则无法在空白图层上进行操作。

　　使用类似的方法，修复剩余的部分，最终获得的是如图15-45所示的效果。你获得的结果不可能和我一样，因为修复的过程存在随机性。这并不是很难的事情。重点是一部分一部分进行修复，不断按住Alt键取样并且在相邻的位置进行涂抹。如果做错了，使用快捷键Ctrl+Z重做即可。因为是在一个空白图层上做的修复，即使搞得一塌糊涂了，大可清空整个图层，重新再来一遍，完全不用害怕。在这个过程中，只使用了修补工具和修复画笔，甚至没有用到仿制图章，因此只要有耐心，一定可以做得更好。比如，在照片的右下角可以看到有两处岩石的纹理明显是上下重复的，完全可以去除其中一处以让照片看起来更真实。

图15-45　对右下角空白进行修补的最终结果

　　最后要解决的问题是台阶的对齐问题。说实话，这个对齐问题是很难完美解决的。如果仔细看的话，会发现几乎所有石阶其实都没有对齐。值得自我安慰的是，除非照片激起舆论的广泛关注，不然大概是没有人会没事仔细来看一看这些台阶的细节的。由Photomerge带来的这些问题，往往睁只眼闭只眼会比较好过些，不要太苛求自己。因此，我只选择尽量对齐最近的几级台阶。如图15-46所示，上方是修复之前的情况，下方则是修复之后的结果。我对齐了比较近的几级台阶，去除了明显的断痕。这里使用的是修复画笔和仿制图章。利用仿制图章可以比较好地对齐边缘，并且仿制图章所获得的相对清晰结果有助于表现石阶本来的质地。

　　在完成了这些操作之后，可以继续对照片做一些影调与色彩的修饰，这和处理任何照片都是相同的。以上就是通过Photoshop合成全景照片的一般方法。通常来说，全景照片的合成总是需要以下3步：在Camera Raw中完成照片的基本修饰，通过Photomerg自动拼合照片，对照片拼合不合理的地方做一些处理。其中，最后一步具有极大的灵活性。尽管在大多数时候都需要使用各种不同的内容识别工具对某些区域进行修复，然而有时候也有一些其他的办法。充分调动所掌握的技术，大多数时候都能获得一张相对完美的全景照片——前提是在拍摄时确实没给自己的后期处理制造太大的麻烦。

图15-46　使用修复画笔和仿制图章修复部分台阶

15.4　本章小结

　　HDR是一种解决相机动态范围限制的技术。HDR的基本原理是对同一场景进行多次不同曝光，然后把相应的部分拼合起来，其实也就是数码化的传统多次曝光技术。手动合成HDR照片涉及到基本的蒙版与图层技术，这是解决问题的基础手段。HDR Pro能够让HDR照片合成变得简单一些，然而HDR Pro更适宜于营造HDR效果。HDR超现实的效果来源于边缘光的强弱，控制好边缘光，也可以从HDR Pro获得逼真的HDR照片。

　　全景合成是另一种拼合多张照片的技术。与HDR合成不同，Photomerg基本是一款全自动的全景合成软件，唯一要选择的是版面选项。合成之后的照片常常在接缝处存在问题，本章中介绍了一种通过图层样式查看接缝的实用方法。对于全景合成的照片经常需要做局部的修复与处理，本章中的例子其实也是一个练习第13章所学内容的好机会。

第16章
锦上添花：照片装饰基础

Photoshop是一款非常适合用于设计与排版的软件，它也是混合像素图像与矢量图像的好工具。对于照片处理来说，排版设计一般用不着，也很少使用到Photoshop的矢量工具——这就是为什么我在前言中要提醒，如果是设计师的话，这绝不是该看的教程。

然而，即使是摄影师或摄影爱好者，也会接触到Photoshop的设计元素。我个人觉得，对于大多数人来说，需要的设计是两种：加画框以及加水印。本章将介绍这两项基本技术。不要期待任何绚丽的效果，没有变形，没有特效，只是最简单的装饰应用。但是我相信，这是绝大多数人所需要的。而且，它们是如此易于学会的实用技术。

本章中将会接触到图层样式和文字。如果从来不曾了解过这些功能，可能会感觉这一章的内容有点困难。在本章的视频教程中，介绍了一些文字中没有涉及的关于图层样式和文字的基本操作技巧。

本章核心命令：

画布大小   图层样式——斜面和浮雕、内阴影、外发光、投影   文字工具

16.1 为照片添加简单的边框

有一些其他软件也准备了丰富的边框素材，而且可以实现一键添加边框，并且是完全免费的。所以，如果不想在Photoshop中做这些事情的话，完全可以通过其他软件来给照片加边框——当然，一般需要保存JPEG副本，别指望所有软件都能够完整渲染出复杂的TIFF或PSD格式文件。但是，如果想在Photoshop里加边框的话，确实可以，并且一定能够做得更好——前提是你是一个出色的设计师。在这里只介绍最简单的两种边框——因为我不是设计师——最主要的目的是了解一下迄今为止还没有介绍过的一些重要命令。

本节中，我要做的是给照片添加一个白色边框。这是最简单的边框，然而也是最实用的。在网上发布照片的时候，带一个窄窄的白色边框能够让照片看上去更像"照片"，似乎带有一点点纸质照片的气息。

在添加边框之前，请确保照片不是背景图层。因此，如果在Photoshop中打开一张照片，那么双击这个背景图层，在弹出的对话框中输入一个图层名称，以将它转换为普通像素图层，如图16-1所示。这一点很重要，这能够保护原始照片不受加框修饰的影响。

打开"图像"菜单，选择"画布大小"命令。"画布大小"与"图像大小"相邻，快捷键也很相似：Ctrl+Alt+C。图像大小命令的作用是缩放当前照片，在第6章已经介绍过。画布大小命令不会改写像素，不会影响图像，它所改变的是整个画布区域的大小。举例来说，在一块5 000像素×5 000像素大小的画布上画了一幅5 000像素×5 000像素的画。使用图像大小命令将图像大小从5 000像素×5 000像素放大到10 000像素×10 000像素，这时候画布和图像都被放大了。如果通过画布大小命令将画布扩大到10 000像素×10 000像素，图像依然是5 000像素×5 000像素，它从占据整块画布变成只占据画布中间一块区域。

图16-1　将背景图层转换为普通像素图层

在"画布大小"对话框中，把度量单位从像素更改为百分比，如图16-2所示。勾选"相对"，这能够允许以目前画布为基础向四周扩大。由于这是一张横向照片，宽度要大于宽度，如果将长宽都设置为5%的话，明显在上下扩展的空间会小于左右扩展的空间。所以我将高度设置为7%。如果希望四周扩展的空间相等，就使用像素为度量单位，并且键入像素值。需要注意的是，

图16-2　通过画布大小命令扩展画布

无论键入像素值还是百分比，它们都是被平均分配到两侧的。例如，将宽度设置为5%，那么画布会向上和向下各扩展2.5%。

应用画布大小命令之后，在图层四周会出现一圈透明的边。接下来，要为这圈透明像素着上颜色。按住快捷键Ctrl+Alt，然后单击图层面板下方的新建图层按钮，如图16-3所示。按Alt键能够弹出新建图层对话框，这样可以直接命名图层。而Ctrl键的作用是将新建图层置于当前图层下方，这样就一步到位，不需要再把新建的空白图层拖下来了。

图16-3　在当前图层下方新建空白图层

最后一步很简单，即给空白图层着色。给空白图层着色的方法有很多，不过我最喜欢的方法是这样的：选中刚才新建的空白图层，确保背景色是白色（如果不是的话可以使用D键将背景色复位为白色）；然后使用快捷键Ctrl+Backspace（Mac上是Command+Delete）将图层填充为背景色；这样，就为照片添加了一个白色的边框。原理是很简单的：在一个白色图层上叠加一个照片图层，照片图层略小于白色图层，这样就可以留出周围的一圈白色的边。

图16-4　使用白色填充空白图层

有时候会在白色画框的外侧看到一条细细的描边，尤其是在白色背景下，如果没有这样一条描边的话根本就无法显示出照片的白色边框。因为画布是以下方的白色图层为界的，所以描边也要描在整个图层上。在上一章中已经介绍过描边命令。选中白色图层，单击图层面板下方的"fx"按钮，在弹出的图层样式菜单中选择"描边"，如图16-5所示。

将大小设置为2像素，然后把位置从外部更改为内部。这将允许Photoshop在当前图层内部描

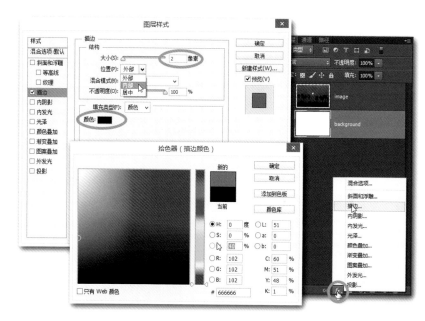

图16-5　为图层添加描边效果

上一圈大小为2像素的边。接下来，单击颜色命令，在弹出的对话框中选择一种颜色。我要给照片添加一个灰色的框，因此在HSB命令中将亮度B设置为40%，而比中间灰略微深一点点的灰色。单击"确定"按钮，退出"图层样式"对话框以完成描边。

为了看到描边的效果，我把窗口的背景改成了白色（在背景上右键单击即可选择颜色），这样就可以看清楚照片边框周围的一圈描边。在图层面板中，白色图层下方出现了一个效果选项，下面是一个描边命令。在操作上，图层样式与智能滤镜非常类似，可以单击效果或者描边左侧的眼睛来打开或者关闭效果。如果对描边不满意，比如太细了，或者颜色不合适，直接双击描边命令就能再次打开"图层样式"对话框，从中修改描边设置，如图16-6所示。

图16-6　描边效果与图层样式

在Photoshop中有多种不同的方法实现这个边框效果，但这是我个人觉得最简单并且灵活性最高的方法。如果能将它录制为一个动作，就能更方便快捷地为照片添加画框。在下一节中，要来看一个略微复杂一些的画框。

16.2 制作具有立体感的画框

本节中要来尝试制作一个具有立体感的"真实"画框。这个画框最大的魅力是可以任意更改画框的颜色和样式，而不需要像通常那样要到商店里去花钱购买不同的新画框。同时，通过这个例子你将学到一些重要的图层样式命令。虽然对于摄影师来说图层样式并不那么关键，然而简单了解这些技巧确实能够带来很多便利，也能够拓展使用Photoshop的领域。

16.2.1 使用画布大小命令扩展画布

打开一张照片后，双击背景图层将它转换为一个普通像素图层。背景图层是一种很特殊的图层，无论是需要做修饰还是需要扩展画布或者其他操作，最好把图像和背景图层分开，这会省却很多不必要的麻烦。首先，要扩展画布以给边框留下空间。如上一节中所说过的那样，通过"图像"菜单打开"画布大小"命令，或者使用快捷键Ctrl+Alt+C。在"画布大小"对话框中勾选"相对"，这样能够精确控制扩展的画布大小。在宽度与高度中都键入140像素，这可以让画布向任何方向扩展70像素，如图16-7所示。这是一张1000像素×666像素的照片，我觉得这个宽度对照片是合适的。如果使用的照片像素很高，那么当然需要增加扩展的画布宽度。同时，这也取决于需要一个较细的边框还是一个较宽的边框，这是非常主观的设置。

图16-7　通过画布大小命令留下画框的空间。

在为边框留出空间之后，要把用于装饰边框的素材载入图像。打开边框素材"frame material"，启动移动工具，将该图像直接拖动到照片文件中，按住Shift键以保证载入的图像能够居中，先释放鼠标再释放Shift

键，然后把这个图层移到原来的照片图层下方，这样就能够看到如图16-8所示的情况。

经过第一步扩大画布的操作之后，整个文件的大小是806像素×1140像素。我所置入的背景图像与文件大小是相同的，在之前我根据这个大小对背景图像进行了缩放与变形。如果置入的背景大小与文件不同，可以使用自由变换工具进行调整，在调整之前记得将它转换为智能对象以保证图像质量。由于照片的尺寸小于画布，而画框背景的大小与画布相同，这样就可以在照片四周看到一圈背景图案，画框也就初具雏形了。

图16-8　置入画框素材

在开始制作立体效果之前，还要做几步准备工作。首先，要为文件添加一个白色的背景。对于效果来说，这个背景是完全没有必要的。它的作用是能够便于更好地观察画框的效果，因为在透明图层上很难确切看到阴影等图层样式的效果。按快捷键Ctrl+Alt+Shift+N新建一个空白图层。加Alt键的作用是避免弹出命名对话框，因为不需要命名这个图层。无论图层位于哪里都没有关系，只需要选中这个图层，打开

图16-9　新建背景图层并扩展画布

图层菜单，在新建子菜单中选择图层背景，如图16-9所示，Photoshop就会自动完成4件事情：把这个图层置于最底层；将它转换为背景图层；将它命名为"背景"——这就是为什么没必要在新建的时候命名这个图层；使用背景色——在这里是白色——填充这个图层。

我要做的第二件事情是进一步扩大画布。这部分是为了容纳阴影等效果，同时也是为了在画框边缘留下一定的空间以观察效果。使用快捷键Ctrl+Alt+C打开"画布大小"对话框，在这里我选择将宽度和高度都扩展30%。

我要做的第三件事情是把画框素材图层重命名为"frame"，并且将它转换为智能对象。如图16-9所示，现在从上到下有3个图层，分别是照片图层、frame智能对象图层以及最下方的白色背景图层。

16.2.2 斜面和浮雕效果

现在要开始给frame图层添加图层样式了。选择frame图层，单击下方的"fx"按钮，在弹出菜单中选择"斜面和浮雕"。这时将弹出"图层样式"对话框，如图16-10所示。

图层样式对话框的左侧是一列样式选项，这与单击fx按钮时所看到的命令名称是一样的。可以单击这一列选项以切换到不同的样式命令。如果选项之前的方框被勾选，说明当前图层应用了该样式。

在所有图层样式选项中，我认为斜面和浮雕是最复杂的命令——除了混合选项以外，当然这不算一个独立的图层样式命令——好在这里不用介绍关于斜面和浮雕的所有选项。在这个对话框中，我只更改了3个选项。

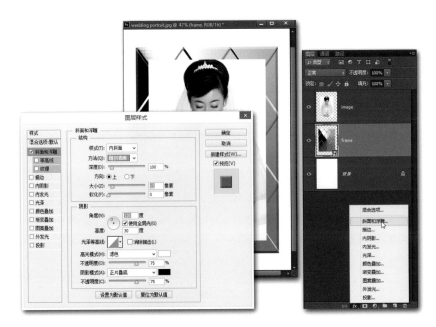

图16-10　斜面和浮雕图层样式

默认的结构样式是内斜面，这非常符合我们的要求。内斜面的意思是让Photoshop在当前图层内部制作出斜面，从而模拟立体效果——外斜面的作用与此相反，是在当前图层的外部制作斜面——我将方法更改为

"雕刻清晰"，以便更好地突出斜面效果，形成棱角。大多数时候，如果需要比较明显的立体效果，那么选择"雕刻清晰"；假如棱角过于分明，甚至出现了一些仿似刀刻的痕迹，那么切换到"雕刻柔和"，以平滑边缘的过渡。

第二个更改的数字是大小，我将它设置为12像素。大小所控制的是斜面的大小。数值越大，斜面越大。可以试一下，如果把大小设置为35像素，那么斜面与正常边框的分界正好在画框的中央；如果进一步把大小设置到70像素，那么整个画框都会被斜面占据，因为画框宽度是70像素。软化命令可以平滑斜面的过渡，因为在这里不需要这种柔化效果，因此使用默认的数值0。

在阴影区域中，把角度设置为120°并保持其他数值不变。可以这样理解Photoshop的斜面工作原理：通过对图层边缘部分像素（由在结构区域的设置决定）分别应用压暗或提亮的混合模式，从而形成明暗反差，以模拟光线照耀的立体效果。而角度仿佛光线的来源，这将决定Photoshop对哪些边框加深，又对哪些边框减淡。高度命令则类似光线的高度——想象一下太阳从早到晚走过的高度变化——决定的是阴影的范围。这就是下方高光模式与阴影模式选项的作用：决定如何加深或减淡相应的边缘。

要搞清楚这些问题，最好的方法是把每一个滑块都来回拉上几遍，以获得感性认识。同时不要忘记看一下本章的教学视频，其中比较详细地演示了如何应用斜面与浮雕命令获得需要的效果。

16.2.3 将斜面与浮雕效果扩展到相框内侧

单击"确定"按钮退出"图层样式"对话框后，能看到如图16-11所示的效果。在相框的边缘出现了明显的立体效果，看起来非常不错。但是，如果仔细想一想，一定能发现问题。相框一般都是高出照片的，所以相框本身存在一定的厚度，同时相框也要在照片上留下一些阴影。想象一下光线照射到相框上，必然会在阳光射来的一面往照片上投下影子，而在另一面却被明显照亮。但是，图中所示的照片却没有呈现这样的效果。照片与画框看起来在一个平面上，缺乏这样的高低感觉。

问题来自于智能对象。从整张照片看起来只能看到窄窄的一圈相框，然而这并不是frame图层的全部。Frame图层其实是一个矩形的重复纹理图像，从图16-11的图层面板中可以很清楚地了解这个事实。之所以只看到一层边是因为中间的部分被上方的照片图层遮盖了。然而，当Photoshop向这个图层添加图层样式时，它并不知道我们需要的是一个边框，它会以整个图层为参照添加样式。

解决这个问题的办法是镂去中间部分，把这个图层变成一个真正的画框图层。我将为这个图层添加图层蒙版。事实上，如果在把frame图层置入照片之后就做这一步会更方便，我只是故意做错了这一步以说明这个关于图层样式经常容易被忽略的问题。

要制作这个图层蒙版，先把画框图层的边缘选择出来，再把照片图层的边缘选择出来，两者相减就能获得这个蒙版。按住Ctrl键，然后在frame图层的图标上单击（务必单击图标），即可以把当前图层载入为选区。如图16-12所示，可以看到选区边缘。转到通道面板，单击面板下方的将选区存储为通道按钮，将该选区存储为一个Alpha通道。如图16-12所示，可以看到这个名称为Alpha1的通道。

图16-11　未添加图层蒙版时的斜面和浮雕效果

接下来要从这个Alpha通道中去减去照片所占据的那部分空间。以相同的办法，回到图层面板，按Ctrl键单击照片图层图标以将该图层载入为选区。转到通道面板，单击Alpha1通道以选中该通道。这时候照片会显示为通道的情况，即黑色背景上的白色矩形。确认前景色为黑色，然后使用快捷键Alt+Backspace用前景色填充当前选区，就能获得如图16-13所示的蒙版。

图16-12　建立一个与画框图层相当的Alpha通道

这是非常实用的制作蒙版的
方法。通过Alpha通道的中介，
将不同的选区组合起来以获得需
要的结果。如果还没有完全搞清
楚，建议回过头去看一遍，或者
再操作一遍。希望你能理解该方
法的思路，因为它很管用。

现在，已经有了一个符合
要求的Alpha通道，接下来要把
这个通道以图层蒙版的形式添加
到frame图层中。在通道面板中
按住Ctrl键并单击Alpha通道图
标，将该通道载入为选区。这时
候可以在窗口中看到已经选中了
相框，如图16-14左图所示。返
回图层面板，选择frame图层，
然后单击下方的添加图层蒙版按
钮，这样就完成了将Alpha通道
转换为图层蒙版的过程。

图16-13 减去照片图层的选区以建立最终需要的蒙版

如图16-14的右图所示，在
相框内侧也出现了阴影与高光，
这是我们需要的效果。斜面和浮
雕是制作立体相框最关键的图层

图16-14 为相框图层添加图层蒙版

样式。然而，在添加了这个效果之后，还需要一些其他图层效果来增强画框的体力感。

16.2.4 逆向思维外发光效果

我要添加的第一个辅助图层样式是外发光。再次单击fx按钮，在弹出的图层样式菜单中选择"外发光"以
打开"图层样式"对话框。外发光的作用是从图层的边缘向外投射光线以模拟发光的效果。在默认效果设置，
也就是如图16-15所示的设置下，不会看到任何效果。这是因为默认的发光混合模式是滤色，Photoshop将

淡黄色均匀地渲染在图层外侧，然后使用滤色混合模式以形成减淡发光的效果。但是，这里所使用的背景是白色的。在白色背景上，任何滤色叠加都是白色的，因此看不到效果。

我需要的不是让相框发光，而是给画框周围添加一圈淡淡的阴影。所以，将混合模式从"滤色"更改为"正片叠底"，这样就可以通过压暗来获得阴影效果。我也不需要颜色，所以将颜色从淡黄色更改为黑色——只要单击颜色滑块就能设置颜色。图素区域中的大小滑块能够控制发光——在这里是阴影——的范围。大小的数值设置得越大，阴影的范围就越大。因为这里只需要一个很小的阴影，以获得轻微的边缘过渡效果，所以把大小设置为15像素，将看到如图16-16所示的效果。

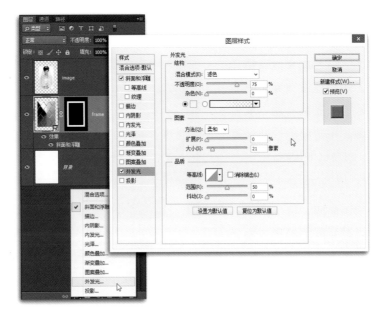

图16-15　默认的外发光图层样式

你也许觉得效果很不错，但这里还存在问题。这个问题与之前碰到过的问题相似：阴影只是淡淡地加在了相框的外侧边缘，却没有加在内侧边缘。已经添加了图层蒙版，为什么在相框内部看不到外发光的效果呢？Photoshop确实给相框内部添加了外发光效果，然而它被上方的照片图层遮盖了。如果你不明白我的意思，关闭照片图层，就能在相框内部看到淡淡的阴影效果。

图16-16　通过外发光图层样式获得均匀的边缘阴影效果

解决这个问题的方法非常
简单，如图16-17那样将frame
图层移动到照片图层上方就可以
了。由于已经添加了图层蒙版，
相框图层不会遮盖照片。同时，
因为这个图层被置于顶端，内部
的阴影效果也可以显示出来。

图16-17　通过改变图层顺序显示相框内部的阴影

16.2.5　投影与内阴影

接下来还要添加两个图层样式。单击"fx"按钮并选择"投影"。投影的作用是为照片添加投影，它与通过
外发光命令制作的阴影效果的不同
在于它是有方向的，只在光线角度
的对面投下影子。控制阴影的主要
命令是距离和大小。其中，距离控
制投影与原始图层之间的距离——
将距离设置得远一些，就知道它是
什么意思了——而大小则控制阴影
的过渡。在这个例子中，将阴影
的距离设置为5像素，大小设置为
10像素，并且把不透明度略微降
到50%，以制作一个非常紧凑的
投影效果。事实上，我要的不是阴
影，而是略微强化的边缘，如图
16-18所示。

图16-18　通过投影命令强化边缘效果

我没有设置角度，但是勾选了"使用全局光"选项。如果返回去看图16-10，会发现也勾选了这个选项。在"图层样式"对话框中，只要勾选全局光，只需设置一次角度，Photoshop就会为有方向性的图层样式——比如斜面和浮雕、阴影、内阴影等——使用相同的角度。就好像光线从一个地方照过来，有些角度有阴影，而有些角度则被照亮。

最后，要添加内阴影效果。完成投影设置后不必退出"图层样式"对话框，只需要单击勾选左侧列表中的"内阴影"即可切换到内阴影命令。可以在"图层样式"对话框中自由切换不同的样式，并且可以通过勾选或者取消勾选某个样式来查看该样式的效果。内阴影命令能够根据光线角度在图层边缘添加阴影以强调立体感。将距离设置为4像素，大小设置为5像素，这是一条非常窄的阴影，类似在边缘做了一个描边，同时把不透明度降到50%以略微减弱效果，具体设置如图16-19所示。

这就是最终获得的立体相框效果。我想说明的一点是，图层样式是那种不可能看书看会的东西。如果从来没有接触过图层样式，看完这个例子后就恍然大悟

图16-19　添加内阴影以强化边缘效果

是不正常的。在本章的教学视频中讲解了一些这个例子中没有涉及的关于图层样式的知识，这会有助于你理解这些功能。但是，得通过反复实践才会大概了解图层样式的技能。要知道，Photoshop中很多奇妙的效果都来自于图层样式。所以，不要觉得沮丧，这是学习的必然过程。

最后，你可能会有这样一个疑问：为什么可以任意改变这个画框的颜色和样式？我想问你另一个问题：有没有想过为什么我要把frame图层转换为智能对象？对于图层样式，无论是否为智能对象都是可以应用的，而且都是可以在今后继续编辑的，为什么我要多做这一步呢？

秘密就在这里。在frame图层上双击图标，由于这是一个智能对象，因此它会在一个独立的PSB文件中打开。将另一张相框素材载入这个文件——我提供了另一个大小同样为806像素×1140像素的素材，可以打开文件"another frame"，选择移动工具，再按住Shift键将它移动到PSB文件中。这时候，在PSB文件中出

现了两个图层，下方的是之前使用的相框，上方是新的相框素材，如图16-20所示。

保存PSB文件，返回之前的照片，就能看到一个新的相框。这是智能对象带来的好处。你不需要重复做任何事情，只要打开智能对象，将喜欢的素材或图像载入到PSB文件中，就能实现对相框样式的更改，而之前所设计的所有图层效果都会被自动应用到新的画框素材上。这比到商店去挑选不同样式的相框要简单得多。

图16-20 通过智能对象自由地改变相框的样式

16.3 制作简单的文字水印

为照片添加水印可能是大多数人都碰到过的问题。当然，有不少免费的软件可以实现不同的水印效果。但是，如果将自己的水印效果制作为一个动作的话，其实在Photoshop中也可以很方便地为照片添加水印。本节来学习一下如何使用Photoshop制作最简单的文字版权水印。

16.3.1 使用文字工具为照片添加文字

制作文字水印包括两个步骤，首先是在照片上添加文字，然后是将文字转换为水印效果。在Photoshop中，要添加文字，需要使用文字工具——单击左侧工具栏上的按钮"T"启动文字工具，或者使用快捷键T。

有两种方法在照片上添加文字。如果在照片的任何位置单击，将看到一个小点和输入光标。如图16-21所示，请注意版权符号左侧与基线水平的白色小点。这是输入文字的基准，可以一直输入需要输入的文字，无论画布大小——超出画布大小的文字是看不到的——除非按Enter键，不然Photoshop不会断行。这种文字输入方法被称为点文字。

另一种方法是启动文字工具后，单击鼠标然后在画面上拖动，建立一个文本输入框，然后就可以在这个框内输入文字。文字不会超出这个区域，因此这又被称为区块文字。区块文字类似于在Word中建立一个文本框，并且在文本框内键入文字；而点文字则好像在记事本里输入，一个段落可以无限制地向右延伸。

图16-21 启动文字工具并输入文字

　　使用点文字还是区块文字完全取决于个人的需求。在要求精确排版的时候，区块文字有很大的优势；而在不需要精确对齐文字和图像的时候，使用点文字是更简单的方法。

　　开始输入文字之后，在右侧的图层面板即可以看到一个新的文字图层。文字总是建立在一个独立的文字图层之上，因为在Photoshop中，文字是以矢量图层的方式被渲染的，这带来一个极大的好处：无论如何缩放照片，都不会影响文字的效果。当结束输入的时候，不要本能地按Enter键，因为Enter键的作用是分段，而不是退出。当然可以通过在图层面板上单击一下任意图层来退出输入，但是有更好的办法：使用小键盘的Enter键或者使用Ctrl+Enter键。

　　如图16-21所示，我标注了文字工具栏上主要命令的作用。有几点要提醒注意。首先，在Photoshop中，修饰文字总体上与在Word里是一样的：选中需要编辑的文字，然后选择要使用的字体、样式等。在同一个文字图层中，可以选择不同的文字来应用不同的效果。其次，Photoshop默认的文字大小单位是点。相同点数的文字在照片上显示的大小不但与照片像素有关，也与设置的分辨率有关。最后，消除锯齿设置是Photoshop使用像素模拟文字效果的一种算法。文字是矢量图层，而Photoshop永远是用像素渲染文件的。所以，消除锯齿设置和屏幕显示有关，与打印无关。如果不清楚这个设置的意思，那就忽略它。要记住的是，这只是一种模拟，并不是类似"加粗"、"斜体"之类的文字样式，尽管看起来非常像。

我要把文字移动到照片右下角。我最喜欢的移动方式是选中文字图层，但是不要激活输入框，按住Ctrl键激活移动工具后移动文字。如果双击文字图层将选中当前文字图层中的所有文字，Photoshop会高亮显示文字，如图16-22所示。这时候，要把鼠标指针放在文字外侧，这样也可以移动文字。

图16-22　移动文字图层并使用小型大写

16.3.2　编辑文字样式

将文字移动到右下角之后，打开字符面板。如果你和我一样设置了工作区，字符面板就在右侧面板中。如果没有看到它，从窗口菜单中打开字符面板。在字符面板中可以设置很多字符的样式和格式，包括在文字工具栏中可以设置的字体、样式和大小。单击下方一串"T"字符的第4个按钮，将文字设置为小型大写字母。这是一个关于在Photoshop中输入英文字母的经验：使用小写字母。在字符面板中，可以很简单地将小写字母转换为大写字母或者小型大写字母——当然，对于中文来说这个功能是无效的。

为了进一步调整字符的样式，我做了两步操作。双击文字图层图标以选中所有文字，打开字符面板，将字符样式从Black更改为Bold——字符样式与使用的字体有关，有些字体并不带有字符样式，比如很多中文字体——这可以让文字看起来略微细一点。然后，将字符间距由0调整到−50，如图16-23左图所示。

图16-23　调整字符样式

现在，"WITHQIULIANG.COM"看起来符合我的要求了，但是版权符号的大小与位置都不理想。因此选中版权符号，将它的大小从14点调整到12点。为了让它看起来与后面的文字更一致，我把它的字符样式设为Black，并且单击下方"T"字符行的第一个按钮，给它进一步加粗。最后的步骤是在版权符号和文字之间单击鼠标，然后把字符间距微调选项设置到200，图16-23右图所示是最终的文字效果。

我略微解释一下字符间距和字符间距微调这两个命令。这两个命令控制的都是字符（对于中文来说是字）之间的间距。一般来说，字符间距用于调整一段文字的间距，操作方法是选择所有文字，然后设置间距；而字符间距微调调整的则是某两个相邻字符之间的间距，方法是在两个字符之间单击，然后设置间距值。

16.3.3 通过图层样式添加水印效果

完成文字设置之后，要把文字转换为水印效果。水印其实就是一种透明的文字而已，因此首先将文字转换为透明。选择文字图层，把填充设置为0。记住，一定是填充而不是不透明度。如果不清楚理由的话，后面我会告诉你。这时候文字不见了，不要紧，我们马上会让它们以水印的方式出现。

单击"fx"按钮，选择"斜面和浮雕"以打开"图层样式"对话框。打开斜面和浮雕命令的同时，就能看到文字再次出现在照片上，并且是以一种立体的形式。把方法从"平滑"设置为"雕刻清晰"。由于文字一般都比较细，所以不需要平滑过渡，雕刻清晰经常是最好的选择。由于文字比较小，所以我把大小设置为1像素。如果文字很大，则需要使用更大的斜面设置。

在斜面和浮雕窗口中有两个产生效果的关键选项，图16-24中将其标了出来。

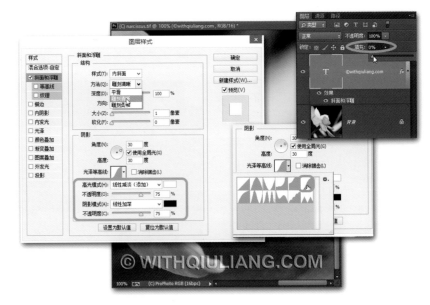

图16-24　使用斜面与浮雕命令设置水印效果

第一个选项是光泽等高线。我将光泽等高线从默认的线性设置为高斯，也就是第一行的最后一个。由于斜面效果是通过给边缘勾勒阴影与高光实现的，光泽等高线的作用是调整阴影与高光的影调分布，可以很类似地将它理解为曲线。高斯好像一条S形曲线，它能够强化阴影与高光的反差，以突出边缘。而这对于水印经常是很管用的，它可以让文字在照片上显得更清晰。

第二个选项是混合模式。在默认情况下，高光的混合模式是滤色，阴影的混合模式是正片叠底。这是标准的减淡与加深混合。可是我喜欢将混合模式更改为线性减淡和线性加深。第14章中曾经说过，线性减淡和线性加深是比滤色和正片叠底效果更强的混合模式。在这里使用它们的好处是，可以通过更强的阴影与高光强化对边缘的勾勒效果。

图16-25展示了这两个选项的作用。我把水印叠加到图像中间，借助水仙花和叶片的色彩可以看得更清楚一些。上方的水印使用默认的阴影设置，既没有更改光泽等高线也没有更改混合模式。中间的水印将光泽等高线从线性更改为高斯，可以看到边缘的强化。而下方的水印在使用光泽等高线的同时将阴影与高光的混合模式分别更改为线性加深和线性减淡，这是我最喜欢的方式。当然，如果你更喜欢上面两种效果的话也没有问题。

图16-25　3种水印效果的比较

最后一个问题：为什么要使用填充命令而不能使用不透明度？试着拖动一下不透明度滑块就知道了。不透明度控制的是整个图层的不透明度，所以将不透明度设置为0，将看不到任何效果。而填充实际上是"填充不透明度"，控制的是图层内容的不透明度。将填充设置为0，等于挖空了图层上的文字，但是图层样式被完整地保留了下来——样式原本不是图层内容的一部分。这就是图层的不透明度和填充不透明度的最大区别。对于具有图层样式的文字，这个区别是相当重要的。

16.4　本章小结

给照片添加边框是常用的后期装饰手段。如果只是希望在照片四周留下白边，那么使用画布大小命令能够快速完成这一任务。需要注意的是，为文件另外添加一个独立的图层，以避免边框被直接添加在照片图层上。

具有立体感的漂亮画框通常总是各种各样图层样式的组合。其中，斜面与浮雕是产生效果的关键，但是同时需要内阴影、投影、外发光等不同效果的辅助。所有一切的原则都是围绕高光与阴影，模拟的是光线照耀在画框上所产生的明暗改变。图层样式是Photoshop中最复杂的命令之一，所以要慢慢消化和掌握本章中的这个基本案例，不要灰心，不要焦躁。

利用Photoshop的文字工具能快速地为照片添加文字，并且可以和在Word中一样设置不同的字体样式。Photoshop的文字工具有很多不怎么顺手的地方——至少在我看来——因此得多多实践。至于水印，结合丰富的图层样式是一个非常易于实现的效果。如果充分掌握了那个复杂的画框的添加，水印就是小菜一碟——当然，记住重要的填充不透明度命令。

第17章
自我判断：我的Photoshop照片处理流程

本书的最后一章是一个Photoshop综合案例。这个案例的目的不是为了说明处理思路，而是像本章标题所表达的那样，演示我的照片处理流程。也就是我一般是怎样平衡Camera Raw和Photoshop的关系的。事实上，我的大多数照片都是这样完成的。我很少使用复杂的命令，即使本书中介绍的都是基础命令，它们中间也有相当一部分我并不常用。我的目的是让你了解如何通过最简单的方法和流程完成一张照片的处理。在图层面板中添加30个图层看起来非常酷，但是你给别人看的是照片，而不是图层面板。有目的地添加图层，有目的地使用命令，让一切尽可能简单，让步骤尽可能有意义，这就是我的简单原则。

对于绝大多数摄影师来说，其实对肖像修饰的需求是很小的。但是对某些摄影师来说，肖像润饰不可或缺。因此，在本章最后，我安排了一个基本的肖像修饰案例。在这里，不但要复习Photoshop的修复工具，同时还会学习到一些新命令，包括传说中的高斯模糊。

17.1 压轴：Camera Raw是你的根据地

在Lightroom教程中，我经常说Lightroom可以解决90%的问题。这并不是因为那是一本Lightroom的教程，而是因为这是事实。对于一本Photoshop教程，我依然要这么说——Camera Raw是你的根据地。尽可以把主要的色彩与影调调整交给Camera Raw，因为它简单、强大、灵活。但是，因为有Photoshop，所以那些Camera Raw可以做但是不见得擅长的事情，就留给Photoshop。这是一个很简单的例子，却是绝大多数照片处理的基本路径。

对于Raw格式照片，可以通过图17-1回忆一下第7章中介绍过的3步基本操作：首先，打开相机校准面板设置相机配置文件，这里选择Camera Neutral，并且确认处理版本为当前版本；其次，转到镜头校正面板，启用镜头配置文件校正；最后，转到细节面板。对于这类曝光相对合理、以基础感光度拍摄的照片，我会降低Camera Raw默认的颜色降噪值。之所以不设置到0，是因为我知道屋檐等区域很暗，因此需要一定的颜色降噪，不然在提亮之后会出现明显的颜色噪点。根据自己的相机设置基础Raw锐化，其目的是去除低通滤镜对照片锐度的影响。

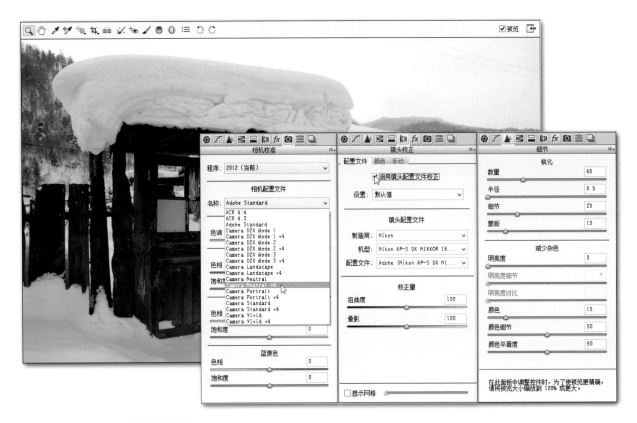

图17-1　Raw格式文件的基本调整

　　白平衡经常是影调与色彩调整中首先需要考虑的，因为它既影响色彩也影响亮度。启动白平衡工具，在照片上的中性色区域单击以校正白平衡。虽然雪是白色的良好参照，但是不要选择那些高光溢出的部分。我倾向于选择纹理保留较好的区域，如图17-2所示。将色温从7 050提高到8 200，使色调变得暖一些，符合这张傍晚照片的感觉。

　　影调调整的本质是根据照片的影调问题来设置合理的参数。这张照片的曝光并没有明显问题，从图17-2所示的直方图上可以看到存在一些高光溢出区域（左侧背光的天空），并且作为主体的屋门和篱笆显得太暗。因此，很容易想到的方法是向左移动高光滑块以解决高光溢出，向右移动阴影滑块以提亮屋门与篱笆，如图17-3所示。

　　虽然在第9章中已经强调过，这里再重复一次，阴影与高光是Camera Raw中强大的命令。我非常喜欢这两个命令，因为它们在找回细节、平衡影调方面的作用巨大。我的影调调整流程通常是两步。第一步以曝光、阴影和高光为主获得最佳的细节与平衡的影调。不要在意这时候的结果有多么不好看，因为这一步的目的是找回尽可能多的数据。第二步就是在此基础上去调整对比度。

图17-2　设置白平衡

图17-3　阴影与高光调整

　　如果只需要微调对比度，我通常喜欢使用曲线，因为曲线不容易引起溢出，同时更容易控制不同区域的影调。但是，像这类对比度极度不足的照片，我会联合应用基本面板中的对比度与曲线。将对比度设置到+40，然后在色调曲线面板中设置一条S形曲线，如图17-4所示。因为雪占据了照片的很大部分区域，所以高光部分不要提得太亮，以免损失雪的细节与纹理。

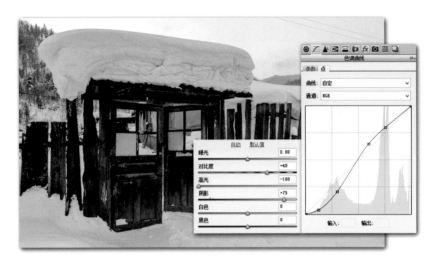

图17-4　联合对比度与曲线增加对比度

　　至此，影调调整就完成了。像这种包含比较丰富木质纹理或岩石纹理的照片，我总会尝试一下清晰度。回到基本面板，试着将清晰度设置到极大值，获得了如图17-5所示的效果。我喜欢这种对木门和篱笆的细腻刻画，所以选择保留这个清晰度设置。

图17-5　提高清晰度刻画木质纹理

实事求是地讲，照片处理到这一步完全可以结束了。如果不想进入Photoshop的话，只要在细节面板中进一步对照片做锐化就可以了。很多时候这都是数码照片后期处理的终点，并非所有照片都一定要在Photoshop中打开，请意识到这一点。不过这既然是一个关于Photoshop处理流程的例子，照片上又确实有几根烦人的电线，所以我想还是需要Photoshop。也可以使用Camera Raw中的污点去除工具来做类似的事情，但是Photoshop比它好用太多，这也就是我甚至没有在本书中介绍这个工具的原因。有Photoshop，而且需要做修复，那毫无疑问Photoshop是你的选择，而不是Camera Raw。

一般来说，在两种情况下我会毫不犹豫地打开Photoshop。一是需要对照片做修复，比如擦除电线、修复斑点等，任何能让我想到内容识别的事情我都会交给Photoshop。二是需要对照片做局部区域调整，例如需要单独对天空应用曲线，或者单独对某个主体应用色彩调整。Camera Raw提供了调整画笔，但是Photoshop有图层和蒙版，这种便利性是Camera Raw所无法比拟的。而当需要打开Photoshop时，我一定是按住Shift键并单击打开对象，将照片以智能对象的形式发送给Photoshop。

在Photoshop中，新建一个空白图层，然后在这个空白图层上对3个地方做修复：右上方的两根电线、左侧的一截电线以及窗户中露出来的一段铁丝，如图17-6中所示。修复对象的选择因人而异，除了右上方的电线外，其他问题属于可处理可不处理的范畴。也有人会做更多修复，这完全取决于个人的决定。修复的过程也没有什么神奇的地方，只是使用修复画笔与仿制图章工具逐一修复而已。这里需要的是耐心，熟练地操控并且切换工具。在修复砖头的时候，选择与取样源相似的纹理对齐，就可以获得与实际近似的纹理细节，如图17-6中所示。

图17-6　在Photoshop中修复照片

一般来说，当我在Photoshop中打开照片，会很快评估一下除了去除那些电线以外是否还有可以做的事情。照片处理就是如此，没有那么多的计划，只是发现了一个问题，然后觉得也许这样做会更好。对于这张照片，我觉得在Camera Raw中增加对比度之后，天空和雪的细节都没有之前明显。在最初我压低高光命令之后，印象里天空有那么一点点云的层次，而且显得更暖一些。

其实，如果不打开Photoshop，那么我不在意这些事情。但是既然打开了Photoshop，我就想把它做得更好一些，让天空有那么一点点黄昏的感觉。记得我说过，当希望增加色彩的时候，首先想到的不应是颜色命令，而是尝试能否改变一下影调。亮度的变化会显著影响色彩，所以我习惯性地先添加一个空白曲线调整图层（快捷键Ctrl+Shift+M），然后把混合模式更改为正片叠底。

使用正片叠底之后，雪地的层次分明了很多，但是天空依然显得不够暖。由于正片叠底是非线性的影调调整手段，对直方图右侧区域的影响比较小。于是我打开曲线，在正片叠底的基础上压暗曲线，从而看到一些天空的反差。

当然，因为只需要这一调整影响部分区域，所以按住Alt键并单击添加图层蒙版图标为图层添加黑色蒙版，然后用画笔工具（B键），将前景色设为白色，使用合适的不透明度涂抹蒙版。可以在图17-7中看到我的蒙版。在雪地的区域，有一些地方的蒙版颜色更淡，看起来不连贯。这些区域是雪产生轮廓阴影的边角，也就是图中画笔光标指向的区域。将这些边角涂得更暗一些（对蒙版来说是更白一些）既能表现纹理，又能避免整片雪地被过分压暗，这是蒙版处理中很常用的技巧——用术语来说，这算"减淡与加深"。

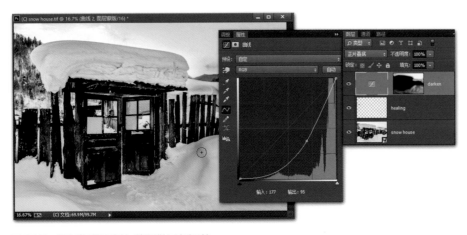

图17-7　通过调整图层与蒙版做局部调整

完成曲线调整以后，我觉得色彩依然可以更浓一些。对于这类照片，我有一个直观的感觉，即雪通常带有一点蓝色。如果过度增加饱和度会让雪变得很蓝，而我只希望让橙色变得更浓烈一点。于是添加一个色相/饱和度调整图层（快捷键Ctrl+Shift+U），启动目标调整工具在图像上取样，Photoshop认为我选择的颜色是黄色，然后将饱和度增加到30，如图17-8所示。

图17-8　使用色相/饱和度调整图层增加暖色调饱和度

完成影调与色彩调整之后，最后要做锐化。按快捷键Ctrl+Shift+Alt+E盖印图层，将盖印的图层转换为智能对象，启动USM锐化（快捷键Shift+F8）。这里使用了一个比在第11章中设置的标准锐化更轻的锐化，将数量设置为60%，如图17-9所示。这是因为在Camera Raw中使用了很高的清晰度，而清晰度不但会增加照片的锐度，也会放大照片的噪点。

图17-9　盖印图层并进行锐化

还记得在锐化之后需要做的事情吗？打开USM锐化混合选项，将混合模式更改为明度。我删除了滤镜蒙版，图17-9中所示的图层菜单是完成调整的最终状态。图17-10展示了调整之后与调整之前的效果比较。

图17-10　调整前（左侧）与调整之后（右侧）的效果比较

我喜欢这种透出温暖的色调。如果觉得冷色调更能带来雪的感觉，那么简单调整一下白平衡，做一些色彩微调，就能带来不同的感受。照片永远是与拍摄者与处理者的想法挂钩的，它是诉说体会与感情的工具。在一定的范围内，真实是被模糊的。你可以赞同或者不赞同我的最终处理风格，但是我的目的只是介绍我处理照片的一般流程：对Raw格式文件进行基本的相机与镜头校正（如果是JPEG格式文件的话则不需要这一步），在Camera Raw中通过基本面板与色调曲线做影调与色彩调整，进入Photoshop进行照片修复以及局部区域的影调与色彩调整（调整图层与蒙版），最后进行照片锐化。在Photoshop中应尽可能使用动态调整，尽可能保持图层面板有序。没有复杂的技术，没有复杂的过程，只是如此简单而已。

17.2　返场：肖像修饰基本流程

我原本只在最后一章中安排了一个案例——说实话，如果能允许我出版一本800页厚的书并且你也愿意花200块钱来买的话，我会毫不犹豫再加上30个案例——开个玩笑。不过想起来觉得肖像修饰只字不谈还是有点说不过去——难道还要让你等到我的进阶教程出版？所以，返场还是有必要的。祛斑、磨皮，你需要的都在这里。当然，作为一本入门教程，我给出的是最简单的方案，但我觉得这也是最实用的。都到返场部分了，我相信你已经有足够的能力理解这些命令，而且也能够很快掌握这些方法。

17.2.1 使用修复画笔修复皮肤的斑点

祛斑是皮肤修饰中最基本的步骤。皮肤上粗大的毛孔、斑点、痣等问题既和拍摄对象的皮肤情况有关，也和化妆以及光线有关。如果想减少不必要的后期操作，让自己轻松一些，应尽可能在拍摄前做好妆面并且选择合适的光线。想要让一张油光满面的脸看起来像时尚杂志照，并非完全不可能，不过在我看来起点就错了。

图17-11所示是在第11章中做过白平衡校正的照片，还可以在图层面板上看到曲线图层。放大照片，很容易发现皮肤的问题。解决这些问题有不同的方法。污点修复画笔看起来是最简单的，然而它的效果往往没有标准修复画笔好。

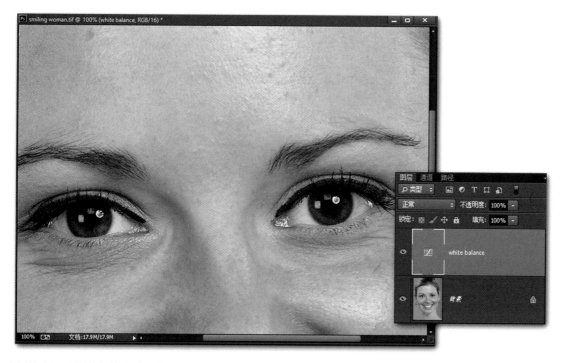

图17-11　需要修复的皮肤瑕疵

建立一个新的空白图层，用于修复皮肤瑕疵。按J键启动修复画笔，勾选"对所有图层取样"，不要选择对齐命令。在修复皮肤的时候，一般会在需要修复的邻近区域找一块比较好的区域取样，然后用柔边画笔连续单击一个一个的皮肤斑点，如图17-12所示。这时候会希望一直是用那块好的取样区域为修复参照，所以对齐命令会帮倒忙——根据所修复的区域变换修复源。对于修复画笔来说，重要的是纹理和质地，不用很担心颜色。在皮肤瑕疵修饰的过程中，Photoshop通常会很好地处理修复区域与修复源之间颜色与亮度的差别。

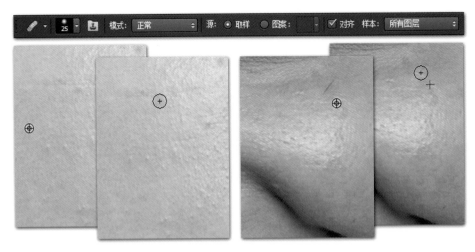

图17-12 使用修复画笔修复皮肤的瑕疵

　　根据皮肤的情况，有时候这会是一件很耗费时间的事情。它并不难，只是按Alt键并单击和单击而已，偶尔需要涂上很短的一笔。但是这要求熟练掌握取样、更改画笔大小、更改画笔硬度的方法。如图17-13所示，可以看到额头区域修复之前与之后的区别，而在右侧图中展示了在整张脸上做的修复画笔调整。事实上这依然是一个比较粗略的修复。如果要做得更精细的话，至少可以再多加一倍的修复。这其实也取决于个人习惯。我通常不想太累，所以会把斑点修复控制在最低限度，而把后续的工作交给高斯模糊。

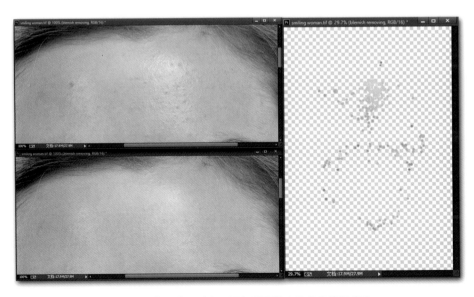

图17-13 修复之前（左上图）、之后（左下图）以及整个脸部的修复痕迹

17.2.2　通过修复画笔与仿制图章擦除杂乱的头发

　　除了皮肤瑕疵以外，另一个需要修复的地方是杂乱的头发。在肖像修饰的过程中，把那些散乱的头发以及明显遮盖额头甚至眼睛的头发修掉也算是不成文的传统。我自己的感觉是这一步可做可不做。在这个例子中，模特散下来的几根金发有点惹眼，所以我选择将它们修去。

　　擦除乱发的手段依然是修复画笔，在边缘的地方换用仿制图章，原理和擦除电线是一样的。耐心、细致、多练习是掌握这一技巧的唯一途径，我很难通过示例图来展示详细的步骤——好在有教学视频。图17-14显示的是部分头发擦除的情况。

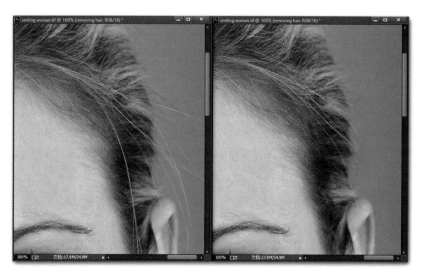

图17-14　部分发丝擦除的效果

　　在这个例子中，最难的部分是图17-15所示的这两根散发。因为耳朵与耳环都存在边缘，而且边缘并不是那么平整，区域又很小，调整空间有限，所以要获得良好的效果需要多加尝试。我也是经过很多次尝试才获得勉强能够接受的边缘效果。这就是我喜欢为头发另外新建一个图层，而把头发的修复与皮肤的修复分开来的原因。通常，修复头发要比皮肤祛斑操作更难一些，实在搞得不可收拾了大不了删除图层重来一遍。而如果把发丝擦除图层和祛斑图层放在一起，那么可能就有点麻烦了。

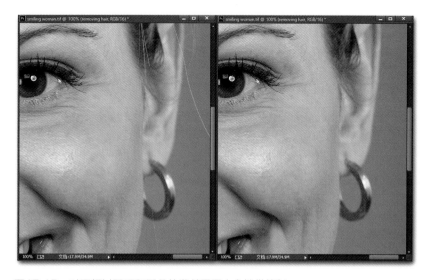

图17-15　对于经过耳环和耳朵的发丝需要小心地做修复

17.2.3　巧用画笔工具处理高光区域

人像照片经常遇到的一个问题是在额头和两颊出现明显的高光，这在油性皮肤以及使用闪光灯的情况下会比较明显。解决这个问题的方法不止一种，这里介绍一种我个人感觉比较简单的方法。这个方法唯一的问题在于它是静态调整，必须直接对像素图层做操作。所以首先要使用快捷键Ctrl+Shift+Alt+E盖印图层，然后对上方的拼合图层做修饰。

选择画笔工具（B键），在画笔工具启动的情况下按Alt键能够临时激活吸管工具。在需要修复区域的相邻部分选取颜色。如图17-16所示，为了修复人物左侧脸颊的高光区域，在脸颊上取样，将前景色设置为肉色。

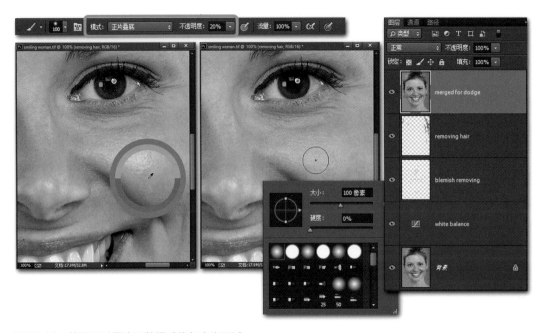

图17-16　使用正片叠底画笔模式修复高光区域

如果直接用画笔涂抹高光区域，结果不会令人满意。由于目的是压暗高光，因此请将画笔模式从正常更改为正片叠底。通过画笔使用正片叠底混合模式与在图层之间使用混合模式的原理是一样的。Photoshop将根据正片叠底的算法来应用画笔，在为相应区域上色的同时可以压暗该区域，并将对纹理的影响控制在最低限度。

顺便复习一下，在这一整本书中，使用画笔工具最多的地方是用于建立蒙版。这时候使用正常模式，换用不同的不透明度来涂抹相应区域；在蒙版边缘修饰的时候，使用叠加模式来对边缘进行修饰。而在这里，将学习另一种画笔混合模式的使用方法。

使用一支大小合适的柔边画笔，并将不透明度降低。一般来说，10%～20%的不透明度设置比较合适。可以尝试100%的不透明度画一笔，就知道为什么要降低画笔不透明度了。当画笔画过高光区域时，应该能够看到效果。如果觉得加深效果不够，再次添加一笔画笔就可以了。

在这个例子中，我对人物额头和两颊的4块高光区域进行了修复，效果如图17-17所示。这是我比较喜欢的高光修复方法，如果不是静态调整，这几乎就是一种完美的方法。也许有人会想到加深工具，试一下，就知道画笔是一种比加深工具更好的技术。加深工具无法喷涂特定的色彩信息，所以会带来不够柔和的过渡。高光区域缺乏色彩信息，高光修复的一个问题就是如何在降低亮度的同时找到颜色，画笔工具很好地解决了这个问题。

图17-17　高光修复之前（左侧）与之后（右侧）的效果比较

我一直没有提及减淡工具与加深工具，包括海绵工具。因为确实有更好的方法来解决这些问题。当需要做减淡与加深的时候，调整图层与混合模式通常是更好的选择，而并不是这些Photoshop的传统工具。

17.2.4　高斯模糊与皮肤柔化

虽然很多人对高斯模糊这一传统皮肤柔化技术嗤之以鼻，但是不能否认，这确实是最实用也最简单的皮肤柔化技术之一。与所有技术一样，在合适的照片上正确使用高斯模糊，能够获得相当好的效果；而在不适合的照片上错误使用高斯模糊，效果当然不会令人满意。去除皮肤的斑点、解决明显的高光问题都能够让高斯模糊的效果变得更好，因此这是在做皮肤柔化之前首先要完成的步骤。

高斯模糊也是一种可以作为智能滤镜使用的滤镜，所以在完成高光修复之后，把这个像素图层转换为智能对象。由于只希望对皮肤进行柔化，而不希望让眼睛、头发等也变得朦朦胧胧，所以在启动高斯模糊之前我首先建立一个针对皮肤的选区。

我最喜欢的选择皮肤方法是色彩范围。在"选择"菜单中打开色彩范围（快捷键Ctrl+Shift+Alt+O），按住Shift键单击或者拖动在皮肤上取样，建立一个如图17-18所示的选区。控制颜色容差能够改变选区范围。选区肯定会扩展到皮肤以外的部分区域，没有关系，只要它能够包括大多数皮肤区域就可以了。顺便说一句，在色彩范围的选择下拉列表中有一个肤色选项，但是我个人觉得在多数时候它的效果没有直接使用取样点取样来得好。你不妨试一下。

图17-18　使用色彩范围命令选择皮肤

色彩范围将眼睛、眉毛、嘴唇等部分都排除出了选区，这是非常好的地方。但是，头发和背景被部分选进了选区，这是不需要的部分。解决的办法是使用套索工具或者多边形套索工具。按L键启动套索工具，按住Alt键以减去选区，然后把不需要的部分套出选区以外。对于面部明显应该选中但是没有在选区里的皮肤，按住Shift键将它们加入选区。如图17-19所示，演示了我对色彩范围选区的3步修饰：在左、右各使用一次多边形套索工具去除不需要的选区，在面部使用套索工具套选需要的部分。

图17-19　使用套索工具和多边形套索工具修饰选区

不用担心自己套得不精确，有一个大致的选区即可，后续依然可以通过画笔工具对蒙版进行操作，来调整高斯模糊影响的区域。完成选区之后最好习惯性地做一步羽化。如果加载了我设定的快捷键，使用快捷键Ctrl+U打开羽化对话框，设置1像素羽化。选择了皮肤之后，就可以针对皮肤应用高斯模糊了。

打开"滤镜"菜单，在"模糊"子菜单中可以看到高斯模糊滤镜，我为它分配了快捷键Shift+F7，如图17-20所示。高斯模糊只有一个半径选项，半径设置越大，模糊效果越明显。需要的半径应根据模特的皮肤质地设置。皮肤光滑的，可以设置低一些的半径；皮肤粗糙的，可以设置高一些的半径。不必很纠结，因为现在看不出最后效果，而之后可以通过智能滤镜的方式对其进行修改。我一般会在这个对话框里设置15~30像素的半径值。

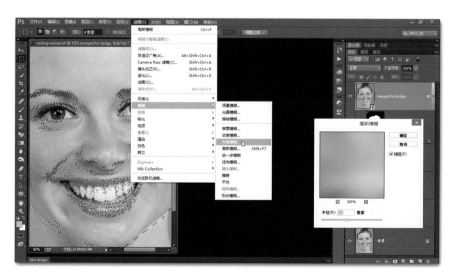

图17-20　使用高斯模糊柔化皮肤

应用高斯模糊后，照片看起来可能有些恐怖。塑料脸，是不是？高斯模糊不是一个好方法，对不对？如果事情到此结束，那么确实如此。可是，本章的内容不是还没结束吗？先来看看好的方面。由于在打开高斯模糊前建立了选区，因此在添加滤镜时会自动根据选区建立滤镜蒙版，如图17-21所示。模特的眼睛、眉毛、头发都保留了锐度，非常好。我喜欢在这一步把其他明显不应该应用高斯模糊的区域擦出来。

图17-21 使用画笔修饰滤镜蒙版

将前景色设置为黑色。如果跟我一起操作到这里，千万记得把画笔模式从正片叠底切换回正常。选中滤镜蒙版，从蒙版上可以看到牙齿是白的，所以将牙齿涂黑。可以看到下眼睑两侧都有睫毛被模糊了，用画笔将它们擦出来。眼睛是相当重要的，尽管设置了选区保护，我依然会习惯性地用画笔勾一圈眼睛。还有发际的地方，如果觉得被模糊了，也把它们擦出来。

接下来，关键的一步。单击高斯模糊滤镜右侧的按钮打开混合选项。在这里要做两件事情。第一，和操作锐化一样，将混合模式从正常改为明度，这可以避免产生色彩问题。然后，将不透明度降到认为合适的程度。在这里，我将不透明度设置到50%，获得如图17-22的效果。这时候看到的才是真正皮肤柔化的效果。根据个人的口味，如果喜欢光滑一些的皮肤，那么略微提高不透明度；如果喜欢更有质地一些的皮肤，那么略微降低不透明度。假如现在双击高斯模糊打开滤镜，可以实时查看改变半径的效果。这就是我建议你不要在最初太纠结半径的原因——只有在这时候才能真正评价半径的效果。

在看到效果以后，我一般会再对蒙版做一些细微的修复。通常我会注意那些皮肤褶皱以及面部轮廓。轮廓应尽可能保持清晰，而人的表情纹也不应被抹去。这些内容都是人脸部特征的来源，如果过度处理会产生不真实的感觉。使用画笔解决这些问题是很简单的。

尽管更改的是滤镜的不透明度和混合模式，但是这与更改图层的意义是一样的。图层、蒙版、不透明度和混合模式，这些基本工具的组合成为Photoshop最为神奇的元素。图17-23展示了皮肤柔化的效果，就好像为皮肤上一层粉一样，所不同的是给图像蒙上了一片高斯模糊滤镜。可以打上薄薄的一层粉底液（降低不透明度），也可以涂上厚厚一层粉（提高不透明度）。虽然是最基本的皮肤柔化技术，却依然能带来丰富的效果。

图17-22 降低高斯模糊的不透明度并改变混合模式

图17-23 皮肤柔化之前（左侧）与之后（右侧）的效果

17.2.5 　明眸皓齿

明亮的眼神、洁白的牙齿是常见广告语，也是大家喜欢的。这涉及到两项肖像处理技术：提亮眼睛与美白牙齿。完成这两项任务的方法多种多样，我在此也只是介绍其中我认为简单而实用的一种。无一例外，利用的依然是调整图层和蒙版的黄金组合。假定看到这里你已经是一个操控调整图层和蒙版的高手了，因此我会非常简单地论述整个操作过程。

在最上方新建一个空白调整图层，把混合模式更改为滤色，这可以提亮照片。为该混合图层添加一个黑色的图层蒙版，然后用白色柔边画笔画出眼睛。如图17-24所示，可以看到蒙版中的两只眼睛。我使用了50%不透明度的画笔，并且在瞳孔的位置反复涂抹以让瞳孔变得更亮。滤色的效果会很显眼，所以一般需要降低这个调整图层的不透明度。还记得吗？在应用混合模式后使用填充不透明度，而不是不透明度命令。在这个例子中，将填充不透明度降到30%。

图17-24　提亮眼睛

美白牙齿的策略通常是降低饱和度以去除牙面上的黄色污渍。这个调整显然也包括两部分：建立一个调整图层降低饱和度，然后使用蒙版将效果局限在牙齿上。我选择建立色相/饱和度调整图层，向左移动饱和度滑块以降低饱和度。同样可以使用画笔来构建蒙版，但是对于牙齿我一般喜欢使用快速选择工具，因为这很简单。使用快速选择工具选出牙齿，将该区域的蒙版用白色填充，如图17-25所示，就完成了牙齿的美白工作。

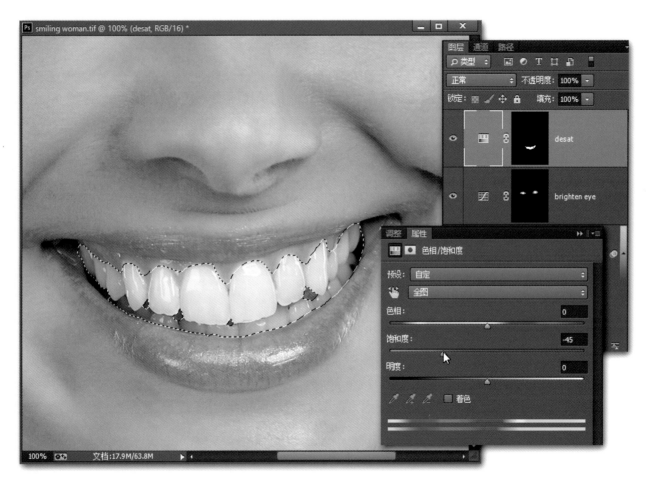

图17-25　美白牙齿

17.2.6　也许是世界上最简单的减肥方法

最后，你终于要学会广告常用的骗人伎俩——怎么样通过Photoshop把一个胖子变成一个瘦子。不见得完全如此，但是不要太羡慕那些动人的身材，因为眼见不见得为实。换一个角度，如果只是借助Photoshop

就能成功瘦身瘦脸，至少不用上吐下泻，不用吃药动刀，未尝不是一件好事。

对于没有接触过这些功能的人，要了解一个新的命令：液化。对于曾经使用过液化命令的人，Photoshop CC最主要的改变之一存在于液化：现在，可以将液化作为智能滤镜应用了。我想经常使用液化的人会明白这是一个多么重要的改变。曾经，必须在液化对话框中一次完成一切，因为没有反悔的办法，唯一的解决之道是存储网格。Photoshop CS6实现了在下一次打开液化命令的时候能够看到上一次的网格，前进了一步。而这一次，因为有了智能滤镜，液化可以被完整地记录下来，其灵活性变得无以复加。

要对这张照片应用液化，首先要盖印所有图层，然后将盖印的图层转换为智能对象。打开"滤镜"菜单，选择"液化"，或者使用快捷键Ctrl+Shift+X。图17-26所示是液化命令的对话框。如果你看到的界面与我不同，那是因为没有勾选右侧的"高级模式"选项。虽然这里只是介绍液化命令最简单的用法，但我觉得还是有必要打开高级模式。

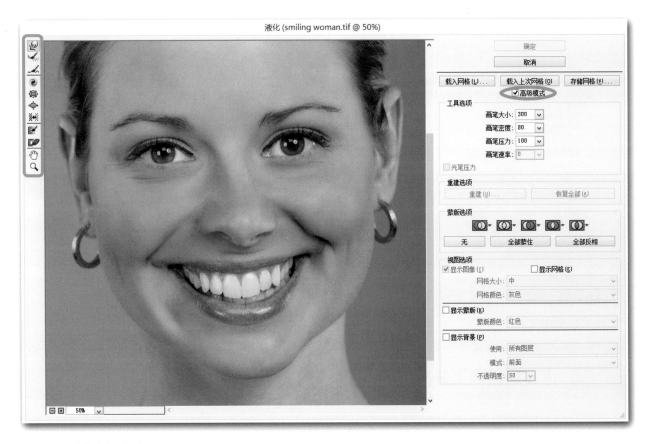

图17-26　液化命令对话框

在窗口的左侧是一列工具栏，上面有各种控制变形的工具。在引入变形之前，我先要保护那些不希望被变形的区域。在工具栏上单击倒数第4个按钮启动冻结蒙版工具。可以像使用画笔一样在画面上涂抹以建立蒙版，如图17-27所示。要提醒的是，必须在右侧勾选"显示蒙版"选项才能使用冻结蒙版工具。冻结蒙版工具的作用是将这些被涂抹的区域保护起来，使得它们不受变形的影响。

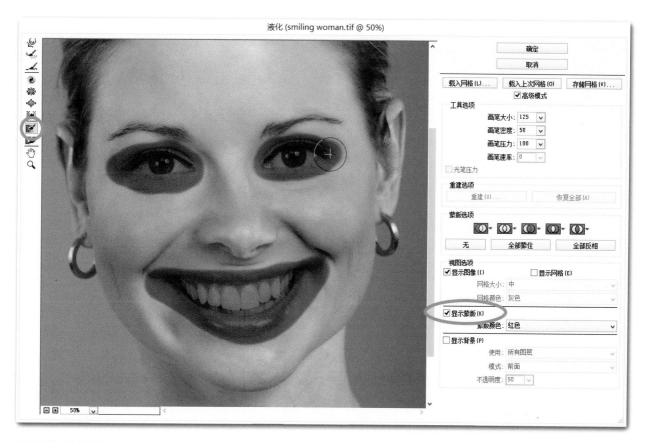

图17-27　冻结蒙版

冻结蒙版之后，单击工具栏最上方的图标，启动向前变形工具——这可能是液化命令中使用频率最高的工具了。向前变形工具的图标非常类似于Photoshop中的涂抹工具，因此它允许用鼠标直接涂抹照片而将相应部分抹向光标移动的方向。在这个例子中，我主要将模特两颊向内收缩，略微向下移动下颌以让她的脸看起来更瘦削一些。

可以使用与画笔工具相同的方法来更改画笔大小。一般来说，需要大一些的画笔，这能够让变形的边缘变得柔和而不至于产生明显的棱角。请注意图17-28左图中画笔光标所放的位置，这时候我是在向右上推右颊。可以大致把光标的中心当做支点，好像是以此为支点向前推，这种感觉需要自己体会，最开始的时候经常会因为画笔的位置而无法获得自己需要的效果。与修复画笔等工具一样，液化也是一个需要实践和操作的学习过程。

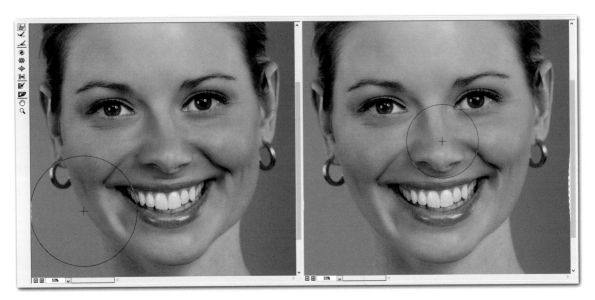

图17-28　使用向前变形工具改变脸颊轮廓

　　我不知道自己的猜测是否正确，这张原始照片应该也经过液化的变形修改，不然我想象不出为什么她的鼻子歪得那么厉害。我倾向于认为这可能是液化留下的问题。所以我缩小画笔，同样使用向前变形工具来解决这个问题。因为眼睛被蒙版冻结了，因此这样的调整不会影响双眼。如果没有冻结双眼的话就要小心操作，不然一不小心她就会表现出一种痴呆样。

　　假如不小心做错了，没关系。单击向前变形工具下面的图标激活重建工具。使用重建工具画过做错的区域，Photoshop就会重建原始照片，然后就可以在此基础上重新进行调整。

　　勾选"显示网格"选项将在照片上叠加网格，如图17-29所示。可以很清楚地看到在两颊的部位网格向内收缩，而在下颌的地方网格向下压缩。将图像想象为黏稠的液体，通过向前变形工具在液体的某些区域造成扰动，使得液体的行进路线发生了偏移，从而产生了细微的波纹。有没有做过铁屑随着电磁场的变化而整齐改变的实验？大致就是如此。这种像素依照一定秩序弯曲的现象表现在画面上就是内容的形变，"液化"这个名称也就由此而来。

　　退出液化之后，整个肖像修饰就完成了。图17-30展示了修饰之前与修饰之后的效果对比，而右侧所示是命名规则并且整齐有序的图层，记录了操作的每一个步骤。肖像修饰通常是这样一种工作：每一步的效果看起来都是微弱的，但是当它们叠加在一起，则将产生巨大的改变。

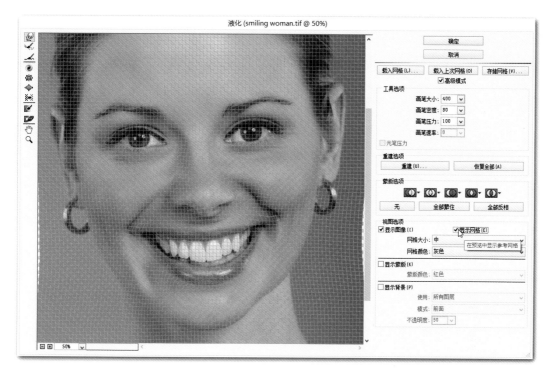

图17-29　显示液化网格

　　就这张肖像照片来说，根据我自己的口味，皮肤的柔化强了一些，液化的效果也明显了一点。这是因为我希望让你更清楚地看到效果，毕竟这是一本教材。如果将高斯模糊的不透明度降低到30%~40%，并且让脸部轮廓的变形更保守一些，可能会是更好的选择。

　　液化是那种会引起争执和争议的命令。就我本人来说，我很少使用液化。但是，这并不妨碍我学习它，也不会妨碍你掌握它。有时候，仅仅是出于别人的要求，做一些让人高兴的液化无伤大雅，也没必要背负什么道德的声讨。与整容相比，液化实在是太过温柔了。

　　有一些杂志已经开始禁止使用液化这类技术改变模特的脸型和体型。这是因为时尚界过度强调纤细美，使得很多追求时尚的女孩过分节食，或者寻求变态的减肥方法，由此引发的健康问题甚至死亡备受关注。因此，作为一种导向，这些杂志禁止通过Photoshop来传递这种不正确的信号。我认为这是正确的。人类对于美的追求是无极限的，而以现实姿态表现出来的超现实美会扭曲那些以实际行动追寻这种不可企及之美的人的心灵，并将这种追寻付诸后果严重的行动，这是一种错误而危险的信号。液化本身并没有错，错的是使用液化传递的信息，而这个信息永远是和社会相联系的。与其告诉孩子请勿模仿，不如一开始就不给她提供模仿的对象。不要使用Photoshop作恶，这是掌握Photoshop超凡能力的你所应恪守的最基本信条。

图17-30　肖像修饰之前（左侧）与之后（右侧）的效果对比

17.3　本章小结

请始终记住，Camera Raw是在Photoshop中处理照片的根据地。在Camera Raw中可以完成基本的Raw格式照片处理，并且将主要的影调与色彩调整交给Camera Raw的基本面板、色调曲线面板以及HSL面板。但是，当需要对照片做局部修饰的时候，应毫不犹豫地进入Photoshop，利用内容识别修复工具，利用调整图层+图层蒙版的黄金组合来解决问题。锐化一般是照片处理的最后一步，要记住第11章中介绍的锐化原则。

简单的肖像修饰一般包括这样几个步骤：使用修复画笔去除皮肤上明显的斑点，使用合适的内容识别工具擦除散乱的头发，使用画笔或其他方法解决皮肤上的高光问题，使用高斯模糊或他方法柔化皮肤，使用喜欢的方法提亮眼睛并美白牙齿，如果有需要的话使用液化滤镜修饰肖像轮廓。多做几次，其实这并不难。即使不喜欢肖像修饰，也强迫自己多尝试几次，因为这不但可能改变你的看法，同时会帮助你掌握很多Photoshop的基本技能。肖像修饰作为Photoshop中相对复杂的综合技术运用，学习一下并无害处。

后记

　　写完本书还是有一种轻松的感觉。本书写作的时间比我预想的要长，而且长了不少。当然，在这个过程中花了比较长的时间来做准备工作，并且做了一些其他的事情。实事求是地讲，本书的写作目标在创作过程中发生了很大的改变。我原来是准备写一本类似《Lightroom 5高手之道——数码后期处理完全手册》（人民邮电出版社，2013年10月出版）那样的书，介绍数码摄影后期的基本原理，并且用一本书来阐明Photoshop的主要命令与操作技巧。然而，这个目标在写了几章以后就被证明是无法实现的。

　　我总觉得自己对Photoshop的了解有限的，所以怀疑自己其实写不成一本足够厚的书。但是事实却正好相反，一边写一边觉得要写的东西太多了。想解释清楚每一个命令都需要花费相当的篇幅，以至于最终意识到，大概Photoshop是不太可能在一本书里写完的。考虑再三，决定本书定位于面向入门读者，让那些完全没有Photoshop知识的人能够通过本书走入Photoshop的殿堂，并且能够正确理解Photoshop中的所有核心元素。

　　有了这个想法后，我重新评估了内容布局，修改了原来已经写完的部分，并且以此为出发点对内容做了取舍。与有些人觉得入门教材应该尽可能简单不同，我觉得入门教材应该让读者建立一个正确的操作与思维方法。入门不代表粗糙，入门也不代表无条件的简单，就像我在前言中已经说过的那样。该讲透原理的地方就要讲透原理，不能妥协。而操作步骤要尽可能详细，让所有入门读者都能看懂。因此，我所采取的方法是选择我认为基础的概念以及常用的命令，将它们讲清楚，讲明白。这就是为什么我要反复强调动态调整，不断重复图层、蒙版、调整图层、智能对象、智能滤镜，并且选择性地完全忽略了一些常见却不见得常用、理解起来比较困难的命令。

　　有些读者可能会觉得本书没有涉及那些绚丽的效果。这确实有些遗憾，然而这也是在有限篇幅内取舍的必然结果。就我个人的理解，各种效果即使不属于旁门左道，也只是锦上添花的小技巧。想要动态效果？打开滤镜菜单，选择动感模糊，或者使用径向模糊试一试，就这么简单。不明就里的人可能会觉得头大，动感模糊得连主体也完全模糊掉了，怎么办？我希望你能很自信地回答：很简单，使用图层蒙版不就解决了吗？这就是练好内功和没有内功的区别。

　　在Photoshop中，真正难的是理解Photoshop的工作模式。掌握图层和图层蒙版的一般操作，将调整图层、图层蒙版和图层混合相互衔接起来，建立一套自己顺手的照片修饰方式，这才是脚踏实地走入Photoshop殿堂的路径。Photoshop确实可以实现很多超现实的色彩与动感效果，它们也许很吸引人，然而那也很容易把你带入歧途。在武侠小说中，正派武功往往基础扎实，内力深厚，后续发展空间巨大；而邪派武功总是投机取巧，一上来多能连战连捷，可是随着时间的发展，它就后劲不足，终于败下阵来。类似的道理也能用来解释Photoshop的学习。我总希望读者能够走上正路。

对于照片的后期处理来说，调整图层与蒙版的黄金组合是内功基础，智能对象与智能滤镜是武功基石，Camera Raw和混合模式是主要武术套路，而内容识别、选择工具、全景合成、HDR等技术则是应对不同对手的储备武功。练成这些看似基础的武功，怎么着也当得上武林高手的头衔了。它们不但能够解决绝大多数后期处理中的问题，更重要的是，你完全拥有了进一步深造并且自我开发的能力。读完本书，再去看各种案例教程，无论多么花哨，我想没有你不能看懂的。这时候再去了解那些特效，再去了解各种效果，无疑事半功倍。

作为摄影师和摄影爱好者，需要学习的Photoshop命令其实是有限的，这也让我能够在有限的篇幅里集中精力阐述最有用的命令。但愿读者能理解我的出发点，通过本书练好Photoshop的基本功。这不但能帮助你更好地处理照片，也能够帮助你更好地在Photoshop的殿堂里遨游。

作为作者，我由衷感谢许曙宏老师和人民邮电出版社的各位编辑老师一直以来对我的支持以及为本书出版所做的辛勤工作。没有这些支持与帮助，我就不可能安安心心在家里写出这样一本Photoshop的基本功法。妈妈常常问我，书写得怎么样了？然后关心地说，不要太累了。父母在意的永远是你自己，而不是你做了什么。在这个世界上，有人给你这样的关心才会让你感觉到生活与工作的动力。当然，还有我太太。在正式出版之前她都没有看过我《Lightroom 5高手之道数码摄影后期处理完全手册》的后记，拿到书之后就一个劲地追着我问哪里帮倒忙了——居然在微博上有读者问我同样的问题！好吧，上次帮倒忙是真的，不过这次她可确实帮了"正忙"。真的，非常谢谢她！

最后，秋凉在此衷心感谢你购买并阅读这本书，希望你能和我一样喜欢这本书。